普通高等教育"十二五"部委级规划教材

食品工厂设计

陈守江　主编

中国纺织出版社

内 容 提 要

食品工厂设计是一项复杂的工作,要想完成设计任务必须做好多专业人员的合作。因此,对于食品科学与工程专业设计人员来说,为了保证设计工作的规范性和建成投产后的食品的卫生安全,除了掌握食品工厂工艺设计的原则和基本方法步骤外,还必须了解其他相关专业设计方面的知识并做好与其他专业设计人员的沟通交流和配合工作。因此,本书以"食品工厂工艺设计"为中心,内容包括基本建设的概念、基本建设程序的相关知识,食品工厂建设前期的项目决策及可行性研究的重要意义和方法,食品工厂公用工程设计的原则和方法,食品工厂设计对厂址选择、总平面设计和卫生等方面的相关规范要求以及食品工厂建成后的经济技术分析等。

本书的编写目的是使食品专业学生充分了解食品工厂设计的全貌,体现设计工作对于保障食品质量和卫生安全的重要性,并通过相关食品工厂的设计案例和课程设计训练加强学生的实践操作技能。

图书在版编目(CIP)数据

食品工厂设计 / 陈守江主编. — 北京:中国纺织出版社,2014.9(2022.1重印)

普通高等教育"十二五"部委级规划教材

ISBN 978 – 7 – 5180 – 0718 – 9

Ⅰ.①食… Ⅱ.①陈… Ⅲ.①食品厂—设计—高等学校—教材 Ⅳ.①TS208

中国版本图书馆 CIP 数据核字(2014)第 129384 号

责任编辑:国 帅 闫 婷 责任校对:梁 颖
责任设计:品欣排版 责任印制:王艳丽

中国纺织出版社出版发行
地址:北京市朝阳区百子湾东里 A407 号楼 邮政编码:100124
销售电话:010—67004422 传真:010—87155801
http://www.c-textilep.com
E-mail:faxing@ c-textilep.com
中国纺织出版社天猫旗舰店
官方微博:http://weibo.com/2119887771
三河市宏盛印务有限公司印刷 各地新华书店经销
2014 年 9 月第 1 版 2022 年 1 月第 6 次印刷
开本:710×1000 1/16 印张:19.75 插页:6
字数:308 千字 定价:38.00 元

《食品工厂设计》编委会成员

出版者的话

《国家中长期教育改革和发展规划纲要》中提出"全面提高高等教育质量","提高人才培养质量"。教高［2007］1号 文件"关于实施高等学校本科教学质量与教学改革工程的意见"中,明确了"继续推进国家精品课程建设","积极推进网络教育资源开发和共享平台建设,建设面向全国高校的精品课程和立体化教材的数字化资源中心",对高等教育教材的质量和立体化模式都提出了更高、更具体的要求。

"着力培养信念执着、品德优良、知识丰富、本领过硬的高素质专业人才和拔尖创新人才",已成为当今本科教育的主题。教材建设作为教学的重要组成部分,如何适应新形势下我国教学改革要求,配合教育部"卓越工程师教育培养计划"的实施,满足应用型人才培养的需要,在人才培养中发挥作用,成为院校和出版人共同努力的目标。中国纺织服装教育学会协同中国纺织出版社,认真组织制定"十二五"部委级教材规划,组织专家对各院校上报的"十二五"规划教材选题进行认真评选,力求使教材出版与教学改革和课程建设发展相适应,充分体现教材的适用性、科学性、系统性和新颖性,使教材内容具有以下三个特点:

(1)围绕一个核心——育人目标。根据教育规律和课程设置特点,从提高学生分析问题、解决问题的能力入手,教材附有课程设置指导,并于章首介绍本章知识点、重点、难点及专业技能,增加相关学科的最新研究理论、研究热点或历史背景,章后附形式多样的思考题等,提高教材的可读性,增加学生学习兴趣和自学能力,提升学生科技素养和人文素养。

(2)突出一个环节——实践环节。教材出版突出应用性学科的特点,注重理论与生产实践的结合,有针对性地设置教材内容,增加实践、实验内容,并通过多媒体等形式,直观反映生产实践的最新成果。

(3)实现一个立体——开发立体化教材体系。充分利用现代教育技术手段,构建数字教育资源平台,开发教学课件、音像制品、素材库、试题库等多种立体化的配套教材,以直观的形式和丰富的表达充分展现教学内容。

教材出版是教育发展中的重要组成部分,为出版高质量的教材,出版社严格甄选作者,组织专家评审,并对出版全过程进行跟踪,及时了解教材编写进度、编写质量,力求做到作者权威、编辑专业、审读严格、精品出版。我们愿与院校一起,共同探讨、完善教材出版,不断推出精品教材,以适应我国高等教育的发展要求。

中国纺织出版社

教材出版中心

前　言

食品工厂设计是食品企业进行基本建设的第一步。成功的食品工厂设计是经济上合理，技术上先进，投产之后产品在质量和数量上均能达到设计所规定的指标，各项经济指标和技术指标都能达到同类工厂的先进水平或国际先进水平，同时注意对环境的保护。

本书主要内容包括绪论、基本建设程序及食品工厂建设项目的决策、食品工厂工艺设计、食品工厂辅助部门及生活设施设计、食品工厂公用工程设计、食品工厂设计的相关规范和要求、食品工厂设计的技术经济分析以及食品工厂设计案例等内容。食品工厂设计是适合于食品科学与工程专业的一门专业课程，它是以工艺设计为主要内容，涉及工程制图、食品机械与设备、食品工程原理、食品工艺学等多学科的综合性交叉课程，同时又是一门实用性很强的课程。该门课程一般在学生具有一定制图基本知识和食品工艺知识之后的高年级开设。

通过本课程的学习，使学生了解食品工厂设计的基本建设程序和组成，具备书写可行性研究报告的能力，重点掌握食品工厂工艺设计方面的内容。初步具备设计食品工厂的能力，完成工程师的综合性基本训练。本课程采用课堂教学与课程设计相结合的方法。除课堂讲授外，可以通过安排适当学时课程设计，了解具体的食品工厂设计环节，使学生将所学知识与实际的工厂设计相结合，融会贯通，并在设计的过程中逐渐消化、吸收，真正领会自己所学专业知识，实现学有所用、学以致用的教学目标。

本课程涵盖内容多且具有多学科交叉的特点，因此，从教学内容的组织方式上针对该课程特点，将课程内容有机结合起来。首先，在教学实践中充分重视绪论对学生了解课程全貌的教学作用；就课程涉及的基本内容、设计过程中的规定参数及设计过程中易出现的问题给学生一个大致的交代，以增强学生发现问题、分析问题、解决问题的兴趣与自觉性；通过设计实例、工厂参观与课程设计等实践性环节，鼓励学生注重所学知识的应用，提高分析问题和解决问题的能力，以避免学生死学书本知识、忽略实际应用的现象。

参加本书各章编写的人员有：绪论，陈守江；第一章，陈守江、郭元新、高爱武、赵兴杰；第二章，陈守江、巩发永、王海鸥、李正涛、胡爱军、张继武、王磊、谭建新；第三章，胡爱军；第四章，胡爱军、陈义勇；第五章，巩发永、李正涛、高爱武、张继武、刘贺;第六章,郭元新、李凤霞、郭成宇;第七章,陈守江、李凤霞、陈义勇、高爱武、孙晓春;附录,陈守江、王海鸥。全体编写人员经过辛勤的劳动,广泛收集了国内外的相关资料,最终使本书具有更加简明实用、重点突出、注重实践的特点,在此对所有参编人员表示衷心的感谢,同时在本书的编写过程中也得到了内蒙古伊利乳业集团的支持和提供资料帮助,在此一并感谢。

食品工厂设计是一门实用性很强的课程,但不同专业在工厂设计过程中所承担的设计任务也各有侧重,因此本书在编写过程中主要针对食品专业的学习特点,本着重点突出、注重实用的原则对已有教材的内容作了大胆的增减,但食品工厂设计所涉学科跨度大,知识更新快,限于编者的水平和能力,本书在编写和统稿中难免存在不足和错误,诚恳欢迎广大读者批评指正。

编者
2014 年 7 月

4

目　录

绪　论

一、食品工业的发展现状

食品是人类赖以生存和发展的物质基础,是人们生活中最基本的必需品,古语"民以食为天"揭示了食品在人类生活中的重要地位。随着经济的迅速发展和人们生活水平的不断提高,食品产业获得了空前的发展,成为一个欣欣向荣的朝阳产业。食品工业的发展水平已成为衡量一个国家或地区文明程度和人民生活质量的重要标志。

食品种类众多,按照国家统计局起草,国家质检总局、国家标准化管理委员会批准发布,2011 年 11 月 1 日实施的《国民经济行业分类》(GB/T 4754—2011),可以将食品工业被分为 4 个大类、22 个中类和 56 个小类。

4 个大类名称分别为:

①农副产品加工业,包括植物油加工业,水产品加工业,谷物磨制业,屠宰及肉类加工业等;

②食品制造业,包括液体乳及乳制品制造业,调味品、发酵制品、方便食品、焙烤食品、罐头食品制造业等;

③酒、饮料和精制茶制造业,包括软饮料、含酒精饮品,饮用水等;

④烟草制品业,包括烟草加工及卷烟等。

食品工业是我国国民经济的重要支柱产业,是关系到国计民生以及关联农业、工业和第三产业的第一大产业。其对推动农业发展、增加农民收入,改变农村面貌,推动国民经济持续、稳定、健康发展具有重要意义。自"十一五"以来,我国食品工业的产值以每年 10% 左右的增长率持续稳定地发展,总产值约占我国工业总值的十分之一。国家统计局统计资料显示,2010—2013 年,全国农副食品加工业增加值分别比上年增加了 15.0%、14.1%、13.6% 和 9.4%,2013 年食品工业总值突破 10 万亿元。

食品工业是永远的朝阳产业。"十二五"时期将是我国食品工业发展的战略机遇期,既面临持续较快发展的重大机遇,也面临转变增长方式、调整产业结构、保证食品安全的重大挑战和压力。

二、食品工厂建设中的设计工程

经过改革开放30多年的快速发展,食品工业已经成为我国国民经济中最具活力的重要产业之一,在促进经济增长、提高城乡居民生活水平、扩大就业等方面具有重要的地位和作用。食品工业的快速发展带动了食品工厂建设规模的迅速扩大。

食品工业是人类的生命与健康产业,而食品工厂是食品生产的基本条件,是食品卫生、安全、质量的物质保证。近年来,我国的食品工业呈现出良好的发展势头,也推动了食品工厂的建设,全国各地新的食品工厂如雨后春笋般地涌现。

无论是新建还是改建或扩建一个食品工厂,在工厂建设过程中都会涉及对新工艺、新技术以及新设备的研究等工程设计工作。科研成果在工厂内的转化更需要设计工作的密切配合,因此食品工厂设计是一项综合性的科学技术,在食品工业发展的过程中,设计发挥着非常重要的作用。设计工作需要对生产过程中所需的设备进行生产能力的标定,对所完成的技术经济指标进行评价,并发现生产薄弱环节,挖掘生产潜力;在科学研究中,小试、中试以及工业化生产都需要与设计有机结合,进行新工艺、新技术、新设备的开发工作;在基本建设施工前,必须先搞好工程设计,要想建成质量优等、工艺先进的工厂,首先要有一个高质量、高水平、高效益的设计。因此,设计工作是科学技术工作中极为重要的一个环节,其状况如何,对我国现代化建设有着极大的影响。

食品工厂建设的先进性反映着一个国家的经济和科学技术发展的水平,而食品工厂的先进性则首先决定于工厂设计的合理性。

超市货柜上成千上万种食品真可谓琳琅满目,它们在工艺、配方、包装等方面都在不断改进完善。许多食品科学家活跃在工厂的新食品开发部门,他们有责任生产各种新的产品以满足广大人民不断增长的物质需要和文化需要。

设计工作是食品工厂扩大再生产、更新改造原有企业、增加产品品种、提高产品质量、节约能源和原材料,促进国民经济和社会发展的重要技术经济活动的组成部分。随着人民对食品的要求越来越高,食品工厂的设计要求也越来越高。食品工厂设计必须符合国民经济发展的需要,符合科学技术发展的方向,并且要求经济合理,符合环保等法规的要求。

食品工厂包括食品加工系统、辅助系统和一些必要的建筑物,所以食品工厂设计主要是对上述内容的设计。食品加工车间和辅助系统车间的布局、车间外厂区的布局、车间内工艺设备的选择等,除了要达到良好的卫生、安全环境要求外,还要满足便于生产操作、符合工艺完整性的要求。食品工厂内的建筑物为食品加工和辅助系统提供可控环境,并容纳工厂生产设备,提供舒适、安全、实用、卫生的工作环境,建筑物的设计必须满足食品加工系统和辅助系统的存放,但由于建筑物通常在食品工厂施工预算中占有较大的投资比例,所以食品工厂设计首先要重视对建筑物的设计。

因此,食品工厂设计是安全食品生产的基础。经设计建成的工厂在制造、包装及储运食品等过程中,有关人员、建筑、设施、设备等的设置及卫生、制造过程、产品质量等管理均要符合良好生产条件,防止食品在不卫生条件或可能引起污染的环境下生产,减少生产事故的发生,确保食品卫生和品质的稳定。

食品工厂设计是优质食品生产的前提。设计的工厂各项生产经济指标应达到或超过国内同类工厂的先进水平或国际水平,经施工、试车、投入生产后,产品的产量和质量均应达到设计标准和国家要求,从而为人们提供营养丰富,色、香、味、质地等俱全的优质食品。

工厂设计在工程项目建设的整个过程中,是一个极其重要的环节,可以说在建设项目立项以后,设计前期工作和设计工作就成为建设中的关键。食品工厂设计要求设计工程师为食品加工企业提供一种关于食品加工系统的设计方案,尽量用最少的设备和能源消耗,以及最少的劳动力来生产出人们满意的产品。

三、食品工厂设计的任务和内容

工厂设计就是运用先进的生产工艺技术,通过工艺主导专业与工程地质勘察和工程测量、土木建筑、供电、给水排水、供热、采暖通风、自控仪表、三废处理、工程概预算以及技术经济等配套专业的协作配合,用图样并辅以文字做出一个完整的工厂建设蓝图,按照国家规定的基本建设程序,有计划按步骤地进行工业建设,把科学技术转化为生产力的一门综合性学科。

可以说,工厂设计对工厂的"功能价值"起到了决定性的作用,使科学技术(理论)通过设计转化为生产力(工厂实际)。

设计工作的基本任务是要做出体现国家有关方针政策、切合实际、安全适用、技术先进、经济效益好的设计,为我国经济建设服务。

食品工厂设计是一门涉及政治、经济工程和技术诸多学科的综合性很强的科学技术。除了要求设计工作者具有计算、绘图、表达等基本功和专业理论、专业知识外,还应对工厂设计的工作程序、范围、设计方法、步骤、内容、设计的规范标准、设计的经济等内容和要求熟练掌握和运用。只有这样,才能完成有关的设计任务。

从总体设计来说,生产工艺设计是总体设计的主导设计,生产工艺专业是主体专业,它起着贯穿全过程并且组织协调各专业设计的作用,而其他配套专业是根据生产工艺提出的要求来进行设计的,即食品工厂工艺人员的主要任务一方面是独立开展工艺设计,另一方面是配合其他部门人员工作,提供工艺资料和指导。工艺人员与非工艺人员之间必须相互配合,密切合作,共同完成设计任务。

食品工厂设计的内容一般包括:工厂总平面设计、工艺设计、动力设计、给排水设计、通风采暖设计、自控仪表、工厂卫生、环境保护、技术经济分析等。这些专业设计都要围绕着食品工厂设计这个主题,并按工艺对各专业的要求分别进行设计。各专业之间应相互配合,密切合作,发挥集体的智慧和力量,共同完成食品工厂设计的任务。

食品工厂的总体设计是由各个车间设计所构成的,车间设计是总体设计的组成部分。工厂的总体设计也好,车间设计也好,都是由生产工艺设计和其他非工艺设计(包括土建、采暖通风、供水、供电、供热等)组成的。而生产工艺设计人员主要是担负工艺设计部分,其中尤以车间工艺设计为主。因此,食品工厂工艺设计是本课程的中心内容。

第一章 基本建设程序及食品工厂建设项目的决策

本章知识点:了解基本建设及基本建设程序的主要内容;了解食品工厂建设项目决策的原则及程序;掌握可行性研究的主要内容和作用,以及可行性研究报告的编制方法。

第一节 基本建设与基本建设程序

一、基本建设

食品工厂建设属于基本建设,所谓基本建设是国民经济各部门的固定资产的再生产,是一种建造和购置固定资产的生产活动。如建造工厂、矿井、桥梁、铁路、农场、水库、住宅、学校及购置机器设备等。

基本建设包括建筑、安装和购置固定资产的活动及与其相关的工作。建设项目是指利用国家财政基本建设资金、自筹资金、国内外贷款以及其他专项资金进行的,以扩大生产能力或新增工程效益为主要目的,在一个总体设计或初步设计范围内,由若干个单项工程组成,经济上实行统一核算,行政上实行统一管理的基本建设单位。一个工厂、一座水库、一条公路等都是一个基本建设项目。

通过基本建设能为国民经济的发展提供大量新增的固定资产和生产能力,为社会化的扩大再生产提供物质基础,促进工业、农业、国防等实现现代化,提高人们的物质文化生活水平。

二、基本建设项目的分类及特点

(一)基本建设项目的分类

基本建设项目按不同的分类方式可分为多种类型。

1.按建设性质分类

按建设性质可以分为新建项目、扩建项目、改建项目、迁建项目、恢复项目等。

（1）新建项目：指从无到有新开始建设的项目。

（2）扩建项目：指原有企事业单位为扩大原有产品生产能力（或效益），或增加新的产品生产能力而新建主要车间或工程的项目。

（3）改建项目：指原有企业为提高生产效率增加科技含量，采用新技术改进产品质量或改变新产品方向，对原有设备或工程进行改造的项目；有的企业为了平衡生产能力，增加一些附属、辅助车间或非生产性工程，也算改建项目。

（4）迁建项目：指原有企事业单位，由于各种原因经上级批准搬迁到另地建设的项目。

（5）恢复项目：指企事业单位因自然灾害、战争等原因，使原有固定资产全部或部分报废，以后又投资按原有规模重新恢复建设的项目。

2. 按项目规模或投资总额分类

按建设项目的规模或投资总额分为大型项目、中型项目和小型项目。

按照国家规定，经营性项目总投资在 5 000 万元（含 5 000 万元）以上、非经营性项目总投资在 3 000 万元（含 3 000 万元）以上的为大中型项目，其他项目为小型项目。

3. 按建设用途分类

按建设用途可分为生产性项目和非生产性项目。

（1）生产性基本建设：指用于物质生产和直接为物质生产服务的项目建设，是从事生产经营活动，能够获取盈利的，能够创造生产性固定资产的项目。既包括工业、农业、公共饮食业、仓储业等生产性建设项目，也包括房地产业、信息业等非生产性建设项目。如工厂、矿井、桥梁、电站、铁路、公路、港口、农场、水库、商店、仓库等的建设。

（2）非生产性基本建设：指用于人民物质和文化生活项目的建设，是创造非生产性固定资产的。一般是指行政事业单位的公益性建设项目，其资金来源主要由财政拨款或使用财政资金，包括科研、文教、卫生等项目。如住宅、学校、医院、托儿所、影剧院及国家行政机关和人民团体的房屋、设备等的建设。

由上述概念可知：食品工厂的新建、改建和扩建都属于生产性基本建设的内容。

（二）基本建设项目的工作特点

基本建设工程项目一般具有以下特点。

1. 涉及面广

涉及许多部门如行政部门（计经委等）、金融部门（建行）、环保部门、城建部门(城市规划)、卫生防疫部门、消防部门、供水供电部门及运输部门等。

2. 内外协作配合环节多

参与基本建设工作的单位有筹建单位(甲)、设计单位(乙)和施工单位(丙),在整个建设过程中需要三者间的密切配合。

3. 工作量大,情况复杂

由于基建工作具有这样的特点,若在基建过程中某一环节出现问题,将会给整个基建带来一定的损失。为此,国家为了有效地进行基建建设,使其有计划、有步骤、有秩序地进行,特制定了有关基建管理的规定,规定了基建工作的程序即基建秩序。

因此,在建设过程中,要做到各个环节之间的相互配合,并在建设的各个时期严格做到科学计划,以便使项目完成后能够最大限度地发挥建设资金的效益。

三、基本建设程序

基本建设程序是指基本建设全过程中各项工作必须遵循的先后顺序。它是指基本建设全过程中各环节、各步骤之间客观存在的不可破坏的先后顺序,是由基本建设项目本身的特点和客观规律决定的;进行基本建设,坚持按科学的基本建设程序办事,就是要求基本建设工作必须按照符合客观规律要求的一定顺序进行,正确处理基本建设工作中从制定建设规划、确定建设项目、勘察、定点、设计、建筑、安装、试车,直到竣工验收交付使用等各个阶段、各个环节之间的关系,达到提高投资效益的目的,这是关系基本建设工作全局的一个重要问题,也是按照自然规律和经济规律管理基本建设的一个根本原则。

一个建设项目从计划建设到建成投产,一般要经过以下阶段:

(1)策划决策阶段;

(2)勘察设计阶段;

(3)建设准备阶段;

(4)施工阶段;

(5)生产准备阶段;

(6)竣工验收阶段;

(7)考核评价阶段。

四、企业进行项目建设必须遵循基本建设程序

党的十一届三中全会以前,我国基本建设中,忽视建设程序的现象比较突

出。最严重的时候发展到完全否定基本建设程序，因而造成了两次惨重的经济损失。一次是 1958 年"大跃进"时期，经济损失约 1 200 亿元；另一次是"十年浩劫"时期，人们热衷于搞"三边"（即边设计、边施工、边投产），经济损失更大，约 5 000 亿元，使国民经济到了崩溃的边缘，并且给人们的思想造成严重的混乱。党的十一届三中全会以后，这一问题引起了国家的高度重视，颁发了一系列文件法规。但由于人们长期思想混乱，很多企业仍然不能严格按照基本建设程序办事，或者表面上做，但实际上并不去认真地进行项目的可行性研究，进行方案比较，仓促上马，造成很大损失。如 1996 年 8 月 10 日"焦点访谈"中报道：青海某盐厂没有认真勘察水文地质，将厂房建在具有高度腐蚀性的沼泽地中。建厂 6 年，厂房墙壁、支柱已经腐蚀成为危房，无法使用，将 3 000 万元人民币扔进沼泽地中，造成很大的损失。因此企业进行项目投资必须遵循基本建设程序，这也是搞好一个项目建设的前提。

应该看到，坚持基本建设程序是由项目建设自身的特点决定的。由于基本建设项目的建设规模一般较大，投资较多，需要几年、十几年才能将投资收回；而且施工周期长，在工程项目的建设期间需要耗费大量的人力、财力和物力，但又不能形成任何生产能力或产生任何经济效益，如果搞不好，工程报废，最终只有投入没有产出，将给国家造成极大的浪费。这就要求坚持基本建设程序，根据基本建设的特点对每一个建设项目必须进行周密、详细、全面的调查研究，搞清建设的必要性、技术的先进性和经济的合理性。项目建设具有整体性，它是经过建筑、安装、由许多局部产品总装组合成一个结构复杂、形体庞大的统一整体；是由众多单位和人员分工协作、共同劳动完成的。因此必须按基本建设程序的要求，提出一个整体方案，然后各单位和人员按照统一的整体方案，分工协作，才能使项目建设顺利进行。同时，项目的建设地点是固定不变的，在哪里建设就在哪里形成生产能力，并始终在那里发挥投资效果。因此必须按基本建设程序的要求，认真做好勘察调查工作，慎重选择准确、合理的建设地点。每一个项目建设都有特定的用途，都要按照特定的使用目的和要求建造。因此要按照基本建设程序的要求，对每一项目进行具体的分析和研究。认真做好设计工作，采取切实可行的施工方式，合理组织好施工建设。

还应该看到，坚持基本建设程序是客观规律的要求。国民经济各部门都有项目投资。自然界如水文地质、矿藏资源、气象条件等对项目建设都有直接影响。就具体的建设项目来说，勘察、选择建厂地点、设计、施工、原材料、能源、生产协作和交通运输的配套等，都必须妥善解决才能建成。所以说项目建设是一项综合性很强的工作。进行项目建设必须按客观规律办事,才能取得较好的经济效益。基本建设程序就是对项目建设的客观规律性的反映,它包含了两个方面的要求:自然规律和经济规律的要求。

在项目建设过程中,自然规律要求我们:"先勘察、后设计,先设计、后施工,先验收、后投产"。如果不按自然规律的要求办事,胡作非为,必然要受到自然规律的惩罚。比如某电厂任意定点,造成四变厂址。上海某单位在安徽的一个项目,没有勘测好就上马,动工后发现这里水位高,今天挖下去,明天水就满了。一直干了7年,投资上亿元,结果只好停工。还有某地区的一个建筑物,没有考虑土地的承载力对于建筑物的影响,五层楼和二层楼的地基都一样。结果造成五层楼下沉,中间出现了裂缝。这些例子充分说明,在进行项目投资时必须遵循基本建设的自然规律。基本建设程序不仅反映了自然规律的要求,同时也反映了经济规律的要求。在社会主义市场经济条件下,存在着商品货币关系,价值规律起着重要作用。搞项目投资也必须强调价值和使用价值的统一,使项目建设符合社会需要,同时又能为投资者带来经济效益。经济规律对基本建设程序的要求主要是指"三算制",即"设计要有概算,施工要有预算,竣工要有决算"。要用概算控制预算,预算不能超过概算,决算不能超过预算。价值规律作用的发挥程度将直接关系到项目建设的总费用,关系到投资效果的发挥。

因此,在进行项目投资时要遵循基本建设程序,认真做好计算、测算、分析和对比,要运用价值规律力求做到以最小的投资获取最大的经济效益。由此可见,企业项目建设涉及面很广,内外协作配合的环节又多,只有按计划、有步骤、有秩序地进行,才能达到预期的效果。基本建设程序就是这种过程及其客观规律的反映。只有遵循这个客观经济规律,按科学的程序办事,才能加快建设速度,节约资金,尽快地发挥投资的经济效果。

第二节　投资建设项目决策的原则与程序

一、决策的含义

决策是为达到某一目的,对若干可行方案进行分析、比较、判断,从中选择较优方案的过程,是在权衡各种矛盾、各种因素相互影响后做出的选择。

决策是人们在政治、经济、技术和日常生活中普遍存在的一种行为;决策是管理中经常发生的一种活动;决策是决定的意思,它是为了实现特定的目标,根据客观的可能性,在占有一定信息和经验的基础上,借助一定的工具、技巧和方法,对影响目标实现的诸因素进行分析、计算和判断选优后,对未来行动作出决定。决策分析的研究目的是帮助人们提高决策质量,减少决策的时间和成本。因此,决策分析是一门创造性的管理技术。它包括发现问题、确定目标、确定评价标准、方案制定、方案选优和方案实施等过程。

投资建设项目的决策必须关注以下要素:

(1)目标必须清楚。

(2)必须有两个及两个以上的备择方案。

(3)决策是以可行方案为依据。

(4)在本质上决策是一个循环过程,贯穿整个管理活动的始终。

(5)决策人是管理者。

(6)决策的目的是为了解决问题或利用机会。

二、建设项目决策的基本原则

(一)项目决策的基本原则

1. 市场和效益原则

无论是企业投资项目还是政府投资项目都必须从市场需要出发,讲求投资效益,这是进行项目决策的前提条件,也是项目决策的最根本原则。企业投资项目是为了提高企业在市场中的竞争能力,获取经济效益,并创造社会效益;政府投资项目主要追求的是社会效益,满足社会需求,为公共利益服务,而不是单纯追求经济效益。

2. 科学决策原则

(1)决策方法科学:必须用科学的精神、科学的方法和程序,采用先进的技术手段,运用多种专业知识,通过定性分析与定量分析相结合,最终得出科学合理的结论和意见,使分析结论准确可靠。

(2)决策依据充分:决策要掌握大量的信息,依据国家有关政策,充分了解项目的建设条件、技术发展趋势和市场环境状况,使决策有科学的依据。

(3)数据资料可靠:必须坚持实事求是的立场,一切从实际出发,尊重事实,在调查研究的基础上,注重数据分析,保证分析结论真实可靠。

3. 民主决策原则

(1)独立咨询机构参与:决策者委托咨询机构对项目进行独立的调查、分析、研究和评价,提出咨询意见和建议,以帮助决策者正确决策。对于政府投资项目,一般都要经过符合资质要求的咨询机构的评估论证,"先评估,后决策",即政府在决策前先委托符合资质要求的咨询机构对项目进行论证,为政府决策提供咨询建议。对于企业投资项目,为了降低投资风险,通常也聘请外部咨询机构提供投资决策及咨询服务。

(2)专家论证:为了提高决策的质量,无论是企业还是政府的投资决策,都应该聘请项目相关领域的专家进行分析论证,以优化和完善建设方案。

(3)公众参与:对于政府投资项目和企业投资的重大项目,特别是关系社会公共利益的建设项目,政府将采取多种公众参与形式,广泛征求各个方面的意见和建议,以使决策符合社会公众的利益。

4.风险责任原则

按照投资体制改革的目标,"谁投资、谁决策,谁受益、谁承担风险",强调建设项目决策的责任制度。对采用直接投资和资本金注入方式的政府投资项目,由政府进行投资决策。政府从投资决策角度要审批项目建议书和可行性研究报告。

企业投资项目由企业进行投资决策。项目的建设方案、资金来源和技术方案等均由企业自主决策、自担风险。政府仅对企业投资的重大项目和限制类项目从维护社会公共利益角度进行核准。

(二)建设项目业主在项目决策中的责任

(1)确定项目的目标和具体参数:如项目的市场定位和功能定位,项目的目标收益水平,投资回收期限、建设规模和投资规模等。

(2)确定项目的建设方案:如产品方案、选址方案、技术、设备和工程方案,环境保护方案以及实施计划等。

(3)确定项目的融资方案:如项目资本金和项目债务资金的比例、资本金的筹措方案、债务资金的筹措方案等。

三、企业投资项目决策的程序

为实现企业投资项目决策的科学化,必须按照科学的程序办事,从程序上保证项目决策的正确性。投资项目决策程序的适用范围可以是企业一切重大投资活动。如对外投资、合资、合作、联营、融资、入股、公司收购、股份购买等资本经营活动,包括现有项目的增资、扩股、重大技术引进项目投资等。

投资项目决策程序分为四步,分别是投资机会研究、初步可行性研究、可行性研究、决定建设,转入项目实施准备阶段。决策程序见图1-1。

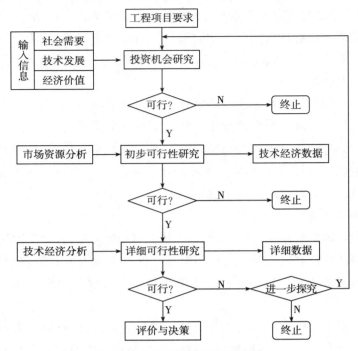

图1-1　可行性研究决策的程序

(一)投资机会研究的目的和内容

投资机会研究,也称投资机会鉴别,是指为寻找有价值的投资机会而进行的准备性调查研究,其目的在于发现投资机会。

投资机会研究包括一般性投资机会研究和具体项目投资机会研究两类。

1.一般性投资机会研究

一般性投资机会研究是一种全方位的搜索过程,需要进行广泛的调查,收集大量的数据。一般性投资机会研究主要包括:

(1)地区投资机会研究;

(2)部门投资机会研究;

(3)资源开发投资机会研究。

2.具体项目投资机会研究

具体项目投资机会研究比一般性投资机会研究较为深入、具体,需要对项目的背景、市场需求、资源条件、发展趋势及需要的投入和可能的产出等方面进行准备性的调查、研究和分析。

3. 投资机会研究的内容

投资机会研究的内容包括市场调查、消费分析、投资政策和税收政策研究等，重点是对投资环境的分析。

（二）初步可行性研究

1. 初步可行性研究的目的

初步可行性研究，也称预可行性研究，是在机会研究的基础上，对项目方案进行初步的技术、财务、经济、环境和社会影响评价，对项目是否可行做出初步判断。主要目的是判断项目是否具有生命力，是否值得投入更多的人力和资金进行可行性研究，并据此做出是否进行投资的初步决定。

2. 初步可行性研究的内容

以工业项目为例，初步可行性研究的主要内容包括：项目建设的必要性和依据；市场分析与预测；产品方案、拟建规模和厂址环境；生产技术和主要设备；主要原材料的来源和其他建设条件；项目建设与运营的实施方案；投资初步估算、资金筹措与投资使用计划初步方案；财务效益和经济效益的初步分析；环境影响和社会影响的初步评价；投资风险的初步分析。初步可行性研究是对投资机会研究的分析和细化。

（1）初步可行性研究的主要任务如下。

①分析机会研究的结论，并在详细调查资料的基础上做出投资决定。

②确定是否应进行详细可行性研究。

③确定有哪些关键问题需要进行辅助性专题研究，如市场需求预测，新技术、新产品的试验等。

④判断项目设想是否有生命力，能否获得较大的利润等。

初步可行性研究与投资机会研究的主要区别在于所获得资料的详细程度不同。如果机会研究有足够的数据，也可越过初步可行性研究阶段。

（2）初步可行性研究主要解决如下问题。

①产品市场需求量的估计，预测产品进入市场的竞争力。

②机器设备、建筑材料及生产所需的原材料、燃料动力的供应情况及其价格变动的趋势。

③相关技术在实验室或中间工厂的试验情况分析。

④厂址方案的选择，重点是估算并比较交通运输费用和重大工程的设施费等。

⑤合理的经济规模研究，对设计不同生产规模的方案，依据投资、成本、价

格、利润等指标选择合理的经济规模。

⑥设备选型,着重研究决定项目生产能力的主要设备和一些投资费用较大的设备选型问题。

进行初步可行性研究后,要编制初步可行性研究报告,确定是否有必要进行下一步详细可行性研究,进一步判明建设项目的生命力。

3. 初步可行性研究的重点

主要是从宏观上分析论证项目建设的必要性和可能性。

(1)项目建设的必要性,一般体现在以下几个方面。

①企业为了自身的可持续发展,为满足市场需求,进行扩建、更新改造或者新建项目。

②为了促进地区经济的发展,需要进行基础设施建设,改善交通运输条件,改善投资环境。

③为了满足人民群众不断增长的物质文化生活的需要而必须建设的文化、教育、卫生等社会公益性项目。

④为了合理开发利用资源,实现国民经济的可持续发展而必须建设的跨地区重大项目。

⑤为了增强国防和社会安全能力的需要而必须建设的项目。

(2)项目建设的可能性,主要指项目是否具备建设的基本条件,包括市场条件、资源条件、技术条件、资金条件、环境条件以及外部协作配套条件等。其重点是市场需求分析。

(三)可行性研究的目的和内容

1. 可行性研究的目的

可行性研究是指通过对拟建项目的市场需求状况、建设规模、产品方案、生产工艺、设备选型、工程方案、建设条件、投资估算、融资方案、财务和经济效益、环境和社会影响以及可能产生的风险等方面进行全面深入的调查、研究和充分的分析、比较、论证,从而得出该项目是否值得投资、建设方案是否合理的研究结论,为项目的决策提供科学、可靠的依据。

可行性研究是建设项目决策阶段最重要的工作。

2. 可行性研究的内容

可行性研究也称最终可行性研究。通过初步可行性研究的项目一般不会再被淘汰,但在具体实施前还要进行详细可行性研究来确定具体实施方案和计划。详细可行性研究阶段要对项目的产品纲要、技术工艺及设备、厂址与厂区规划、投资需求、资金来源、建设计划以及项目的经济效果进行全面、深入、系统的技术经济论证，确定各方案的可行性，选择最佳方案。进行详细可行性研究后要编制可行性研究报告，作为项目投资决策的基础和重要依据。

具体可行性研究的内容将在本章第三节介绍。

四、项目申请报告的作用与程序

（一）项目申请报告的作用

项目申请报告是政府行政许可的要求，适用于企业投资建设实行政府核准项目，即"核准目录"范围内的企业投资项目。它是对政府关注的涉及公共利益的有关问题进行论证说明，以获得政府投资主管部门的核准（行政许可）。

项目申请报告是从维护经济安全、合理开发利用资源、保护生态环境、优化重大布局、保障公众利益、防止出现垄断等方面进行论证。

（二）企业投资项目核准的程序

对于企业投资建设实行政府核准制度的项目，一般是在企业完成项目可行性研究后，根据可行性研究的基本意见和结论，委托具备相应工程咨询资格的机构编制项目申请报告，上报政府投资主管部门进行核准。其中，国务院投资主管部门核准的项目，其项目申请报告应由具备甲级工程咨询资格的机构编制。

企业投资项目核准的程序为：可行性报告编制→提交项目申请报告→政府核准审查→核准建设→项目实施准备阶段。

五、建设项目咨询评估的作用和内容

（一）项目评估的作用

项目评估是咨询机构根据政府有关部门、金融机构和企业的委托，在项目投资决策前，基于项目的可行性报告或申请报告，按照一定的目标，采取科学的方法，对项目的市场、技术、财务、经济，以及环境和社会的影响等方面进行进一步的分析论证和再评价，权衡各种方案的利弊和潜在风险，判断项目是否值得投资，做出明确的评估结论，并对项目建设方案等进行优化，从而为决策者进行科学决策或为政府核准项目提供依据的咨询活动。

对为项目提供贷款的银行，项目评估则是其贷款决策的必要程序，评估结论是发放贷款的重要依据。

（二）项目评估与可行性研究的区别与联系

项目评估与可行性研究是项目前期工作的两项重要内容。

两者都处于项目投资前期阶段,出发点是一致的,都以市场或社会需求研究为出发点;同时,内容和方法基本一致,均是要提高项目投资科学决策的水平,提高投资效益,避免决策失误。

两者也存在一定的区别,可行性研究是项目投资决策的基础,是项目评估的重要前提。项目评估则是可行性研究延续、深化和再研究,独立地为决策者提供直接的、最终的依据。

(三)项目评估的内容和重点

政府部门委托的项目评估:侧重于项目的经济及社会影响评价,资源配置的合理性等。

银行等金融机构委托的项目评估:侧重于融资主体的清偿能力评价。

企业或机构投资者委托的项目评估:侧重于项目本身的盈利能力,资金的流动性和财务风险等方面。

(四)咨询评估单位的选择

(1)选择的原则:评估单位应具有执业资格、有信誉、有实力三个基本条件。

评估单位应遵循"公正、科学、可靠"的宗旨和"敢言、多谋、善断"的行为准则。

(2)选择的方式:公开招标、邀请招标、征求意见书、两阶段招标、竞争性谈判、聘用专家。

第三节　可行性研究的方法及内容

可行性研究是对一个建厂项目的经济效果和价值的研究,即通过对技术,经济进行可行性调查研究、分析计算、预测,克服侥幸取胜,使建厂风险减少到最小,为建厂投资提供可靠依据的过程。

食品工厂建设项目的可行性研究是项目前期工作的重要阶段,是建设程序中的重要组成部分,项目立项后必须进行可行性研究。可行性研究是在项目建议书被批准后,对项目进行更为详细、深入、全面的,技术、经济论证,通过对各种可能的技术方案进行分析、测算、比较,最终推荐最佳方案,编制出可行性研究报告,供决策部门做出最终决定。因此,投资企业和国家审批机关主要根据可行性研究报告提供的评价结果,决定对食品工厂项目是否进行投资及如何进行投资。在项目投资决策之前进行可行性研究,不但有助于减少或避免项目投资失误,而且有助于项目的顺利实施和推进。

一、可行性研究的方法与程序

可行性研究就是采用各种方法,对项目建议书所提出的工程建设项目进行论证,并最终提交可行性研究报告的过程。可行性研究报告的撰写应由项目建设单位委托具有专业资质的设计单位或工程咨询单位编制。可行性研究的工作程序大致可以概括为以下八个步骤。

1. 签订委托协议

工程项目单位与咨询设计单位,就项目可行性研究报告的编制范围、重点、深度要求、完成时间、费用预算和质量要求交换意见,并签订委托协议,据此开展可行性研究各阶段的工作。

2. 组建工作小组

根据项目可行性研究的工作量、内容、范围、技术难度、时间要求等,组建项目的可行性研究工作小组。工作小组成员一般包括工艺、设备、市场分析、经济管理、电力工程、土建和财务等方面的人员。此外,还可以根据需要,请一些其他专业人员,如地质、土壤、实验室等人员协助工作。

3. 制定工作计划

工作计划内容包括工作的范围、重点、深度、进度安排、人员配置、费用预算及《可行性研究报告》编制大纲,并与委托单位交换意见。

4. 市场调查与预测

主要指资料的收集和实地考察工作。收集资料包括与项目相关的方针政策、项目所在地区的自然资源、市场、社会经济、文化等的情况,有关项目技术经济指标和信息。通过对获取的资料进行分析,预测项目投产后可能的市场前景与经济、社会效益。

5. 方案编制与优化

编制项目的建设规模与产品方案、厂址方案、技术方案、设备方案、工程方案、原料供应方案、总图布置与运输方案、公用工程与辅助工程方案、环境保护方案、组织机构设置方案、实施进度方案以及项目投资与资金筹措方案,进行多方案的分析和比较,推荐最佳方案。

6. 项目评价

对推荐方案进行评价。评价内容主要包括环境、财务、国民经济、社会风险等方面的评价,以判别项目的环境可行性、经济可行性、社会可行性和抗风险能力。当有关评价结论不足以支持项目方案成立时,应对原设计方案进行调整或重新设计。对放弃的方案应说明理由。对一些方案选择的重大原则问题,要与委托方进行深入的讨论。

7. 编写项目可行性研究报告

通过前几个阶段的工作,在认真分析论证的基础上,由各专业组人员分工编写可行性研究报告。经项目负责人衔接协调综合汇总,提出可行性研究报告初稿。

8. 与委托单位交换意见

可行性研究报告初稿完成之后,与委托单位交换意见,修改完善,形成正式可行性研究报告。

二、可行性研究的内容

可行性研究的内容根据行业分类不同而有所差异,但基本内容相似,一般应包括以下内容。

1. 投资必要性

投资必要性主要根据市场调查及预测的结果,以及有关的产业政策等因素,论证项目投资建设的必要性。在投资必要性的论证上,一是要做好投资环境的分析,对构成投资环境的各种要素进行全面的分析论证;二是要做好市场研究,包括市场供求预测、竞争力分析、价格分析、市场细分、定位及营销策略论证等。

2. 技术可行性

技术可行性主要从项目实施的技术角度,合理设计技术方案,并进行比选和评价。对于食品工业项目,可行性研究的技术论证应达到能够比较明确地提出设备清单的深度。

3. 财务可行性

财务可行性主要从项目及投资者的角度,设计合理的财务方案,从企业理财的角度进行资本预算,评价项目的财务盈利能力,进行投资决策,并从融资主体(企业)的角度评价股东投资收益、现金流量计划及债务清偿能力。

4. 组织可行性

组织可行性制定合理的项目实施进度计划、设计合理的组织机构、选择经验丰富的管理人员、建立良好的协作关系、制定合适的培训计划等,保证项目的顺利实施。

5. 经济可行性

经济可行性主要从资源配置的角度衡量项目的价值,评价项目在实现区域经济发展目标、有效配置经济资源、增加供应、创造就业、改善环境、提高人民生活等方面的效益。

6. 社会可行性

社会可行性主要分析项目对社会的影响，包括政治体制、方针政策、经济结构、法律道德、宗教民族、妇女儿童及社会稳定性等。

7. 风险因素及对策

风险因素及对策主要对项目的市场风险、技术风险、财务风险、组织风险、法律风险、经济及社会风险等风险因素进行评价，制定规避风险的对策，为项目全过程的风险管理提供依据。

上述可行性研究的内容，适用于不同行业各种类型的投资项目。

三、可行性研究报告的编制内容与深度

可行性研究报告应根据国家或主管部门对项目建议书的审批文件进行编制。我国现行《轻工业建设项目可行性研究报告编制内容深度规定》（QBJS 5—2005）对轻工业建设项目的可行性研究内容进行了详尽规范，是目前食品工厂建设项目进行可行性研究的主要参考依据，一般包括如下十九个部分。

1. 总论

总论主要包括项目背景与概况、研究工作概述、研究结论及问题与建议四个部分，要对项目名称、项目提出的理由、项目建设的条件及推荐的建设方案等进行概括性介绍，同时要提出项目实施中需协调解决的问题及建议。

2. 市场预测

市场预测在可行性研究中占有重要地位。任何一个项目，其生产规模的确定、技术的选择、投资估算，甚至厂址的选择，都必须在对市场需求情况有了充分了解以后才能决定。在可行性研究报告中，市场预测主要包括七个部分内容：

（1）市场预测说明；

（2）产品市场供需现状；

（3）产品市场供需预测；

（4）产品目标市场分析；

（5）产品价格现状与预测；

（6）市场竞争力分析；

（7）市场风险分析。

对主要产品的市场供需状况、价格走势以及竞争力进行预测分析。对于技

术改造和改、扩建项目等产品增量不大,对原有市场影响较小的,预测分析内容可以适当简化。对于项目规模较大,市场竞争激烈的产品,其市场预测分析,应当进行专题研究,在做可行性研究报告之前,先完成市场报告。

3. 建设规模与产品方案

论述建设规模和产品方案确定的依据和合理性,并进行多种规模和产品方案的比较选择。对于改、扩建和技术改造项目,则要描述企业目前的规模和生产能力以及配套条件,结合企业现状确定合理改造规模并对产品方案和生产规模作出说明和方案比较。

4. 厂址选择

厂址选择主要包括厂址现状分析、厂址建设条件及厂址方案比较三部分内容。目前食品工厂多建于开发区或工业园区内,需要按照厂址选择的原则和内容要求进行方案比选,但根据开发区或工业园区具体的条件情况,部分内容可以适当简化。对于改、扩建和技术改造项目,则需要说明企业所处的厂址条件,对在原厂址的改、扩建进行论述,分析优、缺点,根据方案比较结果确定改造方案。

5. 技术方案、设备方案和工程方案

项目的技术方案主要包括产品标准、技术来源和生产方法、主要技术参数和工艺流程的比较等;设备方案主要指设备选型方案的比较,引进技术、设备的来源国别,设备的国内与外商合作制造方案设想等;工程方案则指全厂布置方案的初步选择和土建工程量估算,包括主要生产车间布置方案、总平面布置、厂内外运输方案、仓储方案、土建工程、其他工程如给排水工程和公用工程等的初步选择。

6. 主要原辅材料、燃料供应

主要原辅材料、燃料供应包括主要原辅材料的品种、质量及年需要量、来源与运输方式;燃料的种类、年需求量及运输方式。

7. 节能、节水措施

食品工厂的节能、节水主要指工艺过程、生产设备、建筑、公用工程设计和使用中采取的节能、节水技术措施。其中,节能措施除工艺流程、设备选型的描述外,还应包括节能计算、投资估算和投资回收期等内容。节水措施包括如下方面:

(1)采用的节水型工艺和设备;

(2)提高水回收和循环利用率;

(3)供水系统的防漏、防渗措施;

(4)提高再生水回收率;

（5）其他措施。

8. 环境影响评价

环境影响评价包括项目建设和生产对环境的影响，项目生产过程产生的污染物（废水、废气、固体废弃物、粉尘、噪声等）对环境的影响，环境保护措施方案，环境保护投资及影响评价。

9. 劳动安全、工业卫生与消防

劳动安全、工业卫生与消防主要指生产过程中职业危害因素的分析，职业安全卫生主要措施，劳动安全与职业卫生机构，消防措施和设施的方案建议等。

10. 组织机构与人力资源配置

组织机构包括企业组织形式和企业工作制度；人力资源配置包括劳动定员和人员培训，年总工资和职工年平均工资估算，人员培训及费用估算等。

11. 项目实施进度

叙述项目建设工期要求、项目实施的进度安排及项目前期各阶段的进度安排。项目前期指项目可行性研究、初步设计、施工图设计、施工图审查及施工招标等阶段。

12. 投资估算

投资估算包括主要生产工程项目、辅助生产及服务性工程项目、公用工程项目和厂外工程项目等的投资估算。投资估算的编制主要参照《轻工业工程设计概算编制办法》（QBJS 10—2005）的规定。

13. 融资方案

融资方案包括资金来源、资本金筹措、债务资金筹措和融资方案分析。

14. 财务评价

财务评价包括销售收入及税金估算、成本费用估算、利润估算和财务评价，最后作出财务评价结论。

15. 国民经济评价

国家、行业规定的重点轻工业建设项目和主管部门指定要求的项目，需要做出国民经济评价，内容包括项目对国家政治和社会稳定的影响，与当地居民的宗教、民族习惯的相互适应性及对保护环境和生态平衡的影响等。

16. 社会评价

对社会影响久远、社会风险较大的项目，需编制社会评价。内容包括对社会的影响分析，与当地科技、文化发展水平的相互适应性等。

17. 风险分析

风险分析包括项目主要风险因素识别、项目风险程度分析、项目风险防范措施等。

18. 主要对比方案

对主要的对比方案进行描述,分析各方案的优缺点及存在问题,给出方案未被采纳的理由。

19. 附图、表格和附件

附图主要包括厂址区域位置图、主要工艺流程简图、主要生产车间工艺布置示意图和总平面简图等。所附表格和附件的要求可参阅《轻工业建设项目可行性研究报告编制内容深度规定》。

复习思考题

1. 什么是基本建设?基本建设有什么特点?

2. 什么是基本建设程序?为什么企业进行项目建设必须遵循基本建设程序?

3. 项目决策的基本原则是什么?程序是怎样的?

4. 什么是可行性研究,可行性研究的程序和主要内容有哪些?

5. 简述可行性研究报告的主要内容。

第二章 食品工厂工艺设计

本章知识点：了解食品工厂工艺设计的内容；熟悉食品工厂工艺设计的方法和步骤；掌握产品方案、工艺计算、设备选型、生产车间工艺布置、管路设计与布置等工艺设计的内容和方法；熟悉工艺设计对非工艺设计和其他有关方面的要求。

第一节 概 述

按设计任务的职责范围分，可将食品工厂设计分为"工艺设计"及"非工艺设计"两类。工艺设计就是按工艺过程的要求进行的工厂设计工作，其中又以车间工艺设计为主，并对其他部门提出各种数据和要求，作为非工艺设计的设计依据。工艺设计的所有工作都应由食品工程专业的技术人员去承担完成。

食品工厂工艺设计大致包括工艺流程设计和车间布置设计两个主要内容。它们决定着车间的功能和生产合理与否。决定工厂的工艺计算、车间组成、生产设备及其布置的关键步骤。一般工艺流程设计在先，车间布置设计是在工艺流程设计的基础上进行的。

食品工厂工艺设计包括以下具体内容。

（1）产品方案的确定（全年要生产的产品品种和各产品的数量、规格标准、产期、生产班次等的计划）。

（2）主要产品及综合利用产品的工艺流程确定。

（3）物料衡算、生产过程蒸汽用量及耗水量的估算等。

（4）生产车间设备生产能力计算和设备选型。

（5）生产车间设备的工艺布置。

（6）管路设计。

工艺设计主要是在由原料到各个生产过程中，设计物质变化及流向，包括所需设备。食品工厂工艺设计的步骤大致如下。

（1）根据前期可行性调查研究，确定产品方案及生产规模。

（2）根据当前的技术、经济水平选择生产方法。

（3）生产工艺流程设计。

（4）物料衡算。

（5）能量衡算（包括热量、耗冷量、供电量计算）和用水量计算。

（6）设备生产能力计算及选型。

（7）车间工艺布置。

（8）管路设计。

（9）其他工艺设计。

（10）编制工艺流程图、管道设计图及说明书等。

非工艺设计是除工艺设计任务以外的关于其他公用系统或设施的全部设计工作。主要包括：总平面、土建、给排水、动力、供电和仪表、制冷、通风、供暖、环境保护等设计，以上这些非工艺工程需要不同的专业工种技术人员承担。

非工艺设计都是根据工艺设计的要求和所提出的数据进行设计的，食品工程专业的技术人员必须向非工艺设计专业工程技术人员提出相关要求和提供相关的技术参数，主要包括以下几个方面：

（1）工艺对全厂总平面布置中建筑物相对位置的要求。

（2）工艺对车间建筑在土建、采光、通风及卫生方面的要求。

（3）生产车间水、电、汽、冷的消耗量计算。

（4）生产工艺对用水水质的要求。

（5）对三废（废水、废渣、废气）排放的要求。

（6）关于各种仓库建筑面积的计算及对仓库在保温、防潮、防鼠、防虫等方面的特殊要求。

本章主要介绍食品工厂工艺设计方面的内容。

第二节　产品方案及班产量的确定

一、制定产品方案的意义和要求

产品方案又称生产纲领，实际是食品厂准备全年（季度、月）生产哪些品种和各种产品的规格、产量、产期、生产车间及班次等的计划安排。实际生产计划中工厂一般以销定产，产品方案既作为设计依据，又是工厂实际生产能力的确定及挖潜余量的计算。影响产品方案的因素有诸多方面，主要包括：产品的市场销售、人们的生活习惯、地区的气候和不同季节的影响。

在制定产品方案时，首先，要调查研究，得到资料，以此确定主要产品的品种、规格、产量和生产班次。其次,是要用调节产品用以调节生产忙闲不均的现象。最后,尽可能把原料综合利用及储存半成品,以合理调剂生产中的淡、旺季节。例如乳品厂主要的原料是牛奶或羊奶,一般城市的居民在冬季喜欢饮用鲜奶,但夏季却喜欢吃冰激凌、冰糕和酸奶,致使鲜奶的销售有所下降,所以在夏季可以把部分鲜奶制成人们喜欢吃的冰激凌、冰糕和酸奶等产品。在牧区奶源供应充足,但其交通运输不够便利,所以应以生产奶粉为主。由此可见,尽管乳品厂全年生产的主要原料是牛奶,但因市场的需求变化而引起乳品工厂生产产品品种的变化,这样就需要制定一个合理的产品方案。又例如根据市场对小包装食用油产品消费的淡季和旺季之分,在旺季到来之前,组织充足的力量生产,使工厂有一定的小包装食用油产品的储备,来满足节日期间市场的集中消费需求。再例如:饮料的生产企业在夏季大多以生产碳酸饮料及不同种类的果汁饮料为主,在冬季为了满足饮料市场的生产需要,大多生产杏仁露、花生乳等蛋白饮料或含有酒精的饮品。上述的这些食品工厂全年生产所需要的原料变化不大,而罐头加工和速冻果蔬、冻干果蔬等是以季节性原料为加工品种的食品工厂,品种繁多、季节性又强,生产过程有淡季和旺季区别,生产所用原料各异,即使同一种原料也往往因为品种不同、地域不同,收获季节有很大差异。

所以食品工厂在制定产品方案时,要进行全面的市场调查,确定产品的种类及包装规格;根据设计规格,结合各产品原料的供应量、供应周期的长短等实际情况,确定各种产品在总产量中所占比例及产量;根据原料的生产季节及保藏时间确定产品的生产时间;根据各种产品的设计产量,确定班次产量及生产班次数等。由于罐头食品工厂在所有的食品工厂中产品最多,季节性又强,产品方案编排最为复杂,所以下面以罐头工厂的工艺设计进行举例。

在安排产品方案计划时,要尽量做到"四个满足"和"五个平衡"。

"四个满足"为:

(1)满足主要产品产量的要求;

(2)满足原料综合利用的要求;

(3)满足淡旺季平衡生产的要求;

(4)满足经济效益的要求。

"五个平衡为":

(1)产品产量与原料供应量应平衡;

(2)生产季节性与劳动力应平衡;

(3)生产班次要平衡;

（4）产品生产量与设备生产能力要平衡；

（5）水、电、汽负荷要平衡。

在编排生产方案时，应根据设计计划任务书的要求及原料供应的情况，并结合各生产车间的实际利用率，设计需要安排几个生产车间才能使方案得以顺利实施。另外，在编排产品方案时，每月按 25 d 计（员工可按双休日调配休息），全年的生产日为 300 d，考虑原料供应方面等原因，全年的实际生产日数不宜少于 250 d，每天的生产班次一般为 1～2 班，季节性产品高峰期则要按 3 班考虑。

二、班（日、年）产量的确定

主要班产量是工艺设计的最主要的计算基础，班产量直接影响到车间布置、设备配套、占地面积、劳动定员、产品经济效益以及辅助设施、公共设施的配套规格等。班产量大小的影响因素有：原料供应、产品市场销售状况、配套设备的生产能力及运行情况、延长生产期的条件（如冷库及半成品加工设施等）、每天生产班次及产品品种的搭配等。

一般情况下，食品工厂班产量越大，单位产品成本越低，经济效益越好。由于投资局限及其他方面制约，班产量有一定的限制，但是必须达到或超过合理、适宜经济规模的班产量。最适宜的班产量实质就是经济效益最好的规模。

（一）年产量

年生产能力按如下估算：

$$Q = Q_1 + Q_2 - Q_3 - Q_4 + Q_5$$

式中：Q——新建厂某类食品年产量；

Q_1——本地区该类食品消费量；

Q_2——本地区该类食品年调出量；

Q_3——本地区该类食品年调入量；

Q_4——本地区该类食品原有厂家的年产量；

Q_5——本厂准备销出本地区以外的量。

对于淡旺季明显的产品，如饮料、月饼、巧克力可按下式计算：

$$Q = Q_旺 + Q_中 + Q_淡$$

式中：$Q_旺$——旺季产量；

$Q_中$——中季产量；

$Q_淡$——淡季产量。

（二）生产班制

班产量受到各种因素的影响，每个工作日的实际产量并不完全相同。一般食品工厂每天生产班次为 1 ~ 2 班，淡季一班，中季二班，旺季三班制，具体根据食品工厂工艺和原料特性及设备生产能力来决定。

（三）食品工厂工作日及日产量

不同食品的生产天数和生产周期受到市场需要、季节气候、生产条件（温度、湿度等）和原料供应等方面影响。盛夏的冷饮、冰激凌，春节前后的糖果、糕点和酒类，中秋节的月饼等生产都具有明显的季节性。糖果、巧克力在南方梅雨季节及酷暑、盛夏应缩短生产天数。而夏季 6 ~ 8 月是面包生产的旺季，工作日 78 d（$t_旺$），中季生产为 135 d（$t_中$），淡季生产 75 d（$t_淡$），余下 77 d 为节假日和设备检修日，则全年面包生产天数为：

$$t = t_旺 + t_中 + t_淡 = 78 + 135 + 75 = 288（d）$$

由于受到各种因素的影响，每个工作日实际产量不完全相同。平均日产量等于班产量与生产班次及设备平均系数的乘积。即：

$$q = q_班 nk$$

式中：q——平均日产量；

　　$q_班$——班产量，t/d；

　　n——生产班次，旺季 $n = 3$，中季 $n = 2$，淡季 $n = 1$；

　　k——设备不均匀系数，$k = 0.7 ~ 0.8$。

（四）班产量 $q_班$

班产量 $q_班$ 计算公式如下：

$$q_班 = Q/k（3t_旺 + 2t_中 + t_淡）$$

式中：k——设备不均匀系数；

　　$t_旺$——旺季天数；

　　$t_中$——中季天数；

　　$t_淡$——淡季天数。

如果某种产品生产只有旺季、淡季，则：

$$q_班 = Q/k（3t_旺 + t_淡）$$

例如：设计任务书规定年产面包 2 000 t，求班产量。

解：$q_班 = Q/k（3t_旺 + 2t_中 + t_淡）= 2 000/0.75（3 × 78 + 2 × 135 + 75）= 4.6（t/班）$

三、产品方案的制定

一般来说，一种原料生产多种规格的产品时，应力求精简，以利于实现机械化生产和连续性的操作。但是,为了尽可能地减少浪费,提高其利用率和使用价值,或为了满足消费者的需求,往往有必要将一种原料生产成几种规格的产品。例如:

(1)冻猪片加工肉类罐头的搭配:3~4级的冻猪片出肉率在75%左右,其中55%~60%可用于午餐肉罐头,1%~2%用于圆蹄罐头,5%左右用于排骨罐头,8%~10%用于扣肉罐头,其余的可生产其他猪肉罐头。

(2)番茄酱罐头罐型的搭配:尽可能生产70 g装的小型罐,但限于设备的加工条件,通常是70 g装的占13%~30%,198 g装占10%~20%,3 000 g或5 000 g装的大型罐占40%~60%。

(3)水果罐头品种的搭配:在生产糖水水果罐头的同时,应考虑果汁、果酱罐头的生产,其产量视原料情况和碎果肉的多少而定。

(4)蘑菇罐头中整菇和片菇、碎菇比例的搭配:一般整菇占70%,片菇和碎菇占30%左右。

通常用表格的形式来表示食品工厂的产品方案,其主要内容包括产品名称、年产量(Q)、班产量($q_班$)、1~12月的生产安排、用线条或数字两种形式表示产量及生产情况。

下面以"年产1.8万~2.0万吨罐头工厂产品方案"(表2-1)说明在产品方案的制订中是如何遵循"四个满足"和"五个平衡"的。

表2-1 年产1.8万~2.0万吨罐头工厂产品方案

产品名称	年产量/t	班产量/t	劳动生产率/(人/t)	1月	2月	3月	4月	5月	6月	7月	8月	9月	10月	11月	12月	每班人数/(人/班)
午餐肉	6199	24	14													336
清蒸猪肉	3500	20	15													300
红烧扣肉	1332	20	15													300
红烧圆蹄	175	3	30													90
蘑菇	1949	18	13													234
什锦蔬菜	1250	15	12													180
咖喱鸡	200	6	22													132
番茄酱	1511	16.5	12													198
蚕豆	2874	15	6													90

续表

产品名称	年产量/t	班产量/t	劳动生产率/(人/t)	1月	2月	3月	4月	5月	6月	7月	8月	9月	10月	11月	12月	每班人数/(人/班)
每天产量/(t/d)					59		62		62	60.5 70.5 76.5		74		62 63	62	59	
每天需劳动力/(人/d)					816		870		816	834 816 846		816		803 894	870	816	
全年总产量	18 990 t,其中肉类罐头占 60%															

由表 2 - 1 可以看出:

(1)全年总产量 18 990 t 满足产品产量"年产 1.8 万 ~ 2.0 万吨"的要求;

(2)根据产品的生产季节性,将不同品种产品进行合理搭配;

(3)全厂每天的生产班次大多是 3 班次;

(4)每天的产量在 59 ~ 74 t 之间;

(5)每天的劳动力数量基本稳定,在 816 ~ 894 人之间。

下面列出部分罐头厂、饼干厂、乳品厂及蔬菜加工厂的产品方案供参考。

(1)北方地区年产 4 000 t 罐头工厂产品方案,参见表 2 - 2;

(2)华东地区年产 5 000 ~ 6 000 t 罐头工厂产品方案,参见表 2 - 3;

(3)年产 4 000 t 饼干厂产品方案,参见表 2 - 4;

(4)南方地区(大中城市)日处理 30 ~ 80 t 原乳乳品厂产品方案,参见表 2 - 5;

(5)华东地区年产 5 000 t 速冻蔬菜工厂产品方案,参见表 2 - 6。

表 2 - 2 北方地区年产 4 000 t 罐头工厂产品方案

产品名称	年产量/t	班产量/t	1月	2月	3月	4月	5月	6月	7月	8月	9月	10月	11月	12月
草莓酱	200	4												
糖水杏子	100	5												
糖水桃子	400	8												
糖水梨	250	5												
糖水苹果	1 500	8												
苹果酱	150	2												
番茄酱	300	4												
山楂酱	300	4												
水产品罐头	600													

表2-3　华东地区年产5 000～6 000 t罐头工厂产品方案

产品名称	年产量/t	班产量/t	1月	2月	3月	4月	5月	6月	7月	8月	9月	10月	11月	12月
青豆	400	16				━	━							
蘑菇	600	20									━	━	━	
整番茄	300	10												
番茄酱	300	4							━	━				
糖水橘子	1 200	12	━										━	━
橘酱	100	2											━	━
竹笋	180	8				━								
糖水桃子	400	8								━				
糖水杨梅	400	20						━						
茄汁黄豆	250	5								━			━	
午餐肉	1 500	10	━	━	━						━	━	━	━
红烧肉	250	5					━	━						
全年总产量	5 880													

表2-4　年产4 000 t饼干厂产品方案

产品名称	年产量/t	班产量/t	1月	2月	3月	4月	5月	6月	7月	8月	9月	10月	11月	12月
婴儿饼干		2.403	━	━										
菊花饼干		1.960	━											
动物饼干		2.540		━					━	━				
鸡蛋饼干		2.100	━											
口香饼干		2.736			━									
椒盐饼干		2.007	━											
双喜饼干		1.800										━		
钙质饼干		2.106	━											
宝石饼干		1.700	━											
奶油饼干		2.034											━	
孔雀饼干		2.000	━											
鸳鸯饼干		1.746						━	━					
旅行饼干		1.890						━	━	━	━			
人参饼干		1.760									━			
维生素饼干		1.680	━											

表 2-5　南方地区(大中城市)日处理 30～80 t 原乳乳品厂产品方案

产品名称 年产量 \ 生产时间	1月	2月	3月	4月	5月	6月	7月	8月	9月	10月	11月	12月
消毒奶												
酸奶												
冰激凌												
麦乳精												
奶油												
全脂奶粉												
淡炼乳												
甜炼乳												

表 2-6　华东地区年产 5 000 t 速冻蔬菜工厂产品方案

产品名称	年产量/t	班产量/t	劳动生产率/(人/t)	1月	2月	3月	4月	5月	6月	7月	8月	9月	10月	11月	12月	每班人数/(人/班)
花菜	400	20	15													300
西蓝花	400	20	15													300
油菜花	300	15	18													270
绿芦笋	300	10	22													220
荷仁豆	500	20	18													360
青刀豆	600	20	1													360
甜玉米	250	25	11													275
糯玉米	350	35	10													350
甜椒	300	10	12													120
辣椒	150	15	12													180
莲藕片	400	10	12													120
青豆	250	25	12													280
马蹄	400	20	16													320
胡萝卜(丁、片)	250	25	6													150
韭菜	100	10	22													220
蒜苗	300	30	8													240
全年总产量/t				5 250												

四、产品方案比较与分析

在设计产品方案时,作为设计人员,应按照下达任务书中的年产量和品种,从生产可行性和技术先进性入手,制定出两种以上的产品方案进行分析比较,尽量选用先进的设备、先进的工艺并结合实际情况,考虑实际生产的可行性和经济上的合理性,作出决定。比较项目大致如下:

(1)主要产品年产值的比较;

(2)每天所需生产工人数的比较;

(3)劳动生产率的比较(年产量/工人总数);

(4)每天(月)原料、产品数之差比较;

(5)平均每人每年产值的比较[元/(人·年)];

(6)生产季节性的比较;

(7)基建投资情况的比较;

(8)水、电、汽耗量的比较;

(9)组织生产难易情况的比较;

(10)环境保护比较;

(11)社会效益的比较;

(12)经济效益(利税,元/年)的比较;

(13)结论。

将比较的情况及结论写成产品方案说明书报上级批准,从中找出一个最佳方案作为设计依据,产品方案比较与分析表如2-7所示。

表2-7 产品方案分析

项目方案	方案一	方案二	方案三
产品年产量/t			
每天工人数/t			
年劳动生产率/[t/(人·年)]			
每天(月)产品数差/t			
平均每人产值/[元/(人·年)]			
季节性			
设备平衡			
水、电、汽消耗量			

项目方案	方案一	方案二	方案三
组织生产难易比较			
基建投资/元			
社会效益比较			
年经济效益			
结论			

结合以上项目的比较,借用诸多产品方案中的一个最佳方案,作为以下设计依据。罐头厂的空罐车间,其生产能力以主要品种各种不同罐型的需要量为依据,并适当留有发展余地。空罐车间生产每天按 1 ~ 2 班计算。日产量应与主要品种各种罐型的空罐需要量相平衡。若季节性特强,产量特高或因罐型小所需空罐量特多(如70 g 番茄酱的空罐)的情况下,可于高峰来到前提前生产,储存于仓库中备用,用不着选择生产能力过大的空罐设备,造成大部分时间里生产能力过剩,而使投资增加,资金浪费。对于空罐生产设备,在一般产量的情况下都选半自动生产线,产量很高时就应选生产能力高的自动生产线。

目前,国际上有些国家(如美国、德国等)规定禁用焊锡罐,而要用电阻焊接罐。焊锡罐的焊锡中含铅,特别是自动焊锡机所用的焊锡中,锡铅比为 2∶98,而铅是有毒金属,为保障消费者的健康,所以禁用焊锡罐,锡是稀有金属,国际价格很高,这亦是使焊锡罐淘汰的另一原因。电阻焊接机有半自动和自动两种。半自动电阻焊接机每分钟的生产能力在 30 罐左右。自动电阻焊接机的生产能力,根据不同型号其生产能力亦不一致,有 150 罐/分钟,250 罐/分钟等,所以,可根据空罐不同的需要量,选择不同生产能力的电阻焊接机。

空罐生产能力的计算和实罐不同,不是以吨位计算,而是以每班生产多少套罐身和罐盖(一只罐身两只罐盖为一套)为单位。自 20 世纪 80 年代初期,就逐步建成了在一定区域内、一定量超大规模、品种齐全、质量保证,可以满足该区域内各种类型空罐需求的专业性空罐生产厂家和跨区域的空罐专业化市场,对推动罐头食品工厂空罐加工的专业化和空罐使用的安全性提供了最基本也是最可靠的保证。

第三节　工艺流程的选择与论证

一、产品生产工艺流程的选择

生产工艺流程是表示一个生产车间或工段自原料或半成品开始,经不同加工处理方法,直至成为合乎要求的半成品或最终产品的工艺要求和生产过程。由此可见,工艺流程决定着各车间各工段所采用的工艺要求和生产设备的合理排列。生产工艺流程能否影响产品的质量、产品的竞争力、工厂的经济效益,决定食品工厂的生存与发展,是初步设计审批过程中主要审查内容之一。

在食品生产过程中,为了保证产品的质量,对于不同品种的原料应选择不同的工艺流程。即使原料品种相同,如果所确定的工艺路线和条件不同,不仅会影响产品质量,而且还会影响到工厂的经济效益。因此,在选择生产工艺流程时不仅要考虑不同食品的工艺特点,也要确保工艺流程的先进性与科学性。

所以,我们在制定工艺流程时,必须通过分析比较相关因素,充分证实它在技术上是先进的,在经济上是高效益的,并且符合设计计划任务书的相关要求。

因此,制定工艺流程必须遵循以下原则:

(1)尽量选用先进、成熟、高效率低能耗的新设备,生产过程尽可能做到连续化,提高机械化和自动化生产能力,以保证产品的质量和产量。

(2)根据原料性质和产品规格要求拟订工艺流程。外销产品严格按合同规定拟定。

(3)注意经济效益,尽量选投资少、消耗低、成本低、产品收效高的生产工艺。

(4)充分利用原料,尽可能做到原料的综合利用。

(5)要重视"三废"处理效果。减少"三废"处理量。治理"三废"项目与主题工程同时设计、同时施工。选用产生"三废"少或经过治理容易达到国家规定的"三废"排放标准的生产工艺。

(6)对特产或名优产品不得随意更改其工艺过程;若需改动必须要经过反复试验、专家鉴定后,上报相关部门批准,方可作为新技术用到设计中来;非定性产品,需技术成熟后,方可用到设计中来。

(7)对科研成果,必须经过中试放大后,才能应用到设计中来;对新工艺的采用,需经过有关部门鉴定,才能应用到设计中来。

生产工艺流程设计工作是一项重要而复杂的工作,所涉及的范围大,直接影响建厂的效益。工艺流程设计指的是确定生产过程的具体内容、顺序和组合方式,并最后以工艺流程图的形式表示出整个生产过程的全貌。在设计工艺流程时有几点注意事项:

（1）根据所生产的产品品种确定生产线的数量,若产品加工的性质差别很大,就要考虑几条生产线来加工;

（2）根据生产规模,投资条件,确定操作方式。对于目前我国的实际情况,采用半机械化,机械化操作很广泛,自动化操作是发展方向;

（3）确定主要产品工艺过程;

（4）在主要产品的工艺流程确定后,就要确定工艺过程中每个工序的加工条件;

（5）正确选择合理的单元操作,确定每一单元操作中的方案及设备的形式。

二、工艺流程图的绘制

生产方法确定后,就要根据食品厂的实际情况,开始工艺流程的设计。首先确定生产线数目,根据产品方案及生产规模,视生产实际情况,结合投资大小,确定生产线及生产线数目。如果产量大,可采用几条生产线,以便生产调节,设备护理等;其次确定生产线自动化程度,生产线有间歇和连续两种。在确定生产线自动化程度时,根据生产特点和技术成熟性,结合生产规模,一般采用先进、经济、合理的自动化生产线,高品质产品生产配以自动化在线检测,以保证产品质量。最后进行工艺流程图的设计,主要包括生产工艺流程示意图,生产工艺流程草图和生产工艺流程图三个阶段。

（一）生产工艺流程示意图

生产工艺流程示意图又称方框流程图,在物料衡算前进行。主要是定性表述由原料转变为半成品的过程及应用的相关设备。内容包括工序名称、完成该工序工艺操作手段（手工或机械设备名称）、物料流向、工艺条件等。在方框图中,以箭头表示物料流动方向,具体内容见图2-1～图2-6。

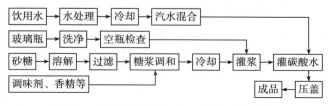

图2-1　碳酸饮料生产工艺流程方框图

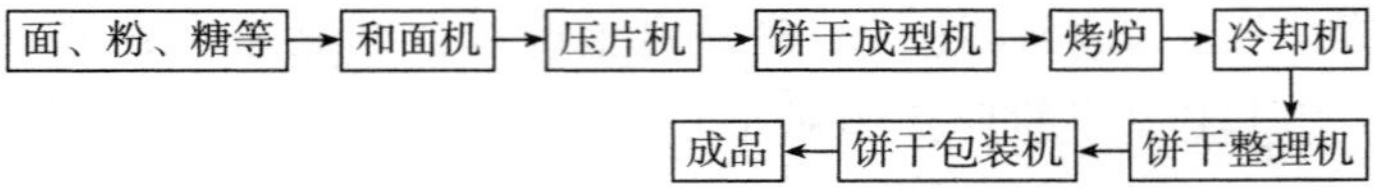

面、粉、糖等 → 和面机 → 压片机 → 饼干成型机 → 烤炉 → 冷却机

成品 ← 饼干包装机 ← 饼干整理机 ←

图 2 - 2　饼干生产工艺流程方框图

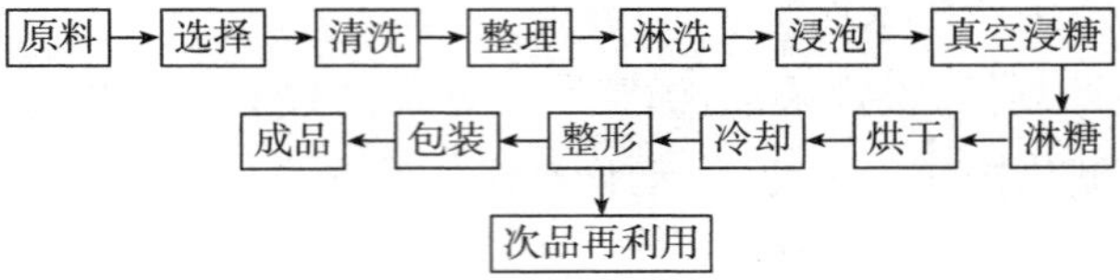

原料 → 选择 → 清洗 → 整理 → 淋洗 → 浸泡 → 真空浸糖

成品 ← 包装 ← 整形 ← 冷却 ← 烘干 ← 淋糖 ←

次品再利用

图 2 - 3　果脯生产工艺流程方框图

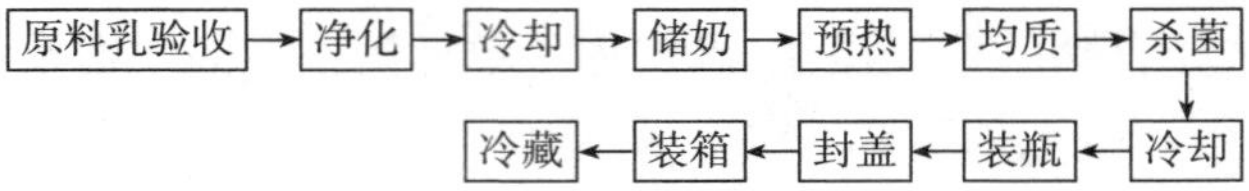

原料乳验收 → 净化 → 冷却 → 储奶 → 预热 → 均质 → 杀菌

冷藏 ← 装箱 ← 封盖 ← 装瓶 ← 冷却 ←

图 2 - 4　消毒牛乳生产工艺流程方框图

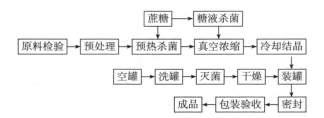

图 2 - 5　甜炼乳生产工艺流程方框图

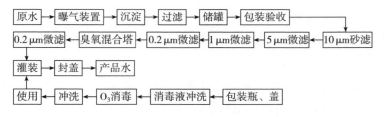

图 2 - 6　纯净水生产工艺流程方框图

　　工艺流程示意图不仅可以用以上方框文字示意图表示,而且还可以用简单的设备流程图表示。由于没有进行计算,绘图时设备的大小没有比例要求,见图 2 - 7 ~ 图 2 - 9。

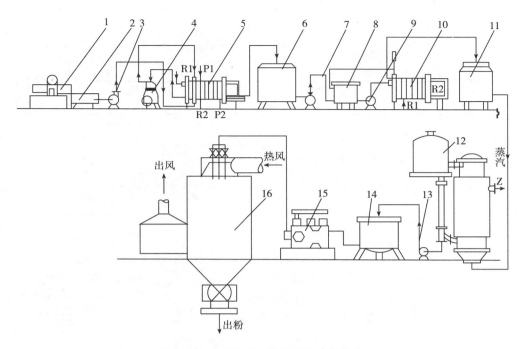

图2-7 全脂奶粉生产工艺设备流程图

1—磅奶秤 2—受奶槽 3,7,9,13—奶泵 4—标准化 5—预热冷却器 6—储奶缸 8—平衡缸 10—片式热交换器 11,14—暂存缸 12—单效升膜式浓缩锅 15—高压泵 16—压力喷雾塔

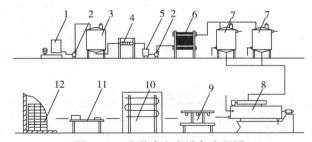

图2-8 冰激凌生产设备流程图

1—高速搅拌器 2—奶泵 3—配料 4—高压均质机 5—平衡罐 6—版式杀菌、冷却机 7—老化罐 8—凝冻机 9—注杯罐装机 10—速冻隧道 11—外包装机 12—冻藏库

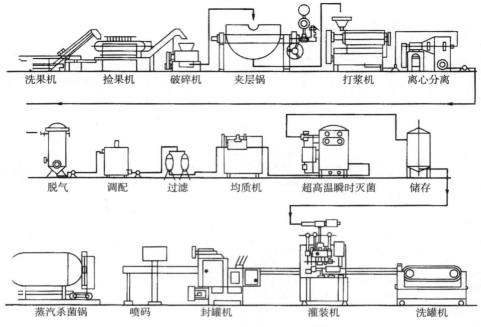

洗果机　　捡果机　　破碎机　　夹层锅　　　打浆机　　离心分离

脱气　　调配　　过滤　　均质机　　超高温瞬时灭菌　　储存

蒸汽杀菌锅　　喷码　　封罐机　　　灌装机　　　洗罐机

图 2 - 9　果汁生产工艺设备流程图

(二)工艺流程草图

工艺流程草图是一种以图形与表格相结合的形式来反映设计计算某种结果的图样,可用作提供审查的资料,也可作为进一步设计的依据,一般是初步设计阶段的草图。图 2 - 10 为某液态乳生产的工艺流程草图。

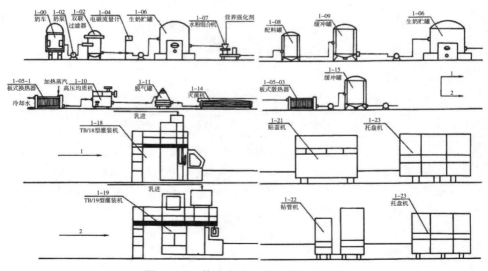

图 2 - 10　某液态乳生产工艺流程草图

　　如图 2 – 10 所示,用粗实线(可采用 1. 2 ~ 1. 5 mm)画出物料流程管线,并画出流向箭头。用中粗线(可采用 1. 2 ~ 1. 5 mm)绘制其他介质(如水、蒸汽、压缩空气及辅料)等,仪表引线、基线等用细实线(可采用 0. 25 ~ 0. 35 mm)绘制。

　　工艺流程草图包括以下几方面内容。

　　(1)标准:设备的编号、名称及特性数据。

　　(2)标题栏:图名、图号、设计阶段等。

　　流程草图一般由四个部分组成:物料流程、图例、设备一览表和必需的文字说明,其制图要求如下。

　　(1)按国家制图要求的规定进行绘图。附注图例常采用 1∶50,1∶100,1∶200 等。

　　(2)用细实线画出设备示意图。设备标注方式如图 2 – 11 所示。

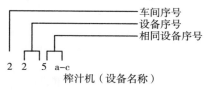

图 2 – 11　设备的标注方式

　　(3)绘制设备和管道上主要阀门、控制仪表及管路附件。

　　(4)对必要的部分,而又不能用图线表达时,用文字注释。如"三废"(废水、废气、废渣)、副产物的去向等。

　　(5)图例:采用的介质代号、仪表代号、阀门及管件代号等在流程图的右上方列出图例,并说明用途。设计中常见图例见表 2 – 8。

表 2 – 8　常用图例

序号	名称	图形	序号	名称	图形
1	离心泵		7	安全阀	
2	水龙头		8	疏水阀	
3	法兰堵盖		9	地漏	
4	软管接头		10	地沟	
5	调节阀		11	视镜	
6	减压阀		12	转子流量计	

序号	名称	图形	序号	名称	图形
13	管道	表示管道与管道相连接 / 表示管道与管道不连接	19	厂房轴线编号	横向以"1,2,…"编号 ① / 横向以"A,B,…"编号 Ⓐ
14	指北针	北 直径25mm	20	门	
15	标高	±0.000 3.000 −3.000	21	窗	
16	孔洞		22	电动葫芦	平面 / 立面
17	坑槽		23	桥式起重机	平面 / 立面
18	剖切符号		24	电梯间	

（三）工艺流程图的设计

工艺流程图又叫带控制点的工艺流程图,是指将工艺设备外形按工艺流程及位置高低,配以工艺管道、控制点,在平面图纸上展开,是设备、管道布置设计的依据,供施工、生产、安装、操作等参考的工艺流程图。

生产工艺流程图的绘制步骤为:生产工艺流程示意图→物料平衡计算→设备设计及计算→设备选型→绘制工艺流程草图→车间设备设计→草图的修改和完善→正式绘制生产工艺流程图。

由上述可知,生产工艺流程图是分阶段逐步完成的,流程图的设计是要经过多次反复比较、修改,确认设计合理无误后绘制正式设计结果,它更加全面、完整、合理,是设备布置和管道设计的依据,并可为施工安装、生产操作提供参考。在从事生产工艺设计时,必须全面、综合考虑问题,做到思路清晰,有条不紊,前后一致。

第四节　食品工厂设计中的平衡计算

为了能够做到科学管理、减少损耗、正确对生产线上的设备进行选型,在食品生产过程中需要做好各项平衡计算工作。

食品工厂设计中的平衡计算主要包括以下几个方面。

(1)原辅材料及包装材料的平衡计算。

(2)能量平衡计算,包括热量计算和耗冷量计算,而在食品工厂中的热量主要由蒸汽提供,因此热量计算一般是指蒸汽用量的计算。

(3)用水量的计算。

在一个工厂或一个车间内,平衡计算时一般需要遵循质量守恒定律和能量守恒定律两个基本定律。

一、物料衡算

物料衡算包括生产某产品所需要的原辅料和包装材料的计算。通过物料衡算,可以确定各种主要物料的采购运输量和仓库储存量,并对生产过程中所需的设备和劳动力定员及包装材料等的需要量提供依据。

物料衡算是工艺计算的基础,在整个工艺计算工作中开始得最早,并且是最先完成的项目。当生产方法确定并完成了工艺流程示意图设计后,即可进行物料衡算。

(一)物料衡算的方法和步骤

物料衡算所依据的是质量守恒定律,即对于一定的衡算系统,它的进出物料的总量不变,用公式表示为:$G_{进} = G_{出} + G_{损}$。

计算物料时,必须使原、辅的质量与经过加工处理后所得成品及损耗量相平衡。加工过程中投入的辅助料按正值计算,加工过程中的物料损失,以负值计入。这样,可以计算出原料和辅料的消耗定额,绘制出原、辅料耗用表和物料平衡图。并为下一步设备计算、热量计算、管路设计等提供依据和条件。还为劳动定员、生产班次、成本核算提供计算依据。因此,物料衡算在工艺设计中是一项既细致又重要的工作。

根据物料衡算结果,可进一步完成下列的设计。

(1)确定生产设备的容量、个数和主要尺寸。

(2)工艺流程设备图的设计。

（3）水、蒸汽、热量及冷量等平衡计算。

（4）车间布置、运输量、仓库储存量、劳动定员、生产班次、成本核算及管线设计。

在工厂建成投产后，同样可利用物料衡算，针对所用的生产工艺流程、车间或设备，利用可观测的数据去计算某些难于直接测定计量的参变量，从而实现对现行生产状况进行分析，找出薄弱环节，进行革新改造，挖掘生产潜力，制定改进措施，提高生产效率，提高正品率，减少副产品、杂质和三废排放量，降低投入和消耗，从而提高企业的经济效益。

根据设计的范围和需求来具体确定衡算范围，即可以是一个完整的生产全过程，也可是某一台设备或一组设备，如在进行某一设备设计时则只需作局部的物料衡算。

选择恰当的计算基准可使整个计算过程得到简化，否则会增加计算难度，甚至无法得到结果。通常，应选取生产过程中的物料不随其变化的一个物理量作为计算基准，如连续稳定生产过程常以单位时间物料量（通常用班产量）作基准；间接操作过程以每批处理的物料量为计算基准，即以单位质量、体积和摩尔数的产品或原料为基准；如有化学变化过程，则以质量为基准。

1. 物料衡算的基本方法——技术经济定额指标法

技术经济定额指标法是以"技术经济定额指标"为计算的基本资料。原辅料消耗定额是指在生产企业现有的正常生产条件下，在企业内部平均设备状况和平均劳动熟练程度下，在一段时间内生产某单位产品所耗用原辅料的平均值。物料计算中所用的原辅料定额指标是指各食品加工厂在生产实践中积累起来的关于原辅料与产品投入和产出方面的经验数据。这些数据因具体食品工厂的地区差别、机械化程度、原料品种、成熟度、新鲜度及操作条件等的不同会出现一定的幅度变化，选用时要根据具体情况而定。

运用技术经济定额指标法计算时，常以班产量作为计算基准，其计算公式如下：

每班耗用原料量（kg/班）= 单位产品耗用原料量（kg/t）× 班产量（t/班）

每班耗用各种辅助材料量（kg/班）= 单位产品耗用各种辅助材料量（kg/t）× 班产量（t/班）

每班耗用包装容器量（只/班）= 单位产品耗用包装容器（只/t）× 班产量（t/班）×（1 + 损耗率）

以上仅指一种原料生产一种产品的计算方法，如一种原料生产两种以上产品时,则需分别求出各产品的用量,再汇总求总量。

2. 物料衡算的计算步骤

物料衡算法是在以产品的配方及原料利用率和中间产品的物量分配比率基本已知条件下才能进行的计算方法。

物料衡算的基本依据是质量守恒定律,即引入系统(或设备)操作的全部物料质量必等于操作后离开该系统(或设备)的全部物料质量和物料损失之和。而食品生产和其他化工生产一样,有连续式或间歇式操作方法,连续操作又可分成物料再循环和物料不循环两类。故在进行物料衡算时,必须遵循一定的方法步骤。

对于较复杂的物料平衡计算,通常可按下述步骤进行:

(1)弄清题意和计算的目的要求。要充分了解物料衡算的目的要求,从而决定采用何种计算方法。

(2)绘出工艺流程示意图。为了使研究的问题形象化和具体化,使计算的目的正确、明了,通常使用框图和线条图显示所研究的系统。图形表达方式宜简单,但代表的内容应准确、详细。把主要物料(原料或主产品)和辅助物料(辅助原料或副产品)都应在图上表示清楚,并尽可能标出各物料的流量、组成、温度和压力等参数,不得有错漏,故必须反复核对。

(3)写出生物反应方程式。根据工艺过程发生的生物反应,写出主反应和副反应的方程式。对复杂的反应过程,可写出反应过程通式和反应物组成。需要注意的是,生物反应往往很复杂,副反应很多,这时可把次要的所占比重很小的副反应略去。但是,对那些产生有毒物质或明显影响产品质量的副反应,其量虽小,但不能忽略,因为这是精制分离设备设计和三废治理设计的重要依据。

(4)收集设计基础数据和有关物化常数。需收集的数据资料一般应包括:生产规模,班产量,年生产天数,原料、辅料和产品的规格、组成及质量,原料的利用率等。还有整个工艺过程各工序有关物料的数量,浓度,含水率等。常用的物化常数如密度、比热容等,可在相应的化工、生化设计手册中查到。

(5)确定工艺指标及消耗定额等。设计所用的工艺指标、原材料消耗定额及其他经验数据,可根据所用的生产方法、工艺流程和设备,对照同类型生产工厂的实际水平来确定,这必须是先进而又可行的,它是衡量企业设计水平高低的标志。

(6)选定计算基准。计算基准是工艺计算的出发点,选得正确,能使计算结果正确,而且可使计算结果大为简化。因此,应该根据生产过程特点,选定统一的基准。在工业上,常用的基准有:

①以单位时间产品量或单位时间原料量作为计算基准。这类基准适用于连

续操作过程及设备的计算。如酒精工厂设计,可以每小时所需千克原料量或每小时产千克酒精量为计算基准。

②以单位重量、单位体积或单位摩尔数的产品或原料为计算基准。对于固体或液体常用单位质量(t 或 kg),对于气体常用单位体积或单位摩尔数(L,m^3 或 mol),热量一般以焦耳为单位(J)。例如啤酒工厂物料衡算,可以 100 kg 原料出发进行计算,或以 100 L 啤酒出发进行计算。

③以加入设备的一批物料量为计算基准。如啤酒生产,味精、酶制剂、柠檬酸生产,均可以投入糖化锅、发酵罐的每批次物料量为计算基准。

上述第②和③类基准常用于间歇操作过程及设备的计算。

(7)由已知数据,根据物料衡算式进行物料衡算。根据物料衡算式和待求项的数目列出数学关联式,关联式数目应等于未知项数目。当关联式数目小于未知项数时,可用试差法求解。

(8)校核与整理计算结果,列出物料衡算表(表2-9),包括:进入和离开设备的各物料名称、各物料的组成成分、100%物料量(即干物料量)、密度和体积等。

表 2 - 9　物料衡算表

引入物料						排出物料					
序号	物料名称	组成/%	100%物料量/kg	密度/(kg/m^3)	体积/m^3	序号	物料名称	组成/%	100%物料量/kg	密度/(kg/m^3)	体积/m^3
1 2 …						1 2 …					
合计						合计					

(9)绘出物料流程图。根据计算结果绘制物料流程图。物料流程图能直观地表明各物料在生产工艺过程的位置和相互关系,是一种简单、清楚的表示方法。物料流程图要作为正式设计成果,编入设计文件,以便于审核和设计施工。

最后,经过各种系数转换和计算,得出原料消耗综合表和排出物综合表(表2-10和表2-11)。

表 2 - 10　原料消耗综合表

序号	原料名称	单位	纯度/%	每吨产品消耗定额/t		每天或每小时消耗量/t		年消耗量/t		备注
				工业品	100%	工业品	100%	工业品	100%	

表 2-11 排出物综合表

序号	名称	特性成分	单位	每吨产品排出量/t	每小时排出量/t	每年排出量/t	备注

3. 物料衡算实例

实例一:397 g 装的原汁猪肉罐头的物料衡算

已知每班用原料冻条肉 3 023.5 kg,解冻后增重 0.05%,得到 3 025 kg 肉;然后去槽头脚圈 49.89 kg(占解冻肉的 1.65%),分割损耗 15.12 kg(占解冻肉的 0.5%),得分割肉 2 959.99 kg;去骨 393.06 kg(占分割肉的 13.28%),得去骨肉 2 566.93 kg,去皮 257 kg(占去骨肉的 10%),得去皮肉 2 309.9 kg……(图 2-12)。

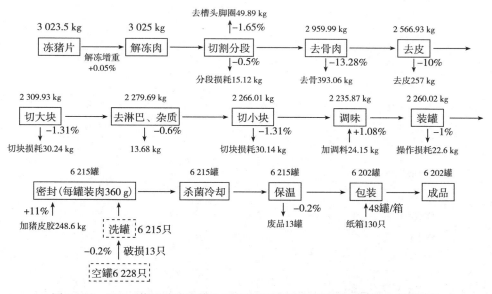

图 2-12 397 g 装原汁猪肉罐头工艺流程示意图(附每道工序的实测数据)

成品 397 g 原汁猪肉罐头 6 202 罐,合计:6 202 罐×397 g/罐 = 2 462.2 kg

根据所耗用的原料量和所得的成品量,即可求出原料的消耗定额为:

$$\frac{3\ 023.5}{2\ 462.6} \approx 1.23(原料/成品)$$

实例二:班产 20 t 蘑菇罐头的物料计算

表 2-12 中"指标"一栏给出了一般的蘑菇罐头生产的原料消耗定额,以该定额作为计算依据,计算时常以"班产量"作为计算基准。

表 2-12　班产 20 t 蘑菇罐头的物料计算

项　目	指　标	每班实际量
成品		20.06 t
其中 850 g 装 30%	成品率 99.7%	6.018 t
整菇 60%		3.611 t
片菇 40%		2.407 t
425 g 装 50%		10.03 t
整菇 60%		6.018 t
片菇 40%		4.012 t
284 g 装 20%		4.012 t
整菇 60%		2.407 t
片菇 40%		1.605 t
蘑菇消耗量		
850 g 整菇	0.87 t/t 成品	3.14 t
850 g 片菇	0.88 t/t 成品	2.12 t
425 g 整菇	0.90 t/t 成品	5.42 t
425 g 片菇	0.90 t/t 成品	3.61 t
284 g 整菇	0.91 t/t 成品	2.20 t
284 g 片菇	0.92 t/t 成品	1.48 t
合计		17.97 t
食盐消耗量	22 kg/t	455 kg
空罐耗用量	损耗率 1%	
9 124 号	1 189 罐/t	7 155 只
7 114 号	2 377 罐/t	23 841 只
6 101 号	3 556 罐/t	14 267 只
纸箱耗用量		
9 124 号	24 罐/箱	296 只
7 114 号	24 罐/箱	984 只
6 101 号	48 罐/箱	295 只
劳动工日消耗	15～18 工日/t	300～360 人

下面以 850 g 装整菇罐头为例,进行物料计算。

（1）每班实际生产量计算：成品率99.7%，班产20 t成品罐头需每班实际生产量为：20÷99.7%＝20.06 t；

每班实际生产850 g装整菇罐头量为：20×30%×60%÷99.7%＝3.611 t。

（2）每班整菇原料消耗量计算：850 g装整菇罐头的每吨成品所需整菇原料为0.87 t，则生产850 g装整菇罐头每班实际所需整菇原料消耗量为：3.611×0.87＝3.14 t。

（3）每班空罐耗用量计算：每班实际生产850 g装罐头（包括整菇和片菇，其包装所用罐形一致）量为6.018 t，每吨产品需用9 124号空罐1 189只，每班共需9 124号空罐量为：6.018×1 189＝7 155只。

（4）每班包装纸箱耗用量计算：生产850 g装罐头（包括整菇和片菇），7 155只罐头在生产过程中损耗1%，每个纸箱包装24只罐头，则每班共需包装9 124号罐头的包装纸箱量为：7 155×99%÷24＝296只。

（5）其他不同规格产品的计算方式可以类推，将所有计算结果汇总后填入物料衡算表中。

在进行物料衡算时，往往通过查阅相关手册，先查得原辅料消耗定额，然后根据各工序的得率分步进行计算。以下列举了部分食品原料利用率表以及几种食品的原辅料消耗定额表，供参考（表2-13、表2-14和表2-15）。

表2-13　部分食品原料利用率表

序号	原料名称	工艺损耗率	原料利用率
1	芦柑	皮24.74%，核4.38%，碎块1.97%，坏柑6.21%，损耗6.66%	56.04%
2	蕉柑	皮29.43%，核2.82%，碎块1.84%，坏柑2.6%，损耗3.53%	59.78%
3	菠萝	皮28%，根、头13.06%，蕊5.52%，碎块5.53%，修整肉4.38%，坏肉1.68%，损耗8.10%	33.73%
4	苹果	果皮12%，籽核10%，坏肉2.6%，碎块2.85%，果蒂梗3.65%，损耗4.9%	33.73%
5	枇杷	草种——果梗4.01%，皮核42.33%，果萼3%，损耗4.66%	46%
		红种——果柄4%，皮核41.67%，果萼2.5%，损耗3.05%	48.78%
6	桃子	皮27%，核11%，不合格10%，碎块5%，损耗1.5%	50.5%
7	生梨	皮14%，果籽10%，果梗带4%，碎块2%，损耗3.5%	
8	李子	皮22%，核10%，果蒂1%，不合格5%，损耗2%	60%
9	杏子	皮20%，核10%，修正2%，不合格4%，损耗2.5%	61.5%
10	樱桃	皮2%，核10%，坏肉4%，不合格10%，损耗2.5%	71.5%

序号	原料名称	工艺损耗率	原料利用率
11	青豆	豆53.52%，废豆4.92%，损耗1.27%	40.29%
12	番茄(干物质28%~30%)	皮渣6.47%，蒂5.20%，脱水72%，损耗2.13%	14.2%
13	猪肉	出肉率66%（带皮带骨），损耗8.39%，副产品点25.61% 其中：头5.17%，心0.3%，肺0.59%，肝1.72%，腰0.33%，肚0.9%，大肠2.16%，小肠1.31%，舌0.32%，脚1.72%，血2.59%，花油2.59%，板油3.88%，其他2.03%	
14	羊肉	出肉率40%，损耗20.63%，副产品占39.37% 其中：羊皮8.42%，羊毛3.95%，肝2.69%，肚3.60，肺1.31%，心0.66%，头6.9%，肠1.31%，油2.7%，脚2.63%，血4.47%，其他0.73%	
15	牛肉	出肉率38.33%（带骨出肉率≤72%），损耗12.5%，副产品占49.17% 其中：骨14.67%，皮9%，肝1.37%，肺1.17%，肚2.4%，腰0.22%，肠1.5%，舌0.39%，头肉2.27%，血4.62%，油3.28%，心0.52%，脚筋0.31%，牛尾0.33%，其他7.12%	

表 2-14　糖水水果罐头主要原辅料消耗定额参考表

编号	产品			固形物装入量/(kg/t)	原料定额		辅料定额	工艺损耗率/%						利用率/%	备注
	名称	净重/g	固形物含量/%		名称	数量/(kg/t)	糖	皮	核	不合格料	增重(-)脱水(+)	其他损耗			
601	糖水橘子	567	55	670	大红袍	970	138	21	7			1	69	半去囊衣
601	糖水橘子	567	55	670	早橘	900	147	19	4			2.5	74.5	半去囊衣
601	糖水橘子	312	55	641	本地早	1 070	111	24	8			8	60	全去囊衣
601	糖水橘子	312	55	721	温州蜜柑	1 100	93	27				8	65	无核橘全去囊衣
602	糖水菠萝	567	58	660	沙捞越	2 000	120	65	65			2	33	
602	糖水菠萝	567	54	660	菲律宾	2 200	115	65	65			5	30	
605	糖水荔枝	567	45	485	乌叶	900	147	19	17	6		4	54	
605	糖水荔枝	567	45	511	槐枝	1 020	120	47	47			3	50	
606	糖水龙眼	567	45	510	龙眼	1 000	126	21	19			9	51	
607	糖水枇杷	567	40	441	大红袍	860	180	16	26			7	79	
608	糖水杨梅	567	45	521	荸荠种	660	156				14	7	79	

续表

编号	产品			固形物装入量/(kg/t)	原料定额		辅料定额	工艺损耗率/%					利用率/%	备注
	名称	净重/g	固形物含量/%		名称	数量/(kg/t)	糖	皮	核	不合格料	增重(-)脱水(+)	其他损耗		
609	糖水葡萄	425	50	647	玫瑰香	1 000	110		3	30	1	1	65	核率指剪枝
610	糖水樱桃	425	55	518	那翁	700	507	2	11	7		6	74	糖盐渍
611	糖水苹果	425	55	565	国光	796	155	12	13	7	-6	3	71	核率包括花梗
612	糖水洋梨	425	55	553	巴梨	1 025	145	18	17	7.6		3.4	44	核率包括花梗
612	糖水白梨	425	55	665	秋白梨	942	145	17	14	6.6		2.4	60	
612	糖水莱阳梨	425	55	541	莱阳梨	1 200	145	20	19	7.6	5	3.4	45	
612	糖水雪花梨	425	55	541	雪花梨	1 100	145	19	17	7.6	4	3.4	49	
613	糖水桃子	425	60	659	大久保	1 100	130	11	15	6.6	4	3.4	60	硬肉
613	糖水软桃	425	60	659	大久保	1 200	150	5	15	8.6	10	6.4	55	软肉
613	糖水桃子	425	60	659	黄桃	1 200	150	12	16	6	4	7	55	
613	糖水桃子	425	60	659	其他品种	1 345	150	16	18	8	5	4	49	
614	糖水杏子	425	55	623	大红杏	865	145	15	10		1		72	
614	糖水杏子	425	55	623	其他品种	1 113	145	20	16	5		3	56	
616	糖水山楂	425	45	594	山楂	1 235	180		25	22		13	40	
617	糖水芒果	567	55	617	红花芒果	1 500	150	14	37			8	41	
621	糖水金橘	567	50	518	柳州金橘	545	180			2		3	95	
624	什锦水果	425	60	612	合计	880	140							
				235	苹果	331		12	13	7	-6	3	71	
				94	橘子	168		27	5	8		4	56	
				118	菠萝	437		65	65			8	27	
				66	洋梨	122		18	17	7.6		3.4	54	
				66	葡萄	91			3	20	1	4	72	
				33	樱桃	52			14	9	11	3	83	

续表

编号	产品 名称	净重/g	固形物含量/%	固形物装入量/(kg/t)	原料定额 名称	数量/(kg/t)	辅料定额 糖	皮	核	不合格料	增重(-)脱水(+)	其他损耗	利用率/%	备注
627	糖水李子	425	60	601	秋李子	985	160	23		12		4	81	
630	干装苹果	1 000		1 000	国光苹果	1 500	50	12	13	5	-2	4	67	
636	双色水果	425	60	700	洋梨	250	18	17	8	4	3		54	
				294	黄桃	600		12	18	10		7	49	
	糖水苹果	510	52	530	国光苹果	747	170	12	13	7	-6	3	71	500 mL 玻璃罐装
	糖水桃子	510	60	657	黄桃	1 217	178	12	17	8	4	4	54	500 mL 玻璃罐装
	糖水梨	510	55	549	梨水梨	1 120	118	20	18	9.6		3.4	49	500 mL 玻璃罐装
	糖水橘子	525	50	591	早橘	850	140	21	4	1		4	70	500 mL 玻璃罐装

表 2-15 蔬菜罐头主要原辅料消耗定额参考表

编号	产品 名称	净重/g	固形物含量/%	固形物装入量/(kg/t)	原料定额 名称	数量/(kg/t)	油	糖	其他 名称	其他 数量	皮	核	不合格料	增重(-)脱水(+)	其他损耗	利用率/%
801	青豆	397	60	600	带壳青豆	1 500					58			1	1	40
802	青刀豆	567	60	640	白花	710					5			2	3	90
804	花椰菜	908	54	551	花椰菜	1 240					44			9	2	45
805	蘑菇	425	53.5	575	整蘑菇	880								-25 55	4.6	65.4
805	片蘑菇	3 062	63	677	蘑菇	1035								-25 55	4.6	65.4
807	整番茄	425	55	589	小番茄	607							3			97
					番茄	793							10	34	2	54
					合计	1 400		12								

续表

编号	产品 名称	净重/g	固形物含量/%	固形物装入量/(kg/t)	原料定额 名称	数量/(kg/t)	油	糖	其他 名称	其他 数量	皮	核	不合格料	增重(-)脱水(+)	其他损耗	利用率/%
809	香菜心	198	75	560	腌菜心	1 200		150			20			30	3	47
811	油焖笋	397	75	625	早竹笋	3 290	80	30			75				6.5	18.5
822	蚕豆	397		554	干蚕豆	280	15					10		-100	2	19.8
823	雪菜	200		875	雪菜粗梗	2 500			叶	64					1	35
824	清水荸荠	567	60	608	小桂林	1 600					53			7	2	38
825	清水莲藕	540	55	550	莲藕	1 400					带泥 30			10	20	40
835	茄汁黄豆	425	70	557	干黄豆	268	20							-110	2	20.8
841	甜酸荞头	198	60	581	荞头坯	1 090		170			20				17.5	62.50
847	番茄酱	70	干燥物 28~30	1 028	鲜番茄	7 200					10			72	3.7	14.30
847	番茄酱	198	干燥物 28~30	1 010	鲜番茄	7 100					10			72	3.8	14.20
847	番茄酱	198	干燥物 22~24	1 010	鲜番茄	5 570					10			68	3.8	18.20
851	清水苦瓜	540	85	676	鲜苦瓜	1 250					20			20		54
854	鲜草菇	425	60	324	鲜草菇	980					14			20	2	64
854	原汁鲜笋	552	65	661	春笋	2 500					56			10	7.5	26.5

二、水、汽用量计算

大部分食品加工企业在生产中都需要用水、汽(热),特别是水,几乎所有食品厂都要用。

这里的水、汽用量"估算"由于种种原因而造成的生产车间水、汽用量不可能得出或计算出与实际用量相符的较精确的数据。但"估算"的结果可为供水、汽管道的管径选择,管道的保温及水处理设备锅炉选择提供依据。

食品工厂中主要的载热体是饱和水蒸气,有时亦有热油、空气和水,而饱和水蒸气容易取得,输送方便,对压力、温度与蒸汽量的控制都较容易,同时,饱和蒸汽无毒,且具有较大的凝结潜热,对金属无显著的腐蚀性,价格便宜,可直接和食品接触等优点。所以,食品工厂广泛采用饱和水蒸气作为载热体。对蒸汽量的消耗、加热面积的大小、加热过程的时间以及加热设备的生产能力,都应通过最大负荷时热量衡算来确定。每台设备在加热过程中所消耗的热量应等于加热产品和设备所消耗的热量、生产过程的热效应以及借对流和辐射损失到周围介质中去的热量之和。

车间用水、汽量由于生产品种存在差异,一般计算有下列两种方法。

(一) 用"单位产品耗水耗汽量定额"进行估算

这是一个粗略的估算,因为单位产品的耗水、耗汽定额因地区(南北)不同,原料品种差异及设备条件、生产能力大小以及工厂管理水平和职工素质等工厂实际情况的不同而有着较大幅度的变化。我国目前还缺乏具体和确切的技术经济指标。

1. 按平均每吨成品的耗水耗汽量来估算

水、汽用量(kg/班) = 单位成品耗水、汽量(kg/kg 成品) × 班产量

根据对我国部分乳品厂耗水耗汽量数据的调查统计,其单位耗水耗汽量大致如表 2-16 所示。在对某厂进行水、汽耗量估算时可用该表中数据按上式计算每班的耗水耗汽量。

表 2-16　部分乳制品平均每吨成品耗水耗汽量表

产品名称	耗汽量/ (t/t 成品)	耗水量/ (t/t 成品)	产品名称	耗汽量/ (t/t 成品)	耗水量/ (t/t 成品)
消毒乳	0.28 ~ 0.4	8 ~ 10	奶油	1.0 ~ 2.0	28 ~ 40
全脂乳粉	1.0 ~ 1.5	130 ~ 150	干酪素	40 ~ 55	380 ~ 400
全脂甜乳粉	9 ~ 12	100 ~ 120	乳粉	40 ~ 45	40 ~ 50
甜炼乳	3.5 ~ 4.6	45 ~ 60			

注　①以上指生产用汽,不包括生活用汽。
　　②北方气候寒冷,应取较大值。

2. 按设备用水、汽量估算

车间内的耗水、汽量 = 所有用水、汽设备的用量的总和。

表 2-17 和表 2-18 所列为一些设备的用水和用汽量。

表 2-17　一些设备的用水情况表

设备名称	设备能力	用水目的	用水量/(t/h)	进水管径 DN/mm
真空浓缩锅	300 kg/h	二次蒸汽冷凝	11.6	50
	500 kg/h	二次蒸汽冷凝	30~35	80
	700 kg/h	二次蒸汽冷凝	25	70
	1 000 kg/h	二次蒸汽冷凝	39	80
双效浓缩锅	1 000 kg/h	二次蒸汽冷凝	35~40	80
	4 000 kg/h	二次蒸汽冷凝	125~140	150
常压连续杀菌锅		杀菌后冷却	15~20	50
消毒乳洗瓶机	20 000 瓶/h	洗净容器	12~15	50
洗桶机(洗乳桶)	180 桶/h	洗净容器	2	20
600 L 冷却缸		杀菌冷却	5	20
1 000 L 冷却缸		杀菌冷却	9	25

注　浓缩锅冷却水量按进水温度20℃,出水温度40℃计。

表 2-18　部分乳品用汽设备的用汽量表

设备名称	设备能力	用汽量/(kg/h)	进汽管径 DN/mm	用汽性质
可倾式夹层锅	300 L	120~150	25	间歇
双效浓缩锅	蒸发量 1 000 kg/h	400~500	50	连续
	蒸发量 400 kg/h	2 000~2 500	100	连续
KDK 保温缸	100 L	340	50	间歇
片式热交换器	3 t/h	130	25	连续
洗瓶机	20 000 瓶/h	600	50	连续
洗桶机	180 个/h	200	32	连续
真空浓缩锅	300/L	350	50	间歇或连续
	700/L	800	70	间歇或连续
	1 000/L	1 130	80	间歇或连续
双效真空浓缩锅	1 200 L/h	500~720	50	连续
三效真空浓缩锅	3 000 L/h	800	70	连续
喷雾干燥塔	75 kg/h	300	50	连续
	150 kg/h	570	50	连续
	250 kg/h	875	70	连续
	350 kg/h	1 050	80	连续
	700 kg/h	1 960	100	连续

需要注意的是,有些设备的用水用汽量较大,在安排管路系统时,要考虑到它们在生产车间的分布情况。用水压力要求较高,用水量较大而又集中的地方,对蒸汽压力要求较高;用汽量较大而又集中的地方,应单独接入主干管路。

3. 按生产规模拟定给水、汽能力

一个食品加工厂要设置多大的给水供汽能力,主要是根据生产规模,特别是班产量的大小而定。用水量与产量有一定的比例关系,但不一定成正比。班产量越大,单位产品的平均耗水量会越低,给水能力因而相应降低。

下面列举乳品方面的部分产品,按一定的生产规模推荐设置的给水能力如表2-19,供汽能力如表2-20所示。

表2-19 部分乳制品推荐的给水能力

成品类别	班产量/(t/班)	推荐给水能力/(t/h)
乳粉、甜炼乳	5	15~20
奶油	10 15	28~30 57~60
消毒乳、酸奶	5	10~15
冰激凌、奶油	10	18~25
干酪素、乳糖	15	70~90

注 ①以上单位指生产用水,不包括生活用水。
②南方地区气温高,冷却水量较大,应取较大值。

表2-20 部分乳制品推荐的供汽能力

成品类别	班产量/(t/班)	推荐用汽量/(t/h)
乳粉、甜炼乳	5	1.5~2.0
奶油	10 20	2.8~3.5 5~6
消毒乳、酸奶	20	1.2~1.5
冰激凌	40 50	2.2~3.0 3.5~4.0
奶油、干酪素	5	0.8~1.0
乳糖	10 50	1.5~1.8 7.5~8.0

注 ①指生产用汽,不包括采暖和生活用汽。
②北方寒冷,宜选用较大值。

表2-21是一定生产规模的罐头和乳品工厂建议的给水能力。

表2-21 罐头和乳品工厂建议的给水能力

成品类别	班产量/t/班	建议给水能力/t/h	备注
肉禽水产类罐头	4~6 8~10 15~20	40~50 70~90 120~150	不包括速冻冷藏

成品类别	班产量/t/班	建议给水能力/t/h	备注
果蔬菜	4~6 10~15 25~40	50~70 120~150 200~250	番茄酱例外
奶粉、甜炼乳、奶油	5 10 15	15~20 28~30 57~60	
消毒奶、酸奶 冰激凌、奶油 干酪素、乳糖	5 10 50	10~15 18~25 70~90	

注 ①以上单位指生产用水,不包括生活用水。
　②南方地区气温高,冷却水量较大,应取较大值。

以上三种"单位产品耗水耗汽量定额"估算方法,方法简便,但由于目前我国尚缺少具体和确切的定额指标,且单位产品的耗水耗汽额还因地区不同、原料品种的差异以及设备条件、生产能力大小、管理水平等工厂实际情况的不同而有较大幅度的变化,因而该计算方法所得结果往往与实际有较大出入。所以,用"单位产品耗水耗汽量定额"来计算就只能看作是粗略的估算。

（二）按实际生产所耗用的水、汽用量计算

按照实际用水用汽点采用逐项计算的方法进行用水用汽量的计算,车间的总耗水、汽量等于各用水用汽点的用量之和,经认真计算和核实后的用水用汽量结果比估算法更为准确。

以下是一些实际用水用汽量的计算公式举例。

1. 生产车间的主要用水

（1）调配食品和添加汤汁的需水量 W_1（kg）,一般根据工艺、班产量来定量。

$$W_1 = GZ\rho[1 + (10\% \sim 15\%)]$$

式中：G——班产量,kg;

　　　Z——单位产品在调制过程中或添加汤汁时所需水量,m^3/kg;

　　　ρ——水的密度,kg/m^3。

（2）清洗物料或容器用水 W_2（kg）,根据清洁程度和容器数量来定。

$$W_2 = \frac{\pi d^2 vt\rho}{4}$$

式中：d——进水管内径,m;

　　　ρ——水的密度,kg/m^3;

　　　v——水的流速,m/s;

t——清洗时间,s。

（3）冷却用水 W_3（kg），包括冷却产品和二次蒸汽的冷凝。

$$W_3 = \frac{D(i - i_0)}{C(t_2 - t_1)}$$

式中：D——被冷却产品量,kg/h；

　　i——产品初始热焓,J/kg；

　　i_0——产品冷却后热焓,J/kg；

　　C——冷却水比热,J/kg·K；

　　t_2——冷却水出口温度,K；

　　t_1——冷却水进口温度,K。

（4）冲洗地坪用水量。

根据实测数据,1t 水可冲地坪 40m^2 左右,若食品加工厂生产车间每4h 洗1次,即每班至少冲洗2次,则有：

$$W_4 = \frac{2S}{40}(t)$$

式中：S——生产车间的面积,m^2。

根据生产车间的工艺要求,可计算出每班生产过程的耗水量。

2. 主要用汽部分

食品厂常用饱和水蒸气作为热源,因为它容易获得、输送方便、温度和压力等参数易于控制,且具有较大的凝结潜热,对食品不会带来有害影响。

（1）物料升温用汽量 Q_1（J）,如热烫、杀菌、保温等。

$$Q_1 = GC(t_2 - t_1)$$

（2）固体熔化 Q_2（J）,如熬糖。

$$Q_2 = Gq$$

式中：q——熔化热,J/kg。

（3）溶剂、蒸汽浓缩和干燥用汽 Q_3（J）。

$$Q_3 = W\gamma$$

式中：W——蒸发了的溶剂量,kg；

　　γ——汽化潜热,J/kg。

（4）卫生用汽量 Q_4（J）,如设备、管道等消毒用汽量。

（5）热损失 Q_5（J）,在加热操作过程中设备向环境散热所消耗的热量。

$$Q_5 = F\tau a_0(t_1 - t_2)$$

式中：F——设备的传热面积，m^2；

　　　τ——操作时间，s；

　　　a_0——设备传热面外侧对空气的传热系数，$W/(m^2 \cdot K)$。

在进行用水、汽量计算时，按生产工艺要求，把生产车间内的凡需用水、汽的工序、设备、设施都要进行水、汽量的计算，它们的总和即为所需估算的耗水、汽量。由此计算出每班所耗水、汽量，再根据班产量得出单位成品的耗水、汽量。由于这种单位产品耗水、汽量并未反映出生产用水、汽高峰进时耗用量。我们还必须根据生产过程编制用水（汽）作业表，在表中可看出高峰时耗量，生产时按高峰时耗量供水或汽，以保证正常的生产。计算法所得结果的虽然比估算准确，但因为实际使用中或多或少存在浪费现象，所以计算的理论数据往往还是比较实际所耗要低。这种差异随企业不同而不同，主要取决于企业管理水平和工人素质等因素。

三、耗冷量计算

食品营养丰富、含水量高，容易发生腐烂变质。冷藏与冷冻是食品常用的保藏方法之一。将食品快速降温能够减缓其品质劣变速度，防止品质下降。果蔬等植物性食品采收以后需要及时地进行冷却以排除田间热，抑制呼吸作用，保持其新鲜品质。有些食品加工工序需要在低温下进行，即低温是其加工生产所必需的条件，例如冰激凌生产过程中的保温、凝冻和冷藏等工序需要在低温条件下进行。

目前，有很多食品厂，尤其是冷冻食品厂，都建有配套的冷藏和冻藏库，用于对食品原料、辅料、半成品或成品的保藏。因此，应结合具体生产工艺要求，进行耗冷量的计算，为选定制冷系统以及其使用设备的型号、规格等提供依据。

（一）食品冷却过程中的传热问题

食品的冷却本质上是一种热交换过程，即让易腐食品的热量传递给周围的低温介质，在尽可能短的时间内（一般数小时），使食品温度降低到高于食品冻结点的某一预定温度，以便及时地抑制食品内的生物生化和微生物的生长繁殖的过程。

食品在冷却过程中的热交换，主要包括传导传热和对流传热。

1. 传导传热

食品冷却时，热量从内部向表面的传递就是传导传热。食品内部有许多不同温度的面，热量从温度高的一面向温度低的一面传递。单位时间内以热传导

方式传递的热量用 Q 表示。

$$Q = \frac{\lambda A(t_1 - t_2)}{x}$$

式中：λ——食品的热导系数，$W/(m \cdot K)$；

    A——传热面积，m^2；

    t_1、t_2——两个面各自的温度，K；

    x——两个面之间的距离，m。

2. 对流传热

对流传热是流体和固体表面接触时互相间的热交换过程。食品冷却时，热量从食品表面向冷风或冷水传递就属于对流传热。单位时间内从食品表面传递给冷却介质的热量用 $Q(W)$ 表示。

$$Q(W) = \alpha A(t_s - t_r)$$

式中：α——对流传热系数，$W/(m^2 \cdot K)$；

    A——食品的冷却表面积，m^2；

    t_s——食品的表面温度，K；

    t_r——冷却介质的温度，K。

从上式可以看出，对流放热的热量与对流传热系数，传热面积，食品表面与冷却介质的温差成正比。

由于导热系数是食品的物性参数，其值一般可以由实验确定，也可从有关手册或参考书中查到。而对流传热系数非食品的物性参数，受到多种因素的影响，确定某种具体条件下的对流传热系数是一项比较复杂且困难的工作，需要用到对流传热系数的准数关联式。这部分内容请参阅《食品工程原理》中的相关章节的内容。

表 2-22 是几种常见条件下的对流传热系数的取值范围。

表 2-22　对流传热系数与流体流动状态的关系

冷却介质	流动状态	对流传热系数/[$W/(m^2 \cdot K)$]
空气	静止	$4.6 \sim 8.1$
	流速 5 m/s 以下	$6.16 + 4.18v$
	流速 5 m/s 以上	$7.5v^{0.75}$
液体	静止	$81.3 \sim 174.2$
	流动	$58.1 + 348v^{0.5}$

注　v 为流体的流速（m/s）。

从表 2 – 22 可以看出,流体的流动速度越快,则对流传热系数越大。因此当食品进行冷却时,常采用风机或搅拌器强制地驱使流体对流,以提高食品的冷却速度。

(二)食品材料的热物理数据

1. 查表法

目前通过查表法获得的食品材料的热物理数据是通过实验测得的结果,这些数据的测量是从 18 世纪开始的。目前的数据中约有 2/3 是在 20 世纪 50 ~ 60 年代发表的。这些数据虽然有些离散度很大,但如果不是特别精确的计算,通过直接查表获得的数据计算是非常简便的方法。

2. 估算法

在进行传热计算时需要用到许多热物理数据(如密度、比热容、导热系数等),而由于食品种类繁多,有许多数据通过查表法可能无法直接查到这些热物理数据,这种情况下,我们可以通过以下一些经验公式对其进行估算。

食品材料的热物理性质的估算法是根据食品的组分、各组分的热物理性质(表 2 – 23)进行估算的结果。由于食品的热物理性质与其含水量、组分、温度,以及食品的结构、水和组分的结合情况等有关,所以估算结果可能存在较大的偏差,但该方法在工程上仍然有着重要的应用。

表 2 – 23　一些食品组分的热物理性质

组分	密度 $\rho/(kg/m^3)$	比热容 $c_p/[kJ/(kg \cdot K)]$	热导率 $\lambda/[W/(m \cdot K)]$
水	1 000	4.182	0.60
碳水化合物	1 550	1.42	0.58
蛋白质	1 380	1.55	0.20
脂肪	930	1.67 *	0.18
空气	1.24	1.00	0.025
冰	917	2.11	2.24
矿物质	2 400	0.84	

* 固体脂肪的比热容为 1.67 kJ/(kg·K);而液态脂肪的比热容为 2.094 kJ/(kg·K)。

(1)密度。

$$\frac{1}{\rho} = w_v\left(\frac{1}{\rho_v}\right) + w_s\left(\frac{1}{\rho_s}\right) + w_i\left(\frac{1}{\rho_i}\right) = \sum_i \frac{w_i}{\rho_i}$$

式中:ρ_v、ρ_s、ρ_i——未冻水、固体成分和冰的密度;

　　　w_v、w_s、w_i——未冻水、固体成分和冰的质量分数。

如食品中有明显的空隙度(ε),可用下式计算密度:

$$\frac{1}{\rho} = \frac{1}{1-\varepsilon}\sum\frac{w_i}{\rho_i}$$

(2)比热容。按食品的含水量计算得到的冻结前的比热容公式如下:

$c_p = 0.837 + 3.349w$ (Siebel,1892)

$c_p = 1.200 + 2.990w$ (Backstrom 和 Emblik,1965)

$c_p = 1.382 + 2.805w$ (Dominguez,1974)

$c_p = 1.256 + 2.931w$ (Comini,1974)

$c_p = 1.470 + 2.720w$ (Lamb,1976)

$c_p = 1.672 + 2.508w$ (Riedel,1956)

除了水之外,食品中的其他成分也对比热容有一定的影响,因此,也有用各种组分所占的比例进行计算的,常见有以下两个公式:

$c_p = 4.18w_w + 1.549w_p + 1.424w_c + 1.675w_f + 0.837w_a$ (Heldman 和 Singh,1981)

$c_p = 4.180w_w + 1.711w_p + 1.574w_c + 1.928w_f + 0.908w_a$ (Choi 和 Okos,1983)

式中:w,p,c,f,a——食品中水分、蛋白质、碳水化合物、脂肪和灰分含量的质量分数。

冻结后食品中的水分变成了冰,比热容的近似公式为:

$$c_p = 0.837 + 1.256w \quad (\text{Siebel},1892)$$

(3)热导率。高于初始冻结温度时,食品的热导率用各种组分所占的比例进行计算,公式如下:

$\lambda \cong 0.61w_w + 0.20w_p + 0.205w_c + 0.175w_f + 0.135w_a$ (Choi 和 Okos,1983)

$\lambda \cong 0.58w_w + 0.155w_p + 0.25w_c + 0.16w_f + 0.135w_a$ (Sweat,1995)

按食品的含水量计算公式:

$\lambda = 0.26 + 0.34w$ (Backstrom,1965)

$\lambda = 0.056 + 0.567w$ (Bowman,1970)

$\lambda = 0.26 + 0.33w$ (Comini,1974)

$\lambda = 0.148 + 0.493w$ (Sweat,1974)

冻结食品的热导率远高于未冻食品。要预测冻结食品的热导率极困难,不仅因为热导率与纤维方向有关,而且因为在冻结过程中食品的密度、空隙度等都会有明显的变化,而这些都对热导率产生很大的影响。

Choi 和 Okos(1984)提出根据各组分的体积分数和热导率计算食品材料热导率的方法。

$$\lambda = \rho \sum_i \lambda_i \frac{v_i}{\rho_i}$$

式中：v, ρ, λ ——各组分的体积分数、密度和热导率。

在计算过程中未冻水和已冻冰作为两个组分处理。

（三）食品冷却耗冷量

此处主要讨论食品在冷却过程中的冷耗量，而工厂制冷系统的总耗冷量的计算见第四章第五节内容。

食品冷却耗冷量可以通过比热法或焓差法进行计算。

1. 比热法

$$Q = GC\Delta t$$

2. 焓差法

焓表示食品所含热量的多少，单位 J/kg，用字母 H 表示。焓是物质的内存属性，是一个状态函数，虽然焓的绝对值不能直接测定，但可以通过设定某个温度下（如 -20℃）的焓值为相对零点，就可以计算某个组分状态参数发生变化后的焓变 ΔH，从而计算出耗冷量。

$$Q = G\Delta H$$

焓差法计算简单，很常用。

（四）冷却时间的计算

1. 大平板状食品的冷却时间计算

$$t = 0.2185 \frac{\rho C}{\lambda} \left(\delta + \frac{5.12\lambda}{\alpha} \right) \left(\lg \frac{T_0 - T_\infty}{T - T_\infty} \right)$$

式中：ρ ——食品的密度，kg/m³；

　　　C ——食品的比热容，J/（kg · K）；

　　　λ ——食品的热导系数，W/（m² · K）；

　　　α ——对流传热系数，W/（m² · K）；

　　　δ ——食品的厚度，m；

　　　T_0 ——食品的初始温度，℃；

　　　T ——冷却终温，℃；

　　　T_∞ ——冷却介质温度，℃。

2. 球状食品冷却公式

$$t = 0.1955 \frac{\rho C}{\lambda} R \left(R + \frac{3.85\lambda}{\alpha} \right) \left(\lg \frac{T_0 - T_\infty}{T - T_\infty} \right)$$

式中：R——食品的半径，m。

3. 长圆柱状食品冷却公式

$$t = 0.3565 \frac{\rho C}{\lambda} R\left(R + \frac{3.16\lambda}{\alpha}\right)\left(\lg \frac{T_0 - T_\infty}{T - T_\infty}\right)$$

式中：R——食品的半径，m。

(五)食品冻结耗冷量

1. 比热法

(1)从初温冷却至冰点时的放热量：显热，相对潜热较小。

$$q_1 = C_1 \Delta t \quad (\text{J/kg})$$

式中：C_1——冻结前食品的比热容，J/(kg·K)。

(2)冻结过程中形成冰时放出的潜热：融冰潜热，也叫相变热，冰的相变热是 80 J/kg，这部分的热量较大，一般占全部放热量的 60% ~ 70%。

$$q_2 = W\omega r \quad (\text{J/kg})$$

式中：W——食品最初含水率，%；

ω——食品中水的冻结率，%；

r——水的冻结潜热，一般取 335kJ/kg。

(3)冻结完成后产品从冰点继续降到终温所放出热量：

$$q_3 = C_2 \Delta t \quad (\text{J/kg})$$

式中：C_2——冻结后食品的比热容，J/(kg·K)。

(4)冻结时所放出的总热量：

$$Q = G(q_1 + q_2 + q_3)$$

2. 焓差法

$$Q = G(H_{初} - H_{终}) = G\Delta H$$

例：10 t 牛肉由 5℃降至 -20℃，求冻结耗冷量 $Q = ?$

解法一：比热法

牛肉的冰点约为 -2℃，牛肉从 5℃降至 -20℃要经历以下三个阶段：

(1)从 5℃降至冰点 -2℃的冷却耗冷；

(2)冻结耗冷；

(3)从 -2℃降至 -20℃的耗冷。

$$q_1 = C_1 \Delta t = 2.9 \times 7 = 20.3 \ (\text{kJ/kg})$$

$$q_2 = W\omega r = 0.7 \times 0.95 \times 335 = 222.78 \ (\text{kJ/kg})$$

$$q_3 = C_2 \Delta t = 1.46 \times 18 = 26.28 \ (\text{kJ/kg})$$

$$Q = G(q_1 + q_2 + q_3) = 10 \times 10^3 \times (20.3 + 222.78 + 26.28)$$
$$= 2.69 \times 10^6 (kJ)$$

解法二:焓差法

从相关手册上查得,5℃时的牛肉的焓约为270 kJ/kg, -20℃的焓值为0,则:

$$Q = G\Delta H = 10 \times 10^3 \times (270 - 0) = 2.7 \times 10^6 (kJ)$$

(六)冻结时间

1. 冻结时间的计算

$$t = \frac{\rho r}{\Delta T}\left(\frac{Px}{\alpha} + \frac{Rx^2}{\lambda}\right)$$

式中:r——食品的冻结潜热,等于纯水的冻结潜热(355 kJ/kg)与食品含水率的乘积,J/kg;

ΔT——食品冰点与冷却介质之间的温差;

x——食品的特征尺寸,m;对于大平板状食品,x 是食品的厚度;对于圆柱形或球形食品,x 是食品的直径。

板状食品,P 取 1/2,R 取 1/8;

长圆柱状食品,P 取 1/4,R 取 1/16;

球状食品,P 取 1/6,R 取 1/24。

2. 缩短冻结时间的有效途径

从公式 $t = \frac{\rho r}{\Delta T}\left(\frac{Px}{\alpha} + \frac{Rx^2}{\lambda}\right)$ 看,对于某种确定的食品,可以通过以下途径缩短冻结时间:

(1)减少冻结食品的厚度;

(2)增加温差,降低冻结介质的温度;

(3)增大表面对流换热系数。一般地,液体换热介质比气体换热介质具有更大的对流换热系数,介质流速大时比流速小时的对流换热系数大。

普通冻库风速一般 1~2 m/s,而速冻/冻结装置一般要求达到 3~5 m/s。冷却介质温度也不同,冷库普通冻结间温度 -23℃,而速冻/冻结装置一般要求达到 -30 ~ -40℃。

第五节　设备选型及安装调试

设备选型是保证产品质量的关键和体现生产水平的标准,是工艺布置设计的基础,并且为动配电、水汽用量等计算提供依据,在生产工艺设计中使物料情况和设备生产能力达到有机、合理的配置。

一、设备选型及安装调试的任务及一般原则

(一)设备选型的任务及一般原则

设备选型的任务是在工艺计算的基础上,确定车间内所有工艺设备的台数、型式和主要尺寸,为下一步施工图设计以及其他非工艺设计项目(例如:设备的机械设计、土建、供电、仪表控制设计等)提供足够的有关条件,为设备的制造、订购等提供必要的资料。

在设备选型时,要在对各种生产工艺和流程所需的主要设备和辅助设备的型号、规格、数量、来源和价格进行深入研究,比较各设备方案对建设规模的满足程度,对产品质量和生产工艺要求的保证程度,设备使用寿命、物料消耗指标、操作要求、备品备件保证程度,安装试车技术服务,以及所需的设备投资等。设备选择应当提供使用某项生产工艺技术和达到既定的生产能力所需的、最佳的和高效能的设备和机器类型。

从设备的设计选型情况,可以反映出所设计工厂的先进性和生产的可靠性。设备选型的一般原则如下。

(1)保证工艺过程实施的安全可靠。

(2)经济上合理,技术上先进。

(3)投资省,耗材料少,加工方便,采购容易。

(4)运行费用低,水电汽消耗少。

(5)操作清洗方便,耐用易维修,备品配件供应可减轻工人劳动强度,实施机械化和自动化方便。

(6)结构紧凑,尽量采用经过实践考验证明确实性能优良的设备。

(7)考虑生产波动与设备平衡,留有一定裕量。

(8)考虑设备故障及检修的备用。

(二)设备安装调试的任务及一般原则

按照生产工艺所确定的设备平面布置图及安装技术规范的要求,将已到厂并经开箱检查的外购或自制设备安装,并在规定的基础上进行找平、稳固,达到要求的水平精度,并经调试合格、验收后移交生产,这些工作统称为设备安装。

设备安装的具体工作包括基础准备、出库、运输、开箱检查、安装上位、安装检查、灌浆、清洗加油、检查试验、竣工验收等。

设备安装的一般原则如下。

（1）安装前要进行技术交底，组织施工人员认真学习设备的有关技术资料，了解设备性能及安全要求和施工中应注意的事项。生产设备及其零、部件的设计、加工、使用、安全卫生要求应符合《生产设备安全卫生设计总则》（GB 5083—1999）的规定。

（2）设备相对于地面、墙壁和其他设备的布置，设备管道的配置和固定，设备和排污系统的连接，不应对卫生清洁工作的进行和检查形成障碍，也不应对产品安全卫生构成威胁。

（3）输送有别于生产的介质（如液压油、冷媒等）的管道支架的配置、连接的部位，应能避免因工作过程中偶发故障或泄漏而对产品形成污染，也不应妨碍设备清洁卫生工作的进行。

（4）设备或安装中采用的绝热材料不应对大气和产品构成污染。在生产车间或间接和生产车间相接触而有可能对产品卫生性构成威胁时，严禁在任何表面或夹层内采用玻璃纤维和矿渣棉作为绝热材料。

（5）设备安装过程中应按照机械设备安装验收有关要求，做好设备安装找平，保证安装稳固，减轻震动，避免变性，保证加工精度，防止不合理的磨损。

（6）安装过程中，对基础的制作，装配连接、电气线路等项目的施工要按照施工规范执行。

（7）安装工序中如果有恒温、防震、防尘、防潮、防火等特殊要求时，应采取措施，条件具备后方能进行该项工程的施工。

通用设备的调试工作包括清洗、检查、调整、试车，一般由使用单位组织进行。精、大、稀、关键设备以及特殊情况下的调试，由设备动力部门会同工艺技术部门组织。自制设备由制造单位调试，设计、工艺、设备、使用部门参加。设备的试运转一般可分为空转试验、负荷试验、精度试验等3种。

（1）空转试验。其目的是为了检验设备安装精度的保持性，设备的稳固可靠性，传动、操纵、控制等系统在运转中状态是否正常。

（2）负荷试验。主要检验设备在一定负荷下的工作能力，以及各组成系统的工作是否正常、安全、稳定、可靠。

（3）精度试验。一般应在正常负荷试验后按说明书的规定进行。

设备试运转后应做好各项检验工作的记录，根据试验情况填写"设备运转试验记录"和"设备精度检验记录"一式3份，分别交移交部门、使用部门和设备动力部门。

二、专业设备的设计与选型

(一)专业设备设计与选型的依据

(1)依据工艺计算确定的成品量、物料量、耗汽量、耗水量、耗风量、耗冷量等。

(2)依据工艺操作的最适外部条件(温度、压力、真空度等)。

(3)依据设备的构造类型和性能。

(二)专业设备设计与选型的程序和内容

(1)设备所担负的工艺操作任务和工作性质,工作参数的确定。

(2)设备选型及该型号设备的性能、特点评价。

(3)设备生产能力的确定。

(4)设备数量计算(考虑设备使用维修及必需的裕量)。

(5)设备主要尺寸的确定。

(6)设备化工过程(换热、过滤、干燥面积、塔板数等)的计算。

(7)设备的转动搅拌和动力消耗计算。

(8)设备结构的工艺设计。

(9)支撑方式的计算选型。

(10)壁厚的计算选择。

(11)材质的选择和用量计算。

(12)其他特殊问题的考虑。

三、通用设备的选型

通用设备,是指国民经济各部门用于制造和维修所需物质技术装备的各种生产设备,在一些工业或行业内通用。

食品加工通用机械设备按功能可分为:输送类;原料与处理类;粉碎、分切、分割类;混合类;分级、分选类;成型类;分离类;热处理类(预煮;蒸发浓缩;干燥;烘烤);制冷类;定量、包装类和其他。通用设备在食品生产中扮演着重要的角色,所以对通用设备加工的通用性要求就比较高,它需要较高的可调控性、较长的寿命、较好的操作性、很好的安全性以适应各种各样的食品加工环境,当然对其的效率要求也是比较高的。总之,通用设备的综合性能应该达到一定的要求。

下面就输送设备和干燥设备的选型加以介绍。

（一）液体输送设备的选型

泵是实现供、排水要求的主要设备,同时它又是其他设备和建筑物选型配套的依据,是主要的液体输送设备。

泵在选型时应符合下列要求。

（1）应满足泵站设计流量、设计扬程及不同时期供排水的要求,同时要求在整个运行范围内,机组安全、稳定,并且具有最高的平均效率。

（2）在平均扬程时,水泵应在高效区运行;在最高和最低扬程时,水泵应能安全、稳定运行。排水泵站的主泵,在确保安全运行的前提下,其设计流量宜按最大单位流量计算。

（3）由多泥沙水源取水时,应计入泥沙含量、粒径对水泵性能的影响;水源介质有腐蚀性时,水泵叶轮及过流部件应有防腐措施。

（4）应优先选用国家推荐的系列产品和经过鉴定的产品。当现有产品不能满足泵站设计要求时,应优先考虑采用变速、车削、变角等调节方式达到泵站设计要求,亦可设计新水泵,但新设计的水泵必须进行模型试验或装置模型试验,经鉴定合格后方可采用。采用国外先进产品时,应有充分论证。

（5）具有多种泵型可供选择时,应综合分析水力性能、考虑运行调度的灵活性、可靠性、机组及其辅助设备造价、工程投资和运行费用以及主机组事故可能造成的损失等因素择优确定。条件相同时宜选用卧式离心泵。

（6）便于运行管理和检修。

泵的选型步骤如下。

（1）确定排灌保证率。

（2）制定泵站排灌流量及扬程变化过程图。

（3）计算泵站设计扬程和设计流量。

（4）从水泵综合性能图或表中,查出符合设计扬程要求的几种不同型号的水泵。

（5）根据选型原则,确定最适宜的水泵(包括型号和台数)。

（二）气体输送设备的选型

气体输送设备选型的方法步骤如下。首先列出基本数据,通常包括:

（1）气体的名称特性,湿含量,有无易燃易爆及毒性等;

（2）气体中含固形物、菌体量;

（3）操作条件,如温度、进出口压力、流量等;

（4）设备所在地的环境及对机电的要求等。

然后确定生产能力及压头。选择最大生产能力,并取适当安全系数;按要求分别计算通过设备和管道等的阻力并考虑增加 1.05 ~ 1.1 倍的安全系数;根据生产特点,计算出的生产能力、压头以及实际经验或中试经验,查询产品目录或手册,选出具体型号并记录该设备在标准条件下的性能参数,配用机电辅助设备等资料。对已查到的设备,要列出性能参数,并核对能否满足生产要求。在此基础上,确定安装尺寸,计算轴功率,确定冷却剂耗量,选定电机并确定备用台数,填写设备规格表。最后为订货依据和选择设备过程的数据汇总。

(三)固体输送设备的选型

常用的固体输送设备分为机械输送设备和流体输送设备两种。其中,机械输送设备包括带式输送机、斗式输送机和螺旋输送机;流体输送设备包括埋刮板输送机、气流输送设备、液体输送设备等。

固体输送设备在选型上需要注意:应尽量选用机械提升设备,因其能耗,视不同类型,比气流输送要低 3 ~ 10 倍。皮带输送机、螺旋输送机,以水平输送为主,也可以有些升扬,但倾角不应大于 20 度,否则效率大大下降,甚至造成失误。

(四)干燥设备的选型

干燥类设备在选型时的要求如下。

(1)适用性:干燥装置首先必须能适用于特定物料,且满足物料干燥的基本使用要求,包括能很好的处理物料(给进、输送、流态化、分散、传热、排出等)加热设备,并能满足处理量、脱水量、产品质量等方面的基本要求。

(2)干燥速率高:仅就干燥速率看,对流干燥时物料高度分散在热空气中,临界含水率低,干燥速度快,而且同是对流干燥,干燥方法不同临界含水率也不同,因而干燥速率也不同。

(3)耗能低:不同干燥方法耗能指标不同,一般传导式干燥的热效率理论上可达 100% ,对流式干燥只能 70% 左右。

(4)节省投资:完成同样功能的干燥装置,加热设备有时其造价相差悬殊,应择其低者选用。

(5)运行成本低:设备折旧、耗能、人工费、维修费,备件费等运行费用要尽量低廉。

(6)优先选择结构简单、备品备件供应充足、加热设备可靠性高、寿命长的干燥装置。

(7)符合环保要求,工作条件好,安全性高。

(8)选型前最好能做出物料的干燥实验加热设备,深入了解类似物料已经使用的干燥装置(优缺点),往往对恰当选型有帮助。

四、非标准设备的设计

非标准设备,是指生产车间中除专业设备和通用设备之外的、用于生产配套的储罐、中间料池、计量罐等设备和设施。

(一)起贮存作用的罐、池(槽)设计

设计时,主要考虑选择适合的材质,相应的容量,以保证生产的正常运行。在此前提下,尽量选用比表面积小的几何形状,以节省材料、降低投资费用。球形容器当然是最省料的,但加工较困难,因此多采用正方形和直径与高度相近的筒形容器。

设计基本步骤如下。

材质的选择→容量的确定→设备数量的确定→几何尺寸的确定→强度计算→支座选择

如有的物料易沉淀,还应加搅拌装置;需要换热的,还要设换热装置,并进行必要的设计。

(二)起混合调量灭菌作用的非标准设备设计

这类非标准设备有:酒精生产的拌料罐、味精生产的调浆池等。为了使混合或沉降效果好,选择这类设备的高径(或高宽)比小于等于1是有利的。其设计步骤与上述基本相同。

(三)起计量作用的非标准设备设计

这类设备如味精生产的油计量罐,尿素溶液计量罐等。为使计量结果尽量准确,通常这类设备的高径比(或高宽比)都选得比较大。这样,当变化相同容量时,在高度上的变化比较灵敏。而把节省材料放在次要地位。设计步骤大体同前所述。所不同的是要有更明显的液位指示或配置可靠的液位显示仪表。

五、食品工厂主要设备的选用

凡是为食品工业服务的各种加工、包装、储存、运输等机械设备,均可称为食品机械设备。但通常所说的食品机械指的是与食品加工生产直接相关的机械设备。

食品工厂机械与设备的特点如下。

(1)不允许破坏原料固有的营养成分,还应增加营养成分。

(2)不允许破坏原料原有的风味。

(3)符合食品卫生。

食品工厂机械设备的选用要求如下。

（1）设备的生产能力应满足生产规模的要求。

（2）该设备所生产的产品质量应符合标准。

（3）性能可靠，具有合理的技术经济指标。该设备还要能够尽可能减少原料和能量的消耗，或有回收装置，保证生产具有最低的成本。对环境污染小。

（4）为了保证食品生产的卫生条件，这些机械设备应易于拆洗。

（5）一般来说，单机的外型尺寸较小，重量较轻，传动部分多安装在机架上，便于移动。

（6）由于这些机械设备和水、酸、碱等接触的机会较多，要求材料应能防腐防锈，电动机宜选择防潮式，自控元件的质量良好且具有较好的防潮性能。

（7）由于食品工厂生产的品种罐型较多，要求其机械设备易于调节、易调换模具、易检修，并尽可能做到一机多用。

（8）要求这些机械设备安全可靠，管理方便，操作简单，制造容易和投资较少。

食品工厂生产的产品种类多，使用的设备各式各样。设备生产厂家普及国内外，其型号、规格不一，设计者应正确选择设备，满足工艺要求，确保食品厂产品的产量和质量。

六、食品工厂设备安装调试

食品工厂设备规定的安装调试步骤如下。

（一）开箱验收

新设备到货后，由设备管理部门会同购置部门，使用部门（或接收部门）进行开箱验收，检查设备在运输过程中有无损坏、丢失，附件、随机备件、专用工具、技术资料等是否与合同、装箱单相符，并填写设备开箱验收单，存入设备档案，若有缺损及不合格现象应立即向有关单位交涉处理，索取或索赔。

（二）设备安装施工

按照工艺技术部门绘制的设备工艺平面布置图及安装施工图、基础图、设备轮廓尺寸以及相互间距等要求划线定位，组织基础施工及设备搬运就位。在设计设备工艺平面布置图时，对设备定位要考虑以下因素。

（1）应适应工艺流程的需要。

（2）应方便工件的存放、运输和现场的清理。

（3）设备及其附属装置的外尺寸、运动部件的极限位置及安全距离。

（4）应保证设备安装、维修、操作安全的要求。

（5）厂房与设备工作应匹配，包括门的宽度、高度，厂房的跨度，高度等。

（三）设备试运转

设备试运转一般可分为空转试验、负荷试验、精度试验三种。

（1）空转试验：是为了考核设备安装精度的保持性，设备的稳固性，以及传动、操纵、控制、润滑、液压等系统是否正常，灵敏可靠等有关各项参数和性能在无负荷运转状态下进行。一定时间的空负荷运转是新设备投入使用前必须进行磨合的一个不可缺少的步骤。

（2）设备的负荷试验：实验设备在数个标准负荷工况下进行试验，在有些情况下可结合生产进行试验。在负荷试验中应按规范检查轴承的温升，考核液压系统、传动、操纵、控制、安全等装置工作是否达到出厂的标准，是否正常、安全、可靠。不同负荷状态下的试运转，也是新设备进行磨合所必须进行的工作，磨合实验进行的质量如何，对于设备使用寿命影响极大。

（3）设备的精度试验：一般应在负荷试验后按说明书的规定进行，既要检查设备本身的几何精度，也要检查其工作（加工产品）的精度。这项实验大多在设备投入使用后两个月后进行。

（四）设备试运行后的工作

首先断开设备的总电路和动力源，然后做好下列设备检查、记录工作。

（1）做好磨合后对设备的清洗、润滑、紧固，更换或检修故障零部件并进行调试，使设备进入最佳使用状态。

（2）做好并整理设备几何精度、加工精度的检查记录和其他机能的试验记录。

（3）整理设备试运转中的情况（包括故障排除）记录。

（4）对于无法调整和消除的问题，分析原因，从设备设计、制造、运输、保管、安装等方面进行归纳。

（5）对设备试运转做出评定结论，处理意见，办理移交生产的手续，并注明参加试运转的人员和日期。

（五）设备安装工程的验收与移交使用

（1）设备基础的施工验收由修建部门质量检查员会同土建施工员进行验收，填写施工验收单。基础的施工质量必须符合基础图和技术要求。

（2）设备安装工程的最后验收，在设备调试合格后进行。有设备管理部门和工艺技术部门会同其他部门，在安装、检查、安全、使用等各方面有关人员共同参加下进行验收,作出鉴定,填写安装施工质量、精度检验、安全性能、试车运转记录等凭证和验收移交单,设备管理部门和使用部门签字方可竣工。

（3）设备验收合格后办理移交手续。设备开箱验收（或设备安装移交验收单）、设备运转试验记录单由参加验收的各方人员签字后及随设备带来的技术文件,由设备管理部门纳入设备档案管理;随设备的配件、备品,应填写备件入库单,送交设备仓库入库保管。安全管理部门应就安装时严重的安全问题进行建档。

（4）设备移交完毕,由设备管理部门签署设备投产通知书,并将副本分别交设备管理部门、使用单位、财务部门、生产管理部门,作为存档、通知开始使用、固定资产管理凭证、考核工程计划的依据。

第六节　劳动定员

一、劳动力计算的意义

劳动定员,即劳动力计算,主要用于工厂定员编制、生活设施（如更衣室、食堂、厕所、办公室、托儿所等）的面积计算和生产生活用水、用汽量等方面的计算。同时对工厂设备的合理使用、人员配备,以及对产品产量、定额指标的制定都有密切关系。

食品工厂职工按其工作岗位和职责不同可分为生产人员和非生产人员两大类。其中生产人员包括基本工人和辅助工人;非生产人员包括管理人员和服务人员。通过合理人员配置和劳动定员,可有效提高生产效率,并节约操作费用与管理成本。

二、劳动定员的依据

在对食品工厂进行劳动力定员的时候,通常按以下几方面考虑。

（1）食品工厂和生产车间的生产计划。如产品品种和产量。

（2）劳动定额、产量定额、设备维护定额和服务定额。

（3）工作制度（连续或间歇生产、每日班次）。

（4）出勤率（指全年扣除法定假日、病、事假等因素的有效工作日和工作时数）。

（5）全厂各类人员的规定比例数。

三、劳动力计算的步骤

劳动力的计算主要是根据生产单位重量的产品所需要的劳动工日来计算，一般是按生产车间来计算。

（一）劳动力计算基础

对生产车间的劳动力情况进行计算时，首先需要确定车间工艺流程，确定各单元设备的生产能力，人员配备情况及岗位操作要求；同时确定辅助岗位人员需求情况，管理、后勤人员配备情况；并明确各岗位人员在生产车间中的作用，为劳动定员奠定计算基础。

（二）确定班产量

根据产品方案，结合实际生产情况确定班产量。劳动力的需求应按最大班产量进行计算，合理配置生产与管理人员，使生产需求和人员供应达到动态平衡。

（三）各生产工序的劳动力计算

（1）对于自动化程度较低的生产工序，即基本以手工作业为主的工序，根据生产单位重量品种所需劳动工日来计算，用 P_1 表示每班所需人数，计算如下：

$$P_1（人／班）=劳动生产率（人／产品）×班产量（产品／班）$$

大多数食品厂同类生产工序手工作业劳动生产率是相近的。若采用人工作业生产成本低，也经常选用该种生产方式。

（2）对于自动化程度较高的工序，即以机器生产为主的工序，根据单元设备所需的劳动工日来计算，用 P_2 表示每班所需人数，则计算如下：

$$P_2（人／班）=\sum K_i M_i（人／班）$$

式中：M_i——i 种设备每班所需人数；

K_i——相关系数，其值 $\leqslant 1$。

影响相关系数大小因素主要有同类设备数量、相邻设备距离远近及设备操作难度、强度及环境等。

（3）生产车间的劳动力综合计算。在工厂实际生产中，常常是以上两种工序并存。用 P 表示车间的总劳动力数量，则计算如下：

$$P（人）=3S(P_1+P_2+P_3)（人）$$

式中：3——在旺季时实行 3 班制生产；

S——修正系数，其值 $\leqslant 1$。

辅助生产人员总数，如生产管理人员、材料采购及保管人员、运输人员、检验人员等,具体计算方法可查阅设计资料来确定。

实际生产中可根据工作岗位的性质要求确定男女工比例。强度大、环境差、技术含量较高的工种以男性为主,女性能够胜任的工种则尽量使用女工。此外,能够采用临时工的岗位,应以临时工为主,以便加大淡、旺季劳动力的调节空间。

第七节　生产车间工艺布置

生产车间工艺布置设计,即车间设备布置,就是将各生产工序中所用的单元设备按工艺流程顺序在车间平面或空间进行合理组合和厂房配置、操作空间排列布置、运行费用最优配置等。

食品工厂生产车间布置是工艺设计的重要部分,不仅对建成投产后的生产实践(产品种类、产品质量、各产品产量的调节、新产品的开发、原料综合利用、市场销售、经济效益等)有很大关系,而且影响到工厂整体。车间布置一经施工就不易改变,所以,在设计过程中必须全面考虑。同时,生产车间工艺设计必须与土建、给排水、供电、供汽、通风采暖、制冷、安全卫生、原料综合利用以及三废治理等方面取得统一和协调。

生产车间平面设计,主要是把车间的全部设备(包括工作台等),在一定的建筑面积内做出合理安排。平面布置图是按俯视,画出设备的外型轮廓图。在平面图中,必须表示清楚各种设备的安装位置。下水道、门窗、各工序及各车间生活设施的位置,进出口及防蝇、防虫措施等。除平面图外,有时还必须画出生产车间剖面图(又称立剖面图),以解决平面图中不能反映的重要设备与建筑物立面之间的关系,画出设备高度,门窗高度等在平面中无法反映的尺寸(在管路设计中另有管路平面图、管路立面图及管路透视图)。

生产车间的工艺布置设计与建筑设计之间关系比较密切。因此,生产车间工艺布置设计需要在工艺流程示意图和工艺流程草图的基础上进行,并相互影响,相互协调。其关系示意图如下(图2-13):

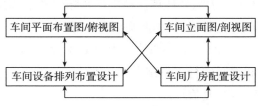

图2-13　生产车间工艺布置设计关系图

一、车间工艺布置设计的依据

（1）工程设计的相关规范和规定：

①常用设计规范和规定；

②粮油食品行业设计规范；

③工业企业设计防火规定；

④食品工厂设计防火规范；

⑤工业企业设计卫生标准；

⑥工业企业噪声卫生标准；

⑦企业爆炸和火灾危险场所电力设计技术规定；

⑧粮油食品企业生产技术安全操作规程等。

（2）工艺或仪表（管道）流程图，包括工艺流程示意图、工艺流程草图、工艺流程设计简图、带控制点的工艺流程图等。

（3）物料性质及工艺衡算数据，包括物料衡算数据及物料性质，即原料、半成品、成品、副产品的数量及性质；三废的数量及处理方法。

（4）设备、电机一览表，包括设备外形尺寸、重量，支撑形式、保温情况极其操作条件等，电机尺寸、重量、绝缘防护等级等。

（5）公用工程系统的耗用情况，包括公用系统用量，供排水、供电、供热、冷冻、压缩空气、外管资料等。

（6）厂址选择情况，土建施工资料和劳动安全、防火、防爆资料等。

（7）车间组织及劳动定员、劳动保护等资料。

（8）厂区总平面布置设计，包括本车间与其他生产车间、辅助车间、生活设施的相互联系，厂区内交通运输，人流物流的情况与数量。

二、车间工艺布置设计的原则

在进行车间工艺布置时，应根据下列原则进行。

（1）要有总设计的全局观点，首先满足生产的要求，同时必须从本车间在总平面图的位置，与其他车间或部门间的关系，以及发展前景等方面，满足总体设计要求。

（2）设备布置要尽量按工艺流水线安排，但有些特殊设备可按相同类型适当集中。使生产过程中占地最少、生产周期最短、操作最方便。

（3）在进行生产车间设备布置时，要考虑到多种生产的可能，以便灵活调动设备,并留有适当余地便于更换设备。同时还应注意设备相互间的间距及设备与建筑物的安全维修距离,保证操作方便,维修装卸,清洁卫生方便。

(4)生产车间与其他车间的各工序要相互配合,保证各物料运输通畅,避免重复往返,要尽可能利用生产车间的空间运输,合理安排生产车间各种废料排出,人员进出要和物料进出分开。

(5)应注意车间的采光,通风、采暖、降温等设施。必须考虑生产卫生和劳动保护,如卫生消毒、防蝇防虫、车间排水、电器防潮及安全防火等措施。

(6)对散发热量,气味及有腐蚀性的介质,要单独集中布置。对空压机房、空调机房、真空泵等既要分隔,又要尽可能接近使用地点,以减少输送管路及损失。

(7)可以设在室外的设备,尽可能设在室外并加盖简易棚保护。

(8)对生产车间或流水线的卫生控制等级要进行明确的区域划分和区间隔离,不同卫生等级的制品不能混流、混放,更不能倒流,造成重复性加工和污染。

(9)严格执行 GMP、HACCP、ISO 14000 等的规范性。

(10)要对生产辅助用房留有充分的面积,如更衣间、消毒间、工具房、辅料间等。要使各辅助部门在生产过程中对生产的控制做到方便、及时、准确。

三、车间布置设计的程序

(1)确定总平面布置方案,明确各车间的相互关系、位置关系。

(2)确定各车间的设备的组成和外形尺寸等。

(3)确定车间内外的运输形式和线路。

(4)初步估算车间面积,包括化验室、更衣室等。

(5)车间布置设计选优。

(6)绘制车间设备布置图。

四、生产车间工艺布置的实施步骤与方法

食品工厂生产车间平面布置设计一般有两种情况,一种是新设计的车间平面布置,另一种是对原有厂房进行平面布置设计。现将生产车间平面布置设计步骤叙述如下。

(1)整理车间设备清单及工作生活室等各部分的面积要求,格式见表2–24。根据工艺流程对生产区域、辅助区域、生活行政区域的面积做初步的划分。

表 2 - 24　　××食品厂××车间设备清单

序号	设备名称	规格型号	安装尺寸	生产能力	台数	备注
1 2 ……						

（2）分析设备清单。轻的、可移动的，几个产品公用的，某一产品专用的等。对笨重的、固定的和专用的设备，应尽量排布在车间四周；轻的、可动的设备，排在车间的中间，便于在更换产品时调换设备比较方便。

（3）根据该车间在全厂总平面中的位置，确定厂房的建筑结构、形式、朝向、跨度、绘出宽度和承重柱，墙的位置。一般车间 50～60 m 长为宜（不超过 100 m）。利用 Auto CAD 或 VISIO 等计算机辅助设计手段进行车间布置设计，并进行多种方案分析比较选优。或用硬纸板剪成小方块（按比例）在草图上布置。

（4）按照总平面图的构思，确定生产流水线方向。

（5）将设备尺寸按比例大小，剪成设备外形轮廓俯视图，在草图上进行排布，排出多种不同的方案，以便分析比较。若采用 Auto CAD 或 VISIO 制图，会更加方便，这也是作为一个现代的工程设计人员所必须掌握的基本技能。

（6）方案比较：

① 工艺流程的合理性，人流、物流的畅通，与总平面的协调（包括废弃物及包装物的流向）；

② 建筑结构的造价、建筑形式的实用和美感；

③ 管道安装（包括工艺、上下水、冷、电、汽等方面）的便捷、隐蔽、规范和美观，与公用设施的距离及施工的便利；

④ 车间内外运输的流畅（包括原料进厂及产品出厂的流向）；

⑤ 生产卫生条件的合理、规范；

⑥ 操作条件的可靠性、消防安全措施的完整；

⑦ 通风采光等。

（7）对自己确认的方案征求配套专家的意见，在此基础上完善后，再提交给委托方和相关专家征求意见，集思广益，根据讨论征求的意见做出必要的修改、调整，最终确定一个完整的方案。

（8）在平面图的基础上再根据需要确定剖视位置，画出剖视图，最后画出正式图。

生产车间工艺布置实例见图 2 - 14。

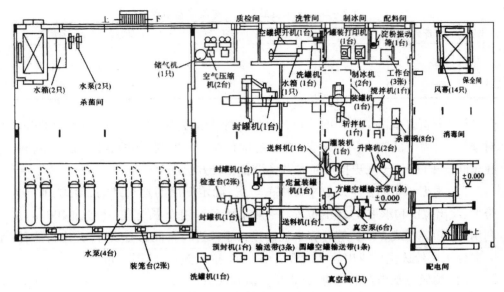

图 2-14　某罐头厂午餐肉车间底层工艺平面布置图

五、生产车间工艺设计对非工艺设计的要求

车间工艺布置设计与建筑设计密切相关,在工艺布置过程中应对建筑结构、外形、长度、宽度及有关问题提出要求。

(一)建筑外形的选择要求

车间建筑的外形有长方形、L形、T形、U形等。一般为长方形,其长度取决于生产流水作业线的形式与生产规模,一般60 m左右适宜。车间层高按房屋的跨度(食品工厂生产车间的跨度有:9 m、12 m、15 m、18 m、24 m)和生产工艺要求而定,一般以6 m为宜。单层厂房可酌量提高,车间内立柱越少越好。

国外生产车间柱网一般6~10 m,车间为10~15 m连跨,一般高度7~8 m(吊平顶4 m),也有车间达12 m以上。

(二)建筑物的统一模数制

建筑工业化要求建筑物件必须标准化、定型化、预制化。尺寸按统一标准,规定建筑物的基本尺度,即实行建筑物的统一模数制。基本尺度的单位叫模数,用 m_0 表示,我国规定为100 mm。任何建筑物的尺寸必须是基本尺寸的倍数。模数制是以基本模数(又称模数)为标准,连同一些以基本模数为整倍数的扩大模数及一些以基本模数为分倍数的分模数共同组成。模数中的扩大模数有3 m_0 (300 mm)、6 m_0、15 m_0、30 m_0、60 m_0。

基本模数连同扩大模数的 3 m_o、6 m_o 主要用于建筑构件的截面、门窗洞口、建筑构配件和建筑物的进深、开间与层高的尺寸基数。扩大模数的 15 m_o、30 m_o、60 m_o 主要用于工业厂房的跨度、柱距与高度以及这些建筑的建筑构配件。在平面方向和高度方向都使用一个扩大模数，在层高方向，单层为 200 mm（2 m_o）的倍数，多层为 600 mm（6 m_o）的倍数。在平面方向的扩大模数用 300 mm（3 m_o）的倍数，在开间方面可用 3.6 m、3.9 m、4.2 m、6.0 m，其中以 4.2 m 和 6.0 m 在食品厂生产车间用得较普遍。跨度小于或等于 18 m 时，跨度的建筑模数是 3 m_o；跨度大于 18 m 时，跨度建筑模数是 6 m_o。

（三）对车间门的要求

（1）作用：人流、设备、货物的进出口；安全疏散。

（2）数量：按生产工艺和车间的实际情况进行设计。每个车间不能小于两扇。

（3）尺寸：应满足生产要求；在火灾或某种紧急状态下应能满足迅速疏散的要求。要求适中，不宜过大，也不能过小；作为运输工具及机器设备进出的门，一般要能让生产车间最大尺寸的机器设备通过。

（4）规格（宽×高，单位：mm）：

①单扇门：1 000 ×2 200,1 000 ×2 700；

②双扇门：1 500 ×2 200,1 500 ×2 700,2 200 ×2 700；

③车间大门：根据不同交通工具来确定门的大小；

④电瓶车或手推车门：2 000 ×2 400,3 000 ×2 400；

⑤汽车门：3 000 ×3 000,4 000 ×3 000。

（5）门与交通工具的关系：

①门要比装满货物后的车高出 400 ~500 mm；

②门的两边都要宽出 300 ~500 mm。

（6）要求：应设置防蝇、防虫的装置，如水幕、风幕、暗道或飞虫控制器。

（7）种类：空洞门、单扇门和双扇门、单扇推拉门和双扇推拉门、单扇双面弹簧门和双扇双面弹簧门、单扇内外开双层门和双扇内外开双层门等。

（四）通风采光要求

食品工厂生产车间一般为天然采光，车间的采光系数为 1/4 ~1/6。采光系数是指采光面积和房间地坪面积的比值。采光面积不等于窗洞面积。采光面积占窗洞面积的百分比与窗的材料、形式和大小有关。一般钢窗的玻璃面积占空洞面积的 74% ~79%，木窗的玻璃面积占空洞面积的 47% ~64%。窗户分为侧窗和天窗两类。

（1）侧窗。窗台高度：工人坐着工作时，窗台的高度 h 可取 $0.8 \sim 0.9$ m；工人立着工作时，窗台高度 h 可取 $1 \sim 1.2$ m。

侧窗作用：

①单层固定窗：只作采光，不作通风；

②单层外开上悬窗、单层中悬和单层内开下悬窗：这三种窗一般用于房屋的层高较高，侧窗的窗洞也较高的上下部之组合窗；

③单层内外开窗：用于卫生要求不高的车间；

④双层内外开窗（纱窗＋普通玻璃窗）：是目前食品厂用得较多的一种窗。

（2）天窗：就是开在屋顶上的窗。

作用：增加采光面积。

种类：

①三角天窗：只能采光，不能通风；

②单面天窗：方位朝北，全天光线变化较小，并且柔和均匀。但开启不便，卫生工作难做，故在纺织厂用得较多；

③矩形天窗：因卫生工作难做，我国目前已不用，但在国外大面积生产车间的厂房中，为了很好地排汽，仍被采用。

（3）人工采光。用双管日光灯，局部操作区要求采光强的，则可吊近操作面。也有采用聚光灯照明的。

（4）空调装置。无空调时门窗应设纱门纱窗；车间层高一般不低于 6 m，以确保有较好的通风。而密闭车间则：

①应有机械送风，空气经过过滤后送入车间。

②屋顶部有通风器，风管一般可用铝板或塑料板。

③产品有特别要求者，局部地区可使用正压系统和采取降温措施。

④车间除一般送风外，另有吊顶式冷风机降温。该冷风机之风往车间顶部吹，以防天花板上聚集凝结水。

也有采用过滤的空气送入净化室，使房间呈正压系统，不让外界空气进入该室。

（五）对地坪的要求

施工时应采取适当措施，减轻地坪受损。

（1）将有腐蚀介质排出的设备集中布置，做到局部设防，缩小腐蚀范围。

（2）生产车间的地面必须有足够的坡度（0.5%～1%）来排放废水，并设明沟或地漏,将生产车间的废水和腐蚀性介质及时排除。

（3）改进运输条件,采用输送带或胶轮车,以减少对地坪的冲击等。

（4）采用适宜的土建结构。

①石板地坪:耐腐蚀、不起灰、耐热和防滑。

②高标号混凝土地面:采用耐酸骨料并严格控制水灰比,表面需做防滑处理,提高混凝土的密实性。

③红砖地面:在不使用铁轮手推车的工段,并需防腐蚀的部位。

④塑料地面:耐酸、耐碱、耐腐蚀,具有广阔前景。

⑤水磨石地坪。

⑥无尘地坪:水泥地坪上敷涂层(环氧树脂＋石英砂),耐酸、耐碱、耐腐蚀、不起尘、防滑、无接缝的优点,是食品工厂地坪的最佳选择。

（5）地坪排水。原设计使用明沟加盖板,但卫生较差;现新厂常使用地漏,直径一般为 200 mm 和 300 mm;根据实际情况,采用明沟加地漏的组合形式是可行的。地漏推荐的地坪坡度为 1.5％ ~2％,排水沟筑成圆底,以利于水的流动和做清洁工作。

（六）内墙面要求

食品工厂对车间内墙面要求很高,要防撞、防湿、防腐、有利于卫生。转角处理最好设计为圆弧形,具体要求如下。

（1）墙裙:一般有 1.5 ~2.0 m 的墙裙(护墙),可用白瓷砖,墙裙可保证墙面少受污染,并易于洗净。

（2）内墙粉刷:一般用白水泥沙浆粉刷,还要涂上耐化学腐蚀的过氯乙烯油漆或六偏水性内墙防潮涂料。近年来有仿瓷涂料代替瓷砖,可防水、防留。这种新型涂料,对食品工厂车间内墙面很适宜。

（七）对楼盖的要求

楼盖是由承重结构、铺面、天花、填充物等构成(图 2－15)。

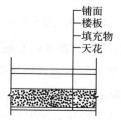

铺面
楼板
填充物
天花

图 2－15　楼盖组成示意图

（1）承重结构：承担楼面上一切重量的结构，如梁和楼板等。

（2）铺面：保护承重结构，并承受地面上的全部作用力。

（3）填充物：起着隔热的作用，用多孔松散材料。

（4）天花：起隔音、隔热、防止建筑材料灰尘飞落而污染食品以及美观的作用。

（八）对楼梯的要求

（1）种类：主楼梯、辅助楼梯和消防楼梯。

（2）规格：主楼梯宽度 1 500 ~ 1 650 mm，坡度为 30°，辅助楼梯为 1 000 ~ 1 200 mm，坡度为 45°。

（3）要求：个数、宽度、坡度、结构形式需符合安全、防火、疏散和使用的规范要求。

（4）形式：单跑、双跑、三跑及双分、双合式楼梯（图 2 - 16）。

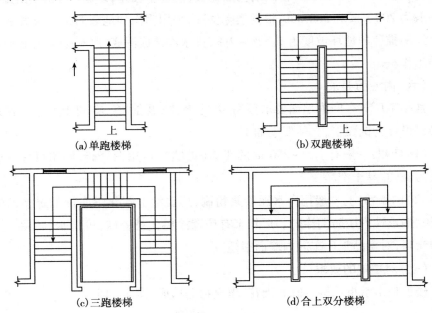

(a) 单跑楼梯   (b) 双跑楼梯

(c) 三跑楼梯   (d) 合上双分楼梯

图 2 - 16　楼梯形式

（九）车间办公室、控制室、质量检查室以及福利设施的设计标准

（1）车间办公室。按车间值班的最大班的管理和技术人员人数以及 4 m^2/人的使用面积计算，建筑平面系数采用 65%。

（2）车间控制室。不宜与变压器室、动力机房、化学药品室相邻。与办公室、操作工值班室、生活间、工具间相邻时，应以墙隔开，中间不要开门，不要互相串通。

有很好的视野,从各个角度都能看到装置的地方;仪表盘和控制箱通常都是成排布置,盘后要有安装和维修的通道,通道宽度不小于 1 m,操作台至墙(窗)至少应有 2 ~ 3 m 的间距,以供人员通行。

(3)会议室。可兼作休息室,供交接班、用餐时使用,面积按最大班人数以及使用面积 1.2 m^2/人计算,建筑平面系数 65% 。

(4)质量检查室。根据检测分析试验工作的需要,应安放检验仪器桌和分析桌、药品柜和上下水具以及检测人员制表、统计用办公桌和资料柜,一般可根据实际布置决定用房面积,建筑平面系数 65% 。

(5)更衣间。设在靠车间进口处,供上下班工人使用。随着食品生产卫生安全管理要求的提高,一般出口食品工厂要求二道更衣,工人进入车间要提供每人一格的密闭保管橱柜以放置私人物品,在一道更衣间将自己的外衣、鞋脱下,换上拖鞋进入二道更衣间,换上进入车间的工作服、工作鞋,再进行洗手、消毒程序。这样更衣间的使用面积就比以前要增大,一般可按 3 m^2/人计算,建筑平面系数 65% 。

(6)车间浴室。按最大班人数每 10 人设一个淋浴器,每人淋浴器按使用面积 5 m^2 计算,建筑平面系数 65% 。

(7)车间卫生间。卫生标准应符合《出口食品工厂、库最低卫生要求》,厕所便池蹲位数量应按最大班人数计,男每 40 ~ 50 人设一个,女每 30 ~ 35 人设一个(车间工人以女工为主时另计),厕所建筑面积按 $2.5 \sim 3.0 \text{ m}^2$/蹲位计算。

第八节　管路设计

一、概述

管路系统是食品工厂生产过程中必不可少的部分,流体物料、蒸汽、水及气体等都要用管路来输送,设备与设备间的相互连接也要依靠管路组成一条连续化生产线。例如,乳品工厂、饮料工厂、啤酒工厂、罐头工厂的牛奶、果汁、啤酒、番茄酱等成套设备中,都离不开管路。管路设计是否合理,不仅直接关系到建设指标是否先进合理,而且也关系到生产操作能否正常进行以及厂房各车间布置的整齐美观和通风采光良好等问题。在进行食品工厂的工艺设计时,特别是施工图设计阶段,工作量最大、花时间最多的是管路的设计。所以,搞好管路计算和管道安装具有十分重要的意义。

管路设计与布置的内容主要包括管路的设计计算和管道的布置两部分内容。

管道设计与布置的步骤如下。

(1)选择管道材料。根据输送介质的化学性质、流动状态、温度、压力等因素,经济合理地选择管道的材料。

(2)选择介质的流速。根据介质的性质、输送的状态、黏度、成分,以及与之相连接的设备、流量等,参照有关表格数据,选择合理经济的介质流速。

(3)确定管径。根据输送介质的流量和流速,通过计算、查图或查表,确定合适的管径。

(4)确定管壁厚度。根据输送介质的压力及所选择的管道材料,确定管壁厚度。实际上在给出的管材表中,可供选择的管壁厚度有限,按照公称压力所选择的管壁厚度一般都可以满足管材的强度要求。在进行管道设计时,往往要选择几段介质压力较大,或管壁较薄的管道,进行管道强度的校核,以检查所确定的管壁厚度是否符合要求。

(5)确定管道连接方式。管道与管道间,管道与设备间,管道与阀门间,设备与阀门间都存在着一个连接的方法问题,有等径连接,也有不等径连接。可根据管材、管径、介质的压力、性质、用途、设备或管道的使用检修状态,确定连接方式。

(6)选阀门和管件。介质在管内输送过程中,有分、有合、转弯、变速等情况。为了保证工艺的要求及安全,还需要各种类型的阀门和管件。根据设备布置情况及工艺、安全的要求,选择合适的弯头、三通、异径管、法兰等管件和各种阀门。

(7)选管道的热补偿器。管道在安装和使用时往往存在有温差,冬季和夏季使用往往也有很大温差。为了消除热应力,首先要计算管道的受热膨胀长度,然后考虑消除热应力的方法。当热膨胀长度较小时可通过管道的转弯、支管、固定等方式自然补偿;当热膨胀长度较大时,应从波形、方形、弧形、套筒形等各种热补偿中选择合适的热补偿形式。

(8)绝热形式、绝热层厚度及保温材料的选择。根据管道输送介质的特性及工艺要求,选定绝热的方式:保温、加热保护或保冷。然后根据介质温度所处环境(振动、温度、腐蚀性),管道的使用寿命,取材的方便及成本等因素,选择合适的保温材料及辅助材料。需要提及的是,应当计算出热力管道的热损失,为其他设计组提供资料。

（9）管道布置。首先根据生产流程,介质的性质和流向,相关设备的位置、环境、操作、安装、检修等情况,确定管道的敷设方式,明装或暗设。其次在管道布置时,在垂直面的排布和水平面的排布、管间距离、管与墙的距离、管道坡度、管道穿墙、穿楼板、管道与设备相接等各种情况,要符合有关规定。

（10）计算管道的阻力损失。根据管道的实际长度、管道相连设备的相对标高、管壁状态、管内介质的实际流速,以及介质所流经的管件、阀门等来计算管道的阻力损失,以便校核检查选泵、选设备、选管道等前述各步骤是否正确合理。当然计算管道的阻力损失,不必所有的管道全部计算,要选择几段典型管道进行计算。当出现问题时,或改变管径,或改变管件、阀门,或重选泵等输送设备或其他设备的能力。

（11）选择管架及固定方式。根据管道本身的强度、刚度、介质温度、工作压力、线膨胀系数,投入运行后的受力状态,以及管道的根数、车间的梁柱、墙壁、楼板等土木建筑结构,选择合适的管架及固定方式。

（12）确定管架跨度。根据管道材质、输送的介质、管道的固定情况及所配管件等因素,计算管道的垂直荷重和所受的水平推力,然后根据强度条件或刚度条件确定管架的跨度。也可通过查表来确定管架的跨度。

（13）选定管道固定用具。根据管架类型、管道固定方式、选择管架附件,即管道固定用具。所选管架附件是标准件,可列出图号。是非标准件,需绘出制作图。

（14）绘制管道图。管道图包括平面配管图、剖面配管图、透视图、管架图和工艺管道支吊点预埋件布置图等。

（15）编制管材、管件、阀门、管架及绝热材料综合汇总表。

（16）选择管道的防腐蚀措施,选择合适的表面处理方法和涂料及涂层顺序,编制材料及工程量表。

二、工艺管路的设计计算

（一）管子、管件和阀门

在管路设计和管件选用时,为了便于设计选用、降低成本和便于互换,国家有关部门制定了管子、阀门和法兰等管道用零部件标准。对于管子、阀门和法兰等标准化的最基本参数就是金属管公称直径和公称压力。

1. 公称直径

所谓公称直径,就是为了使管子、法兰和阀门等的连接尺寸统一。将管子和管道用的零部件的直径加以标准化以后的标准直径,公称直径以 DN 表示,其后附加公称直径的尺寸。例如:公称直径为 100 mm,用 DN 100 表示。

管子的公称直径是指管子的名义直径,既不是管子内径,也不是它的外径,而是与管子的外径相近又小于外径的一个数值。只要管子的公称直径一定,管子的外径也就确定了,而管子的内径则根据壁厚不同而不同。如 DN 150 的无缝钢管,其外径都是 159 mm,但常用壁厚有 4.5 mm 和 6.0 mm,则内径分别为 150 mm 和 147 mm。

设计管路时应将初步计算的管子直径调整到相近的标准管子直径,以便按标准管选择。

在铸铁管和一般钢管中,由于壁厚变化不大,DN 的数值较简单,用起来也方便,所以采用 DN 的叫法。但对于管壁变化幅度较大的管道,一般就不采用 DN 的叫法了。无缝钢管就是一个例子,同一外径的无缝钢管,它的壁厚有好几种规格(查相关的设计资料),这样就没有一个合适的尺寸可以代表内径。所以,一般用"外径×壁厚"表示。如:外径为 57 mm、壁厚为 4 mm 的无缝钢管,可采用"Φ 57×4"表示。

对于法兰或阀门来说,它们的公称直径是指与它们相配的管子的公称直径。例如公称直径为 200 mm 的管法兰,或公称直径为 200 mm 的阀门,指的是连接公称直径为 200 mm 的管子用的管法兰或阀门。管路的各种附件和阀门的公称直径,一般都等于管件和阀门的实际内径。

目前管子直径的单位除用 mm 外,在工厂有用英制表示的,其单位为 in。例如 1 in 管就是 DN 25 的管子。

2. 公称压力

所谓公称压力就是通称压力,一般应大于或等于实际工作的最大压力。在制定管道及管道用零、部件标准时,只有公称直径这样一个参数是不够的,公称直径相同的管道、法兰或阀门,它们能承受的工作压力是不同的,它们的连接尺寸也不一样。所以要把管道及所用法兰、阀门等零部件所承受的压力,也分成若干个规定的压力等级,这种规定的标准压力等级就是公称压力,以 PN 表示,其后附加公称压力的数值。例如:公称压力为 25×10^5 Pa,用 PN 25 表示。公称压力的数值,一般指的是管内工作介质温度在 0~120℃ 范围内的最高允许工作压力。一旦介质温度超出上述范围,则由于材料的机械强度要随温度的升高而下降,因而在相同的公称压力下,其允许的最大工作压力应适当降低。

在选择管道及管道用的法兰或阀门时,应把管道的工作压力调整到与其接近的标准公称压力等级,然后根据 DN 和 PN 就可以选择标准管道及法兰或阀门等管件,同时,可以选择合适的密封结构和密封材料等。

按照现行规定,低压管道的公称压力分为 2.5、6、10、16(×10⁵ Pa)4 个压力等级,中压管道的公称压力分为 25、40、64、100(×10⁵ Pa)4 个压力等级,高压管道的公称压力分为 160、200、250、300(×10⁵ Pa)4 个压力等级。

(二)管道材料的选择

根据输送介质的温度、压力以及腐蚀情况等选择所用管子材料。常用管子材料有普通碳钢、合金钢、不锈钢、铜、铝、铸铁以及非金属材料制成的管子。

食品工厂常用的管道材料有以下几种。

(1)无缝钢管。无缝钢管有热轧和冷拔(冷轧)普通碳素钢、优质碳素钢、低合金钢和普通合金结构无缝钢管等,用作输送各种流体管道和制作各种结构零件。

热轧无缝钢管的外径为 32 ~ 600 mm,壁厚 25 ~ 50 mm。冷轧钢管外径为 4 ~ 150 mm,壁厚为 1 ~ 12 mm。标注方法是"外径 × 壁厚"。例 Φ 45 × 3.5 表示钢管外径为 45 mm,壁厚为 3.5 mm。

经热轧、热挤压和冷拔(冷轧)的不锈钢无缝钢管,适用于输送酸、碱等具有腐蚀性介质的管道或食品卫生要求高的管道。

(2)焊接钢管。焊接钢管的材料为碳钢,有普通和加厚两种,根据镀锌与否,分镀锌和不镀锌两种(白铁管和黑铁管)。普通管壁厚为 2.75 ~ 4.5 mm,加厚的管壁厚为 3.25 ~ 5.5 mm。可按普通或加厚管壁厚和公称通径标注。

低压流体输送用焊接钢管和镀锌焊接钢管,又称水煤气钢管,适用于输送水、压缩空气、煤气、蒸汽、冷凝水及采暖系统的管道。

螺旋电焊钢管(螺旋焊接钢管)适用于作蒸汽、水、油及油气管道。钢板卷管一般由施工单位自制或委托加工厂加工。安装单位在现场制作。

(3)铸铁管。铸铁管用于室外给水和室内排水管线,也可用来输送碱液或浓硫酸,埋于地下或管沟。用砂型离心浇铸的普压管,工作压力 < 0.75 MPa,高压管工作压力 < 1.0 MPa。接口为承插式的内径 Φ 75 ~ 500 mm,壁厚 7.5 ~ 200 mm。用砂型立式浇铸的铸铁管也有低压(工作压力 < 0.45 MPa)、普压和高压三种。壁厚 9.0 ~ 30.0 mm,用公称直径标注。

高硅铸铁管、衬铅铸铁管系输送腐蚀介质用管道,公称通径 DN 10 ~ 400 mm。

(4)有色金属管。有色金属管有铜管与黄铜管、铝管。

铜管与黄铜管多用于制造换热设备,也用作低温管道、仪表的测压管线或传送有压力的流体(如油压系统、润滑系统)。当温度大于250℃时不宜在压力下使用。

铝管系拉制而成的无缝管,常用于输送浓硝酸、醋酸等物料,或用作换热器,但铝管不能抗碱。在温度大于160℃时不宜在压力下操作,极限工作温度为200℃。

铜管、黄铜管和铝管的规格均为外径×壁厚。

(5)非金属管。非金属材料的管道种类很多,常见的有塑料、硅酸盐材料、石墨、工业橡胶以及其他非金属衬里材料等。

硅酸盐材料管有陶瓷管、玻璃管,它们耐腐蚀性能强,缺点是耐压低,性脆易碎。

钢筋混凝土管、石棉水泥管,用于室外排水管道,管内试验压力:混凝土管 0.05 MPa;重型钢筋混凝土管 0.1 MPa。公称内径:混凝土管 Φ 75 ~ 450 mm,厚度 25 ~ 67 mm;轻型钢筋混凝土管 Φ 100 ~ 1 800 mm,厚度 25 ~ 140 mm;重型钢筋混凝土管 Φ 300 ~ 1 550 mm,厚度 58 ~ 157 mm,按公称内径标注。近年来,给水管道用内径 Φ 500 ~ 1 000 mm 的预应力钢筋混凝土管日益增多,工作压力可达 0.6 MPa。

输送温度在60℃以下的腐蚀性介质可用硬聚氯乙烯管、聚氯乙烯管或聚氯乙烯卷管(用板料卷制焊接)。市购硬聚氯乙烯管的公称通径 DN 6 ~ 400 mm,壁厚为 6 ~ 12 mm,按"外径×壁厚"标注。常温下轻型管材的工作压力不超过 0.6 MPa,重型管材(管壁较厚)工作压力不超过 1.0 MPa。

除硬聚氯乙烯管以外,塑料管还用软聚氯乙烯塑料、酚醛塑料、尼龙1010管、聚四氟乙烯管等制成的管材。

橡胶管能耐酸碱,抗蚀性好,且有弹性可任意弯曲。橡胶管一般用作临时管道及某些管道的挠性件,不作为永久管道。

常用管材选择表见表2-25。

表2-25　常用管材

介质名称	介质参数	适用管材	备注
蒸汽	$p < 784.8(kPa)$	焊接钢管	
蒸汽	$p = 883 ~ 1275.3(kPa)$	无缝钢管	
热水、凝结水	$p < 784.8(kPa)$	焊接钢管	

介质名称	介质参数	适用管材	备注
压缩空气	$p < 588.6(kPa)$	紫铜管、塑料管	
压缩空气	$p \leq 784.8(kPa)$	焊接管	DN 80 以上
压缩空气	$p > 784.8(kPa)$	无缝钢管	
给水、煤气		镀锌焊接钢管	DN 150 以上
给水、煤气	埋地	铸铁管	
排水		铸铁管、石棉水泥管	
排水	埋地	铸铁管、陶瓷管、钢筋混凝土管	
真空		焊接钢管	
果汁、糖液、奶油		不锈钢管、聚氯乙烯管	
盐溶液		不锈钢管	
氨液		无缝钢管	
酸、碱液	333 kPa 以下 $p < 588.6(kPa)$		

（三）管径计算

1. 管径的计算

由物料衡算和热量衡算,可得知工艺过程所需的各类流体介质的流量,根据流体在管内的流量、流速与管径之间的关系即可计算出管道的内径:

$$d = 0.018\ 8\ \sqrt{\frac{q_V}{v}}$$

式中:d——管道内径,m;

$\qquad q_V$——流体流量,m^3/h;

$\qquad v$——流体的流速,m/s。

也可应用有关流速、流量、管径算图求取管径。但是通过计算或查图所求取的管径,未必符合管径系列,这时可以选用距求取的管径值最接近的数值略大些的管径。然后按采用的管径复核流体速度,流速应符合选取流速规定的范围。

2. 管道介质流速选择

流速的选用是计算管径的关键。流速大、管径小,可以节省材料,但是增加了流体输送过程的能量消耗,即增大了生产费用。反之流速小,管径大,设备材料耗用多,投资大。因此要根据输送介质的种类、性质和输送条件选择合适的流速。表 2-26 为管内流体常用流速范围,可供管径计算时选用。确定流体流速的原则,除特殊情况外,液体流速一般不超过 3 m/s,气体流速一般不超过 100 m/s。

允许压力降较小的管线,如常压自流管线,应选用较低的流速,允许压力降较大的管线可选用较高流速。

表 2 −26　管内流体常用流速范围

流体类别及情况		流速范围/(m/s)
液体:自来水　主管,3×10^5 Pa(表压)		1.5 ~ 3.5
支管,3×10^5 Pa(表压)		1.0 ~ 1.5
工业供水 $<8 \times 10^5$ Pa(表压)		1.5 ~ 3.5
锅炉供水 $>8 \times 10^5$ Pa(表压)		>3.0
蛇管、螺旋管内冷却水		<1.0
在换热器管内水		0.2 ~ 1.5
自流回水		0.5 ~ 1.0
粘度和水相仿的液体(常压)		和水相同
油及粘度较大的液体		0.5 ~ 2.0
蒸汽冷凝水		0.5 ~ 1.5
凝结水(自流)		0.2 ~ 0.5
过热水		2.0
盐水		1.0 ~ 2.0
制冷设备中的盐水		0.6 ~ 0.8
稀酸(碱)溶液	吸入	1.0 ~ 1.5
(盐水)	排出	1.5 ~ 2.0
	自流	0.8 ~ 1.0
往复泵(吸入管:水一类液体)		0.7 ~ 1.0
(排出管:水一类液体)		1.0 ~ 2.0
离心泵(吸入管:水一类液体)		1.5 ~ 2.0
(排出管:水一类液体)		2.5 ~ 3.0
齿轮泵	吸入管	<1.0
	排出管	1.0 ~ 2.0
粘度 50 mPa·s 液体($<\Phi25$)		0.5 ~ 0.9
($\Phi25 ~ 50$)		0.7 ~ 1.0
粘度 100 mPa·s 液体($<\Phi25$)		0.3 ~ 0.6
($\Phi25 ~ 50$)		0.5 ~ 0.7
粘度 1 000 mPa·s 液体($<\Phi25$)		0.1 ~ 02
($\Phi25 ~ 50$)		0.16 ~ 0.25
气体:一般气体(常压)		10 ~ 20
饱和蒸汽 $<3 \times 10^5$ Pa(表压)		20 ~ 40
	主管	30 ~ 40
	支管	20 ~ 30
	分配管	20 ~ 25
$<8 \times 10^5$ Pa(表压)		40 ~ 60

续表

流体类别及情况		流速范围/(m/s)
过热蒸汽	主管	40～60
	支管	35～40
	排气	25～50
二次蒸汽	利用时	15～30
	非利用时	60
车间通风（主管）		4.0～15
（支管）		2.0～8.0
压缩空气(1～2)×10⁵ Pa(表压)		10～15
(1～6)×10⁵ Pa(表压)		10～20
空气压缩机	吸入管	10～25
	排出管	20～25
送风机	吸入管	10～15
	排出管	15～20
真空管道		<10
烟道气	烟道内	3～6
	管道内	3～4

（四）管子壁厚计算

根据公称压力,公称直径,可以查表确定管壁厚度。因此,在一般情况下,很少计算管壁厚度。如果工作压力和温度过高,则应进行验算,校核管子的壁厚是否满足要求。

（五）管道压力降计算

流体在管道中流动时,遇到各种不同的阻力,造成压力损失,以致流体总压头减小。流体在管道中流动时的总阻力可分为直管阻力 ΔP_f 和局部阻力 ΔP_k。直管阻力是流体流经一定管径的直管时,由于摩擦而产生的阻力。它是伴随着流体流动同时出现的,又可称为沿程阻力。局部阻力是流体在流动中,由于管道的某些局部障碍(如管道中的管件、阀门、弯头、流量计及出入口等)所引起的。

由于流体在管道内流动会产生阻力,消耗一定的能量,造成压力的降低。尤其长距离输送时,压力的损失是较大的。由于在初步设计阶段不需进行管道设计,所以管道的阻力不能准确地计算,这样在设备(主要是泵类)的选型和车间布置(依靠介质自流的设备的竖向布置)时带有一定的盲目性。

在管道设计阶段,应当对某些重要管道或长管道进行压力降计算,目的是为了校核各类泵的选择、介质自流输送设备的标高确定或用以选择管径。

管道压力降的计算应符合下列规定。

（1）圆形直管摩擦压力损失 ΔP_f 计算。

$$\Delta P_f = 10^{-5} \frac{\lambda \rho v^2}{2g} \times \frac{L}{D_i}$$

式中：ΔP_f——直管的摩擦压力损失，MPa；

      L——管道总长度，m；

      g——重力加速度，m/s^2；

      D_i——管子内径，m；

      v——平均流速，m/s；

      ρ——流体密度，kg/m^3；

      λ——液体摩擦阻力系数，是雷诺数 Re 与管壁粗糙度的函数，查《食品工程原理》等有关书籍。

以上公式为直管阻力计算的一般式，对于滞流与湍流两种流动形态下的直管阻力计算都是适用的。

（2）局部摩擦压力损失的计算。通常采用两种方法，一种是当量长度法；另一种是阻力系数法。

当量长度法：流体通过某一管件或阀门时，因局部阻力而造成的压力损失，相当于流体通过与其具有相同管径的若干米长度的直管的压力损失，这个直管长度称为当量长度，用 L_e 表示。这样计算局部阻力可转化为计算直管摩擦压力损失。其计算公式为：

$$\Delta P_k = 10^{-5} \frac{\lambda \rho v^2}{2g} \times \frac{L_e}{D_i}$$

阻力系数法：流体通过某一管件或阀门的压力损失用流体在管路中的速度头（动压头）倍数来表示，这种计算局部阻力的方法，称为阻力系数法。其计算公式为：

$$\Delta P_k = 10^{-5} \times K_R \frac{\rho v^2}{2g}$$

式中：ΔP_k——局部的摩擦压力损失，MPa；

      L_e——阀门和管件的当量长度，m；

      K_R——阻力系数，可查有关手册。

流体管道总压力损失为直管摩擦压力损失和局部摩擦压力损失之和，并应考虑适当的裕度。其裕度系数宜取 1.05~1.15。

$$\Delta P_t = C_h (\Delta P_f + \Delta P_k)$$

式中：ΔP_t——管道总压力损失，MPa；

　　　C_h——管道压力损失的裕度系数。

在实际设计计算过程中，往往不采用将管路中一个个的管件或阀门的数据查齐全，然后加起来计算，而是根据多次实践中累积起来的经验来计算流体阻力。这里介绍一种估算阻力的方法，作为设计计算的参考。在实际设计中，通常采用当量长度法为主，例如，某一个输送系统的管路中，如直管的长度为 $L(\text{m})$，则在计算该系统的摩擦压力损失 ΔP_t 时，取 $(L + \sum L_e)$ 为 L 的 $1.3 \sim 2$ 倍，即：

$$(L + \sum L_e) = (1.3 \sim 2.0)L$$

在选取这个倍数时，须考虑到管路的长短、形状（直的或弯的）、管径的大小和管路中管件及阀门等的数目多少。一般管件数目较少，管路形状较直，即局部阻力所占比重较小，所取的倍数可偏低些。

在计算管道阻力或压力降时，应当考虑有 15% 的富裕量。

三、管道附件

（一）管件与阀门

管路中除管子以外，为满足工艺生产和安装检修的需要，管路中还有许多其他构件，如短管、弯头、三通、异径管、法兰、盲板、阀门等，我们通常称这些构件为管路附件，简称管件和阀件。它是组成管路不可缺少的部分。有了管路附件，可以使管路改换方向、变化口径、连通和分流，以及调节和切换管路中的流体等。满足工艺生产和安装检修的需要，使管路的安装和检修方便得多。下面介绍几种管路附件。

1. 弯头

弯头的作用主要是用来改变管路的走向。常用的弯头根据其弯头程度的不同，有 90°、45°、180° 弯头。180° 弯头又称 U 形弯管，在冷库冷排中用得较多。其他还有根据工艺配管需要的特定角度的弯头。

2. 三通

当一条管路与另一条管路相连通时，或管路需要有旁路分流时，其接头处的管件称为三通。根据接入管的角度不同，有垂直接入的正接三通，有斜度的斜接三通。此外，还可按入口的口径大小差异来分，如等径三通、异径三通等。除常见的三通管件外，根据管路工艺需要，还有更多接口的管件。如：四通、五通、异径斜接五通等。

3. 短接管和异径管

当管路装配中短缺一小段,或因检修需要在管路中需设置一小段可拆的管段时,经常采用短接管。它是一短段直管,有的带连接头(如法兰、丝扣等)。

将两个不等管径和管口连通起来的管件称为异径管。通常叫大小头,用于连接不同管径的管子。

4. 法兰、活络管接头、盲板

为便于安装和检修,管路中采用可拆连接,法兰、活络管接头是常用的连接零件。活络管接头大多用于管径不大(Φ 100 mm)的水煤气钢管。绝大多数钢管管道采用法兰连接。

在有的管路上,为清理和检修需要设置手孔盲板,也有的直接在管端装盲板,或在管道中的某一段中断管道与系统联系。

5. 阀门

阀门在管道中用来调节流量,切断或切换管道。或对管道起安全、控制作用。阀门的选择是根据工作压力、介质温度、介质性质(含有固体颗粒、黏度大小、腐蚀性)和操作要求(启闭或调节等)进行的。食品工厂常用的阀门有下述几类:

(1)旋塞。旋塞具有结构简单,外形尺寸小,启闭迅速,操作方便,管路阻力损失小的特点。但不适于控制流量,不宜使用在压力较高、温度较高的流体管道和蒸汽管道中。旋塞可用于压力和温度较低的流体管道中,也适用于介质中含有晶体和悬浮物的流体管道中。使用介质:水、煤气、油品、黏度低的介质。

(2)截止阀。具有操作可靠,容易密封,容易调节流量和压力,耐高温达300℃的特点。缺点是阻力大,杀菌蒸汽不易排掉,灭菌不完全,不得用于输送含晶体和悬浮物的管道中。常用于水、蒸汽、压缩空气、真空、油品介质。

(3)闸阀。阻力小,没有方向性,不易堵塞,适用于不沉淀物料管路安装用。一般用于大管道中作启闭阀。使用介质:水、蒸汽、压缩空气等。

(4)隔膜阀。结构简单,密封可靠,便于检修,流体阻力小,适用于输送酸性介质和带悬浮物质流体的管路,特别适用于发酵食品,但所采用的橡皮隔膜应耐高温。

(5)球阀。结构简单,体积小,开关迅速,阻力小,常用于食品生产中罐的配管中。

(6)针形阀。能精确地控制流体流量,在食品工厂中主要用于取样管道上。

（7）止回阀。止回阀靠流体自身的力量开闭，不需要人工操作，其作用是阻止流体倒流。也称止逆阀、单向阀。

（8）安全阀。在锅炉、管路和各种压力容器中，为了控制压力不超过允许数值，需要安装安全阀。安全阀能根据介质工作压力自动启闭。

（9）减压阀。减压阀的作用是自动地把外来较高压力的介质降低到需要压力。减压阀适用于蒸汽、水、空气等非腐蚀性流体介质，在蒸汽管道中应用最广。

（10）疏水器。作用是排除加热设备或蒸汽管路中的蒸汽凝结水，同时能阻止蒸汽的泄漏。

（11）蝶阀。蝶阀又称翻板阀。它的结构简单，外形尺寸小，是用一个可以在管内转动的圆盘（或椭圆盘）来控制管道启闭的。由于蝶阀不易和管壁严密配合，密封性差，仅适用于调节管路流量。在输送水、空气和煤气等介质的管道中较常见，用于调节流量。

（二）管道的连接

管路的连接包括管道与管道的连接、管道与各种管件、阀件及设备接口等处的连接。目前比较普遍采用的有：法兰连接、螺纹连接、焊接及填料式连接。

1. 法兰连接

这是一种可拆式的连接。法兰连接通常也叫法兰盘连接或管接盘连接。适用于大管径密封性要求高的管子连接，特别是在管路易堵塞处和弯头处应采用法兰连接。它由法兰盘、垫片、螺栓和螺母等零件组成。法兰盘与管道是固定在一起的。法兰与管道的固定方法很多，常见的有以下几种：

（1）整体式法兰。管道与法兰盘是连成一体的，常用于铸造管路中（如铸铁管等）以及铸造的机器设备接口和阀门的法兰等。在腐蚀性强的介质中可采用铸造不锈钢或其他铸造合金及有色金属铸造整体法兰。

（2）搭焊式法兰。管道与法兰盘的固定是采用搭接焊接的，搭接法兰习惯又叫平焊法兰。

（3）对焊法兰。通常又叫高颈法兰，它的根部有一较厚的过渡区，这对法兰的强度和刚度有很大的好处，改善了法兰的受力情况。

（4）松套法兰。它又叫活套法兰。法兰盘与管道不直接固定。在钢管道上，是在管端焊一个钢环，法兰压紧钢环使之固定。

（5）螺纹法兰。这种法兰与管道的固定是可拆的结构。法兰盘的内孔有内螺纹，而在管端车制相同的外螺纹，它们是利用螺纹的配合来固定的。

法兰连接主要依靠两个法兰盘压紧密封材料来达到密封的。法兰的压紧力是靠法兰连接的螺栓来达到的。常用法兰连接的密封垫圈材料见表 2-27。

表 2-27　法兰连接的垫圈材料

介质	最大工作压力/kPa	最高工作温度/℃	垫圈材料
水、中性盐溶液	196.13	120	浸渍纸板
	588.40	60	软橡胶
	980.67	150	软橡胶
	4 903.33	300	石棉橡胶
水蒸气	147.10	110	石棉纸
	196.13	120	纤维纸垫片
	1 471.00	200	浸渍石棉纸板
	3 922.66	300	石棉橡胶
空气	588.40	60	中硬度弹性橡胶
	980.67	150	耐热橡胶

2. 螺纹连接

管路中螺纹连接大多用于自来水管路、一般生活用水管路和机器润滑油管路中。管路的这种连接方法可以拆卸、但没有法兰连接那样方便,密封可靠性也较低。因此,使用压力和使用温度不宜过高。螺纹连接的管材大多采用水、煤气管。

3. 焊接连接

这是一种不可拆的连接结构,它是用焊接的方法将管道和各管件、阀门直接连成一体的。这种连接密封非常可靠,结构简单,便于安装,但给清洗检修工作带来不便。焊缝焊接质量的好坏,将直接影响连接强度和密封质量。可用 X 光拍片和试压方法检查。

4. 其他连接

除上述常见的三种连接外,还有承插式连接、填料涵式连接、简便快接式连接等。

(三)管道符号

管道符号包括管道中流体介质的代号,管道连接符号和管件符号等,其表示方法分别见表 2-28、表 2-29、表 2-30。

表 2－28　流体介质符号

流体名称	上水	下水	循环水	化学污水	热水	凝结水	冷冻水
代号	S	X	XH	H	R	N	L
流体名称	氨液	氨气	蒸汽	压缩空气	真空	煤气	物料
代号	Ay	AQ	Z	Ys	Zk	M	W

表 2－29　管道连接符号

连接形式	法兰连接	螺纹连接	承插连接	焊　接	活　接
符号	—┤├—	—┼—	—)—		—┤]—

表 2－30　管件符号

管件名称	符号	管件名称	符号
90°弯头		连接螺母	
45°弯头		活接头	
正三通		丝堵	
异径接头		管帽	
内外螺纹接头		弦形伸缩器	
方形伸缩器		滤尘器	
放水龙头		喷射器	
实验室用龙头		注水器	
阀闸		冷却器	
截止阀		离心水泵	
直角截门		温度控制器	
旋骞		温度计	
减压阀		升降式止回阀	
压力调节阀		旋启式止回阀	
密闭式弹簧安全阀		直角止回阀	
开放式弹簧安全阀		直角止回截阀	
密闭式重锤安全阀		压力表	

管件名称	符号	管件名称	符号
开放式重锤安全阀		自动记录压力表	
水分离器		流量表	
疏水器		自动记录流量表	
油分离器		文氏管流量表	

四、管路布置设计

管路布置设计又称配管设计,是施工图设计阶段的主要内容之一。食品工厂工艺设计是以车间工艺设计为主,因此,本部分内容以车间管路布置设计为中心内容。

（一）设计依据

(1)工艺流程图。

(2)车间平面布置图和立面布置图。

(3)设备布置图,并标明流体进出口位置及管径。

(4)工艺计算资料,包括物料计算、热量计算和管路计算。

(5)工厂所在地地质资料,主要包括地下水水质和冻结深度等。

(6)工厂所在地气候条件。

(7)厂房建筑结构。

(8)其他(如水源、锅炉蒸汽压力和水压力等)和有关配管规范等。

（二）车间管路布置设计的任务和原则

1. 车间管路布置设计的任务

车间管路布置设计的任务是用管路把由车间布置固定下来的设备连接起来,使之形成一条完整连贯的生产工艺流程。因此要求确定各个设备的管口方位和各个管段(包括阀件、管件和仪表)在空间的具体位置以及它们的安装、连接和支撑方式等。车间内布置的设备是单独、孤立的单体设备,只有通过工业管路的连接,才能满足生产设备对物料的供需要求,组成完整连贯的生产工艺流程。因此,工业管路是生产工艺流程中不可分割的组成部分,也是车间设计中的重要内容之一。在进行车间设备布置设计时,要考虑管道安装的要求和原则。在进行车间管路布置设计时,为了满足管道安装的要求,对设备布置有时需要进行适当的调整,特别是要确定设备安装的管口方位。

车间管道布置合理、正确,管道运转就顺利通畅,设备运转也就顺畅,就能使整个车间或工段,甚至整个工厂的生产操作卓有成效。因此,在车间布置设计时,设备布置与管路布置是相辅相成,组成一个工艺流程的生产整体。

管路布置设计除了把设备与设备之间连接起来外,有些管道输送的介质有腐蚀性,有的容易沉积堵塞管道,有的含有有害气体,有的有冷凝液体产生。为了保证生产流程的通畅顺利,在管道的布置和安装设计中,要考虑和满足一定的特殊技术要求。因此,管道布置设计是一项比较繁杂的设计任务,有的设计单位专门设立管道工程设计室(组),简称配管专业。一般中小单位,由工艺设计人员完成。

2. 车间管路布置设计的原则

正确的设计和敷设管道,可以减少基建投资、节约管材以及保证正常生产。管路设计安装合理,会使车间布置整齐美观,操作方便、易于设备的检修、甚至对生产的安全都起着极大的作用。要正确地设计管道,必须根据设备布置进行考虑。以下几条原则,供设计管路时参考。

(1)管路布置设计不仅影响工厂(车间)整齐美观,而且直接影响工艺操作,产品质量,甚至导致杂菌或噬菌体污染,也影响安装检修和经济合理性。因此,管道布置首先应满足生产需要和工艺设备的要求,便于安装、检修和操作管理。

(2)尽可能使管线最短、阀件最少。管道应平行敷设,尽量走直线,少拐弯,少交叉,必须避免管道在平面上迂回折返,立面上弯转扭曲等不合理布置。凡是高浓度介质尽可能采用重力自流转送,需要保持设备一定真空度的水腿等管线,尽可能保持垂直泻泄状态。

(3)车间内管道与住宅建筑不同,一般采用明线敷设,这样可以降低安装费用,检修安装方便,操作人员容易掌握管道的排列和操作。

(4)车间内工艺管道布置普遍采用沿墙、楼板底或柱子的成排安装法,使管线成排成行平行直走,并协调各条管道的标高和平面坐标位置,力争共架敷设,使其占空间小。尽量减少拐弯,避免挡光和门窗启闭,适当照顾美观。管与管间及管与墙间的距离,以能容纳活管接或法兰,以及进行检修为度(表2-31)。

表2-31　管路离墙的安装距离　　　　　　　　　　单位:mm

DN	25	40	50	80	100	125	150	200
管中心离墙距离	120	150	150	170	190	210	230	270

（5）管架标高应不影响车辆和人行交通,管底或管架梁底距行车道路面高度要大于4.5 m,人行道要大于2.2 m,车间次要通道最小净空高度为2 m,管廊下通道的净空要大于3.2 m,有泵时要大于4 m。

（6）分层布置时,大管径管道、热介质管道、气体管道、保温管道和无腐蚀性管道在上;小管径、液体、不保温、冷介质和有腐蚀性介质管道在下。引支管时,气体管从上方引出,液体管从下方引出。

（7）并列管路上的管件与阀门应错开安装。在焊接或螺纹连接的管道上应适当配置一些法兰或活管接,以便安装、拆卸检修。

（8）管路上的焊缝不应设在支架范围内,与支架距离不应小于管径,但至少不应小于200 mm,管件两焊口之间的距离亦同。

（9）管径大的、常温的、支管少的、不常检修的和无腐蚀性介质的管道靠墙;管径小的,热力管道、常检修的支管多的和有腐蚀性介质管道靠外。

（10）管道穿过楼板、墙壁时,应预先留孔,过墙时,管外加套管。套管与管子的间隙应充满填料,管道穿过楼板时亦相同。穿过楼板或墙壁的管道,其法兰或焊口均不得位于楼板或墙壁之中。

（11）易堵塞管道在阀门前接上水管或压缩空气管。

（12）管道应避免经过电动机或配电板的上空,以及两者的邻近。

（13）输送腐蚀性介质管道的法兰不得位于通道上空;与其他介质管道并列时,应保持一定距离,且略低。

（14）阀门和仪表的安装高度应满足操作和检查的方便与安全。下列数据提供参考:阀门（球阀、闸阀及旋塞等）1.2 m,安全阀2.2 m,温度计1.5 m,压力表1.6 m。

（15）管道各支点间的距离是根据管子所受的弯曲应力来决定,并不影响所要求的坡度,见表2-32。

表2-32　管道跨距

管外径/mm		32	38	50	60	76	89	114	133
管壁厚/mm		3.0	3.0	3.5	3.5	4.0	4.0	4.5	4.5
无保温	直管/m	4.0	4.5	5.0	5.5	6.5	7.0	8.0	9.0
	弯管/m	3.5	4.0	4.0	4.5	5.0	5.5	6.0	6.0
保温	直管/m	2.0	2.5	2.5	3.0	3.5	4.0	5.0	5.0
	弯管/m	1.5	2.0	2.5	3.0	3.0	3.5	4.0	4.5

（16）室外架空管道的走向宜平行于厂区干道和建筑物。

（17）不锈钢管道不得与碳钢支架或管托梁长期直接接触，以免形成腐蚀核心。必须在管托上涂漆或衬以不锈钢板块予以隔离。输送冷流体（冷冻盐水等）管道与热流体（如蒸汽）管道应相互避开。

（18）一般的上下水管及废水管适用于埋地敷设，埋地管的安装深度应在冰冻线以下。

（19）真空管道避免采用球阀，因球阀的流体阻力大。

（20）长距离输送蒸汽的管道在一定距离处安装疏水器，以排除冷凝水。

（21）陶瓷管的脆性大，作为地下管线时，应埋设于离地面 0.5 m 以下。

（三）车间管路布置设计的内容

车间管路布置设计主要通过管路布置图的设计来体现设计思想和设计原则，指导具体的管道安装工作。因此，车间管路布置设计的内容，也就是管道布置图的内容。

（1）管路布置图包括管路平面图、重点设备管路立面图和管路透视图。根据生产流程、设备布置、厂房建筑和设备制造图纸，先在图纸上绘出工业厂房、设备和构筑物，用细实线画出它们的外形和接口于正确的定位尺寸上，然后用实线画出管道和阀门。每根管道都应标注介质代号、管径、立面标高和平面定位尺寸以及流向。

管路上的管件和阀门、仪表的传感装置和控制点、管道支（吊）架和管沟内管架均应按规定的图例和符号在图纸上表示。

（2）管路支架及特殊管件制造图。

（3）施工说明书，管道材料表，包括管道的保温层、保温情况、油漆颜色及保温材料等。

（四）食品工厂车间管路布置的特点

食品工厂车间管道布置，除了必须遵守上述的设计原则外，还必须考虑到食品工厂对无菌要求的特殊性。如果对食品工厂按照一般化工厂管路的常规要求进行管道布置，将会给生产带来严重影响。造成重大损失。所以，对食品工厂车间管道布置的特殊要求，必须十分重视。尤其是乳品车间、发酵车间等，更应考虑到车间管道布置必须符合防止微生物污染的特殊需要。

1. 选择恰当的管材和阀门

由于食品车间的管道所输送的介质具有一定的酸度和含有某些腐蚀性强的物质（如酸、碱等），管道和阀门容易受到腐蚀引起渗漏，造成污染。因此，选择恰当的管材和阀门是防止污染,保证正常生产的重要环节。

在食品车间配管中,除了上下水外,从卫生角度考虑,尽可能采用不锈钢和无缝钢管。

据统计,因阀的渗漏引起的污染所占的比例较大,需要引起重视。与罐、缸及设备直接连通的管道更应选用密封性较高的阀门。选用的阀门有截止阀、闸阀、球阀、蝶阀、针形阀和橡皮隔膜阀等。

截止阀主要用于上下水以及不直接与罐相连的蒸汽、空气和物料管道。当用在与罐直接相连的管道上时,必须采用高质量的其阀芯最好改用聚四氟乙烯垫圈。安装时尽可能将阀座一侧与罐相连,而阀杆一侧不与罐相连,以免阀杆处渗漏,将异物带入罐内造成污染。

球阀、蝶阀在现今食品工业上用的也不少,但要用聚四氟乙烯作为密封垫圈,以防止渗漏。

针形阀一般由不锈钢制成,适于小流量的调节,严密可靠,坚固耐用,一般用于取样、接种和补料口的管道上。

闸阀一般用于大口径的空气及蒸汽管道。

橡皮隔膜阀具有严密可靠,阀杆不与物料接触的优点,所以特别适用于食品工业。但所采用的橡皮隔膜阀应耐高温,一般由氯丁橡胶与天然胶的混合物制成。隔膜阀需定期检查和更换隔膜。另有一种三通橡皮隔膜阀,主要用于接种(如酸奶的生产)。

平旋止逆阀在食品车间的管道中使用较广泛。当设备某些部件发生故障时,能防止管道中的液体或气体发生倒流。

2. 选择正确的管道连接

除上下水管可以用螺纹连接外,其余管道以焊接和法兰连接为宜。因螺纹连接由于管道受冷、热、震动等的影响,活接头的接口易松动,使密封面不能严密而造成渗漏。如在接种、输液时,因液体快速流动造成局部真空,在渗漏处将外界空气吸入,空气中的菌就被带入管路和罐中造成染菌。焊接的连接方法简单,而且密封可靠,所以空气灭菌系统、培养液灭菌系统和其他物料管道以焊接连接为好。需要经常拆卸检修处可以用管、法兰连接。

目前,对靠近罐、缸的管道,如补料管道、空气管道、油管等,均用弯管、焊接、法兰连接取代弯头、管接头、三通、四通、大小头等管件连接的方法,这样可以减少接头处渗漏染菌。

3. 合理布置管道

食品生产车间的管道布置,除满足生产工艺流程要求外,还要考虑清洗和灭菌彻底的要求。因此,除了管道和阀门本身不漏外,还要考虑以下各点:

(1)尽量减少管道的数量和长度,一方面可节省投资,另一方面减少染菌机会。管道越短越好,安装要整齐美观。与罐、缸连接的管道有空气管、进料管、蒸汽管、水管、取样管、排气管等,将其中可以合并的管道合并后与罐、缸连接。例如有的工厂将空气管、进料管、出料管合为一条管与罐、缸连接,做到一管多用。

(2)要保证罐体和有关管道都能用蒸汽进行灭菌,即保证蒸汽能够达到所有灭菌的地方。对于某些蒸汽可能达不到的死角(如阀)要装设与大气相通的旁路(排汽口)。在灭菌操作时,将旁路阀门打开,使蒸汽畅流通过。对于接种、取样、补料等操作,管路要配置单独的灭菌系统,使能在罐、缸灭菌后或生产过程中可单独进行灭菌。其他设备的安装均可照此配置。

(3)对于种子罐的排气管不能因要节约管材,而互相连接在一条总管上。其罐底排污管(下水管)也不能相互连接在一条总管上。否则在使用中会相互串通、相互干扰,引起污染的"连锁反应"。排气管道的串通连接尤其不利于污染的防治。一般以每台罐、缸具有独立的排气管、下水管道为宜。

(4)要避免冷凝水排入已灭菌的罐和空气过滤器中。冷凝水不是绝对无菌的,如进入罐内会导致污染,如进入空气过滤器会使空气过滤器失效。为此,蒸汽管道应尽可能包有保温层。此外,一些与无菌部分相连的蒸汽管道要有排冷凝水的阀门。

(5)为了避免压缩空气系统突然停气或罐的压力高于过滤器时,将罐内液体倒压至过滤器,引起生产事故,在空气过滤器和罐之间应装有单向阀(止逆阀)。

(6)蒸汽总管道应安装分水罐、减压阀和安全阀,以保证蒸汽的干燥及避免过高压力的蒸汽在灭菌时造成设备压损或爆炸事故。

4. 消灭管道死角

所谓死角是指灭菌时因某些原因使灭菌温度达不到或不易达到的局部位置。管道中如有死角存在,必然会因死角内潜伏的杂菌没有杀死而引起连续染菌(有时整个乳品厂车间全部染菌),影响正常生产。管道中常发现的死角有下列几种。

(1)管道连接的死角。管道连接有螺纹连接,法兰连接和焊接等,如果对染菌的概念了解不够,按照一般管道的常规加工方法来连接和安装管道,就会造成死角。食品车间的有关管道的法兰加工、焊接和安装要保持连接处管道内壁畅通、光滑、密封性好,以避免和减少管道染菌的机会。例如法兰和管子焊接时受热不匀,使法兰翘曲密封面发生凹凸不平现象而造成渗漏与死角。垫片的孔径要和管内径一致,过大或过小均易积存物料,造成死角。法兰安装时没有对准中心,也会造成死角。螺纹连接容易产生松动而有缝隙,是微生物隐藏的死角,所以一般不采用螺纹连接。目前消灭管道死角的较好方法是采用焊缝连接法,但是焊缝必须光滑,焊缝有凹凸现象也会产生死角。

(2)储料罐放料管的死角。储料罐放料管的死角及改进如图 2 – 17 所示。图 2 – 17(a)表示有一小段管道因灭菌时罐内有种子,阀 3 不能打开,存在蒸汽不流通的死角(与阀 3 连接的短管)。所以应在阀 3 上装设旁通,焊上一个小的放气阀 4,如图 2 – 17(b)所示。

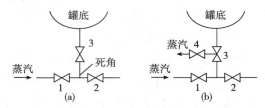

图 2 – 17 储料罐放料管的死角及改进

此段管道即可得到蒸汽的充分灭菌。类似这种管的死角还有其他,解决的办法是在阀腔的一边或另一边装上一个小阀,以便使蒸汽通过管道而进行灭菌。阀门死角往往出现于球心阀阀座两面的端角,可以在进料管与储料罐连接的阀门两面均装有小排气阀,以利于灭菌。在需要分段灭菌的管道中,可在管道中安装一个带有旋塞的球心阀,如图 2 –18(a);或在两方向相反的球心阀之间安装支管和阀,如图 2 –18(b)。

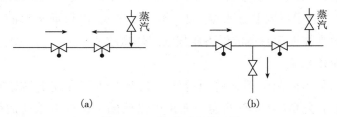

图 2 –18 管道灭菌装置图

(3)排气管的死角。罐顶排气管弯头处如有堆积物,其中隐藏的杂菌不容易彻底消灭,当储罐受搅拌的震动和排气的冲击时就会一点点地剥落下来造成污染。另外排气管的直径太大,灭菌时蒸汽流速太小,也会使管中耐热菌不能全部杀死。所以排气管要与罐的尺寸有一定比例,不宜过大或过小。

5.车间管路设计的有关参数

（1）管道间距应考虑安装检修方便。平行管道间最突出物间的距离不能小于 50～80 mm;管道最突出部分距墙、管架边不能小于 100 mm。为了减少管间距,阀门、法兰,应尽量错开排列。法兰和阀对齐时管道间距参考表 2－33。法兰相错时的管道间距参考表 2－34。两管中心距和管中心到墙边的距离参考表 2－35。

表 2－33　法兰和阀对齐时管道间距　　　　　　　　　　　　　　单位:mm

DN	25	40	50	80	100	150	200	250
25	250							
40	270	280						
50	280	290	300					
80	300	320	330	350				
100	320	330	340	360	375			
150	350	370	380	400	410	450		
200	400	420	430	450	460	500	550	
250	430	440	450	480	490	530	580	600

表 2－34　法兰相错时的管道间距　　　　　　　　　　　　　　单位:mm

DN	间距	C	25	40	50	70	80	100	125	150	200	250	300
25	A	110	120										
	B	130	200										
40	A	120	140	150									
	B	140	210	230									
50	A	130	150	150	160								
	B	150	220	230	240								
70	A	140	160	160	170	180							
	B	170	230	240	250	260							
80	A	150	170	170	180	190	200						
	B	170	240	250	260	270	280						
100	A	160	180	180	190	200	210	220					
	B	190	250	260	270	280	290	300					
125	A	170	190	200	210	220	230	240	250				
	B	210	260	280	290	300	310	320	320	330			

续表

DN	间距	C	25	40	50	70	80	100	125	150	200	250	300
150	A	190	210	210	220	230	240	250	260	280			
	B	230	280	300	300	300	320	330	340	360			
200	A	220	230	240	250	260	270	280	290	300	300		
	B	260	310	320	330	340	350	360	370	390	420		
250	A	250	270	270	280	290	300	310	320	340	360	390	
	B	290	340	350	360	370	380	390	410	420	450	480	
300	A	280	290	300	310	320	330	340	350	360	390	410	440
	B	320	370	380	390	400	410	420	440	450	480	510	540

注　①A、B 分别为不保温管间和保温管间的间距。
　　②C 为管中心到墙面或管架边缘的距离。
　　③保温管与不保温管间的间距 = (A + B)/2。
　　④螺纹连接管道间的距离,按表中数值减 20mm。

表 2 – 35　两管间中心距和管中心到墙边的距离

管道通径 DN/mm	25	40	50	65	80	100	125	150
两管中心距/mm								
保温管	280	280	290	310	310	340	340	360
不保温管	180	180	200	200	220	250	260	300
管中心至墙壁/mm								
保温管	150	150	150	170	190	190	210	230
不保温管	80	90	110	120	130	150	160	180

　　(2)管道支架分布的距离,视管径、质量、作用力等因素,通过计算确定。室内管道支架,因多数利用建筑物或柱等固定,考虑建筑模数,一般可按下列数值选取:

	管径/mm	间距/m
保温管道	DN≤32	2.0
	DN = 40 ~ 100	3.0
	DN≥125	6.0
不保温管道	DN≤40	3.0
	DN≥50	6.0

　　(3)阀门及仪表的安装高度主要考虑操作的方便和安全。下列数据可供参考:

阀门(截止阀、闸阀及旋塞阀等)	1.2 m
安全阀	2.2 m

温度计	1.5 m
压力计	1.6 m

（4）管道布置安装原则上对不间断运行并没有沉积可能的管道可以没有坡度外，一般都应有坡度。对于食品工厂中的重力自流管道的坡度要求如下：

①物料管：3% ~5%，顺流向，拐弯处设清洗弯头；

②污水管：1%，顺流向，拐弯处应设清洗弯头。

对于有压力管道的坡度要求如下：

①清水管：0.1% ~0.2%，反流向；

②蒸汽管：0.2%，反流向，最高处或积水处安装放（疏）水阀；

③压缩空气管：0.2%，顺流向，最低处安装排油水阀；

④物料管：气体及易流动物料的管道坡度为0.3% ~0.5%，黏度较大物料的管道坡度为≥1%。

五、管路的热膨胀及补偿

（一）管路的热膨胀

由于食品工厂管道的工作温度与安装时的温度有差异，往往管道投入使用之后，产生热胀冷缩现象。其伸缩变化的数值 ΔL 与材质、温度变化范围以及管道长度有关，可按下式计算：

$$\Delta L = \alpha L (t_2 - t_1)$$

式中：ΔL——管道长度变化值，m；

α——管材的线膨胀系数（表2-36）；

L——管道长度，m；

$t_2 - t_1$——管道工作温度与安装温度差，℃。

表2-36 各种材料的线膨胀系数表

管子材料	α 值/[m/(m·K)]	管子材料	α 值/[m/(m·K)]
镍钢	13.1×10^{-6}	铁	12.35×10^{-6}
镍铬钢	11.7×10^{-6}	铜	15.96×10^{-6}
碳素钢	11.7×10^{-6}	铸铁	11.0×10^{-6}
不锈钢	10.3×10^{-6}	青铜	18×10^{-6}
铝	8.4×10^{-6}	聚氯乙烯	7×10^{-6}

若管道两端固定，管道受到拉伸或压缩时，由温度变化而引起热应力，热应力产生的轴向推力 p 为：

$$p = \sigma F = E\alpha\Delta tF$$

式中:E——材料的弹性模数,Pa;

　　Δt——管路工作温度与安装温度差,℃;

　　σ——压缩应力,钢管 $\sigma = 800$ kg/cm²,聚氯乙烯管 $\sigma = 100$ kg/cm²;

　　α——管材的线膨胀系数,℃$^{-1}$;

　　F——管子截面积,m²。

由上述公式可知,热应力和轴向推力与管道长度无关,所以不能因为管道短而忽视这个问题。一般使用温度低于 100℃ 和直径小于 DN 50 的管道可不进行热应力计算。直径大,直管段长,管壁厚的管道,要进行热应力计算。如食品工厂锅炉房蒸汽管道,制冷管道等就需要进行热变形计算,并采取相应措施将它限定在许可值之内,这就是管道热补偿的任务。

(二)管道热补偿

1. 管道热补偿计算

所谓热补偿,就是在某管路上有热应力产生时,应人为地把管路设计成非直线形,用来吸收热变形产生的应力,防止管路由于热应力而遭破坏。这种方法就是热补偿,热补偿的计算采用"弹性中心法",可参照《火力发电厂汽水管道应力计算技术规程》(DL/T 5366—2006)中的计算方法,结合具体情况进行计算。

2. 管道热补偿器类型

从上面的计算公式可以看出,管路的热伸长量 ΔL 与管长、温度差的大小成正比。在直管中的弯管处可以自行补偿一部分伸长的变形,但对较长的管路往往是不够的,所以,须设置补偿器来进行补偿。如果达不到合理的补偿,则管路的热伸长量会产生很大的内应力,甚至使管架或管路变形损坏。常见的补偿器有 n 型、Ω 型、波型、填料式几种(图 2－19)。其中,波型补偿器使用在管径较大的管路中,n 型和 Ω 型补偿器制作比较方便,在蒸汽管路中采用较为普遍,而填料式多用于铸铁管路和其他脆性材料的管路。

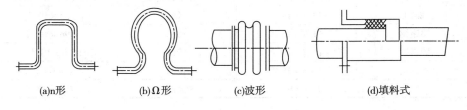

(a)n形　　　　(b)Ω形　　　　(c)波形　　　　(d)填料式

图 2－19　管道热补偿器

六、管路的保温及标志

(一) 管路保温

管路保温的目的是使管内介质在输送过程中,不冷却、不升温,也就是不受外界温度的影响而改变介质的状态。管路保温有采用保温材料包裹管外壁的方法。管路保温常采用导热性差的材料作保温材料。常用的有毛毡、石棉、玻璃棉、矿渣棉、珠光砂及其他石棉水泥制品等。管路保温层的厚度要根据管路介质热损失的允许值(蒸汽管道每米热损失允许范围见表2-37)和保温材料的导热性能通过计算来确定(表2-38、表2-39)。

表2-37　蒸汽管道每米热损失允许范围　　单位:J/(m·s·K)

公称直径	管内介质与周围介质之温度差				
	45	75	125	175	225
DN 25	0.570	0.488	0.473	0.465	0.459
DN 32	0.671	0.588	0.521	0.505	0.497
DN 40	0.750	0.621	0.568	0.544	0.528
DN 50	0.775	0.698	0.605	0.565	0.543
DN 70	0.916	0.775	0.651	0.633	0.594
DN 100	1.163	0.930	0.791	0.733	0.698
DN 125	1.291	1.008	0.861	0.798	0.750
DN 150	1.419	1.163	0.930	0.864	0.827

表2-38　部分保温材料的导热系数　　单位:J/(m·s·K)

名称	导热系数	名称	导热系数
聚氯乙烯	0.163	软木	0.041~0.064
聚苯乙烯	0.081	锅炉煤渣	0.188~0.302
低压聚乙烯	0.297	石棉板	0.116
高压聚乙烯	0.254	石棉水泥	0.349
松木	0.070~0.105		

表2-39 管道保温厚度的选择   单位:mm

保温材料的导热系数/[J/(m·s·K)]	蒸汽温度/K	管道直径(DN)			
		~50	70~100	125~200	250~300
0.087	373	40	50	60	70
0.093	473	50	60	70	80
0.105	573	60	70	80	90

注 在263~283K范围内一般管径的冷却水(盐水)管保温采用50 mm厚聚氯乙烯泡沫塑料双合管。

在保温层的施工中,必须使保温材料充满被保温的管路周围,充分填满,保温层要均匀、完整、牢固。保温层的外面还应采用石棉水泥抹面,防止保温层开裂。在有些要求较高的管路中,保温层外面还需缠绕玻璃布或加铁皮外壳,以免保温层受雨水侵蚀而影响保温效果。

(二)管路的标志

食品工厂生产车间需要的管道较多,一般有水、蒸汽、真空、压缩气和各种流体物料等管道。为了区分各种管道,往往在管道外壁或保温层外面涂有各种不同颜色的油漆。油漆既可以保护管路外壁不受环境大气影响而腐蚀,同时也用来区别管路的类别,可醒目地知道管路输送的是什么介质,这就是管路的标志。这样,既有利于生产中的工艺检查,又可避免管路检修中的错误和混乱。现将管路涂色标志列于表2-40。

表2-40 管路涂色标志

序号	介质名称	涂色	管道注字名称	注字颜色
1	工业水	绿	上水	白
2	井水	绿	井水	白
3	生活水	绿	生活水	白
4	过滤水	绿	过滤水	白
5	循环上水	绿	循环上水	白
6	循环下水	绿	循环回水	白
7	软化水	绿	软化水	白
8	清净下水	绿	净下水	白
9	热循环水(上)	暗红	热水(上)	白
10	热循环回水	暗红	热水(回)	白

序号	介质名称	涂色	管道注字名称	注字颜色
11	消防水	绿	消防水	红
12	消防泡沫	红	消防泡沫	白
13	冷冻水(上)	淡绿	冷冻水	红
14	冷冻回水	淡绿	冷冻回水	红
15	冷冻盐水(上)	淡绿	冷冻盐水(上)	红
16	冷冻盐水(回)	淡绿	冷冻盐水(回)	红
17	低压蒸汽 < 1.3 MPa	红	低压蒸汽	白
18	中压蒸汽 1.3 ~ 4.0 MPa	红	中压蒸汽	白
19	高压蒸汽 4.0 ~ 12.0 MPa	红	高压蒸汽	白
20	过热蒸汽	暗红	过热蒸汽	白
21	蒸汽回水冷凝液	暗红	蒸汽冷凝液(回)	绿
22	废弃的蒸汽冷凝液	暗红	蒸汽冷凝液(废)	黑
23	空气(工艺用压缩空气)	深蓝	压缩空气	白
24	仪表用空气	深蓝	仪表空气	白
25	真空	白	真空	天蓝
26	氨气	黄	氨	黑
27	液氨	黄	液氨	黑
28	煤气等可燃气体	紫	煤气(可燃气体)	白
29	可燃液体(油类)	银白	油类(可燃气体)	黑
30	物料管道	红	按管道介质注字	黄

七、管路布置图

(一)概述

1. 管路布置设计的图样

管路布置设计是施工图设计阶段中工艺设计的主要内容之一。它通常以带控制点的工艺流程图、设备布置图、有关的设备图以及土建、自控、电器专业等有关图样和资料为依据,对管道做出适合工艺操作要求的合理布置设计,绘制出下列图样。

（1）管路布置图：表达车间内管道空间位置等的平、立面布置情况的图样。

（2）蒸汽伴管系统布置图：表达车间内各蒸汽分配管与冷凝液收集系统平、立面布置的图样。

（3）管段图：表达一个设备至另一设备（或另一管道）间的一段管道的立体图样。

（4）管架图：表达管架的零部件图样。

（5）管件图：表达管件的零部件图样。

2.管路布置图的内容

管路布置图是车间安装、施工中的重要依据，是应用较多的一种图样，图样一般有如下内容。

（1）一组视图：按正投影原理，画一组平、立面剖视图，表达整个车间的设备、建（构）筑物简单轮廓线以及管道、管件、阀门、控制点等的布置情况。

（2）尺寸和标注：注出管道及有些管件、阀门、控制点等的平面位置尺寸和标高，对建筑物轴线编号、设备位号、管段序号、控制点代号等进行标注。

（3）分区间图：表明车间分区的简单情况。

（4）方位图：表示管道安装的方位基准。

（5）标题栏：注写图号、图名、设计阶段等。

（二）管路布置图的绘制

1.比例、图幅及分区原则

管路布置图的比例一般采用1:50和1:100，如果管道复杂也可采用1:20或1:25等。图幅一般以一号图纸或二号图纸为宜，有时也用0号图纸。图纸过大，不便于管理和绘读。如果车间较小，管道比较简单，可以车间为单位绘制车间管路布置图。如果车间范围过大，为了清楚表达各工序的管路布置情况，需要进行分区绘制管路布置图，它可与设备布置图一样，先画首页图，划分区域，然后分区绘图。但也有按工序为单位分区绘制的，这样，可以内墙或建筑定位轴线作为分区界线，不必用粗双点划线绘制和标注界线坐标，而是用细点划线画出分区简图，用细斜线表示该区所在位置，注明各分区图号，画在管路布置图底层平面图的图纸上。

2.视图的配置

管路布置图应完整地表示车间内全部管道、阀门、管道上的仪表控制点、部分管件、设备的简单外形和建筑物的轮廓等。根据表达的需要，管道布置图所采用的一组视图可以包括平面图、剖视图、向视图和局部放大图等。

管路布置图一般以平面图为主,对多层建筑应按楼层标高平面分层绘制,且与设备布置图的平面图相一致。各层平面图是假想将上层楼板揭去,将楼板以下的建筑物、构筑物、设备、管路等全部画出。若平面上还有局部平面或操作台,应单独绘制局部管道平面布置图。如果当某一层的管道上下重叠过多,一张平面图上不易表示清楚时,最好分上、下两层分别绘制。

当管道布置在平面图上不能全面表达管道的走向和分布时,可采用立面剖视图或向视图补充表示。剖视图应尽可能与剖切平面所在的管路布置平面图画在一张图纸上也可集中在另一张图纸上画出。

管路布置图的平、立面图、向视图,应与设备布置图一样,在图形的下方注写如:"±0.000 平面"、"A – A 剖面"等字样。

3. 视图的表示方法

(1)建筑物、构筑物。用细实线画出建筑物、构筑物的外形,有关内容与设备布置图相同,与管道安装无关的内容可以简化。

(2)设备。在管道布置图中,由于设备不是表达的主要内容,因此在图上用细实线画出所有设备的简单外形,设备图形可与设备布置图一样,有些可适当简化。但设备上接管管口及方位均需按实际情况全部画出。有预留安装位置的设备,用双点划线画出,设备中心线需一律画出。

(3)管道。

①管子连接。一般在管道布置图中不表示管道连接形式,如图 2 – 20(b)所示。如需要表示管子的连接形式时,可采用如图 2 – 20(a)的表示方法,在管子中断处,应画上断裂符号。

②管子转折。管子转折的表示方法,如图 2 – 21 表示,向下转折 90°角的管子画法,如图 2 – 21(a)所示,单线绘制的管道,在投影有重影处画一细圆(有些图样则画成带缺口的细线圆),在另一视图上画出转折的小圆角(也有画直角者)。向上转折 90°角的管子画法,如图 2 – 21(b)表示,也可用图 2 – 21(c)表示。大于 90°角转折的管子,表示方法如图 2 – 21(d)所示。

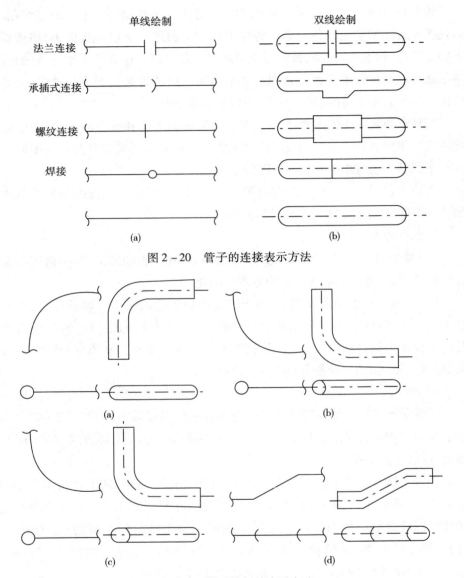

图 2 - 20　管子的连接表示方法

图 2 - 21　管子转折的表示方法

③管子交叉。当管子交叉,投影相重时,其画法可将下面被遮盖部分的投影断开,如图 2 - 22(a)所示,也可将上面管道的投影断裂表示,如图 2 - 22(b)所示。

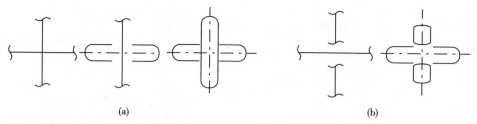

图 2 – 22　管子交叉的表示方法

④管子重叠。管道投影重叠时,将上面管道的投影断裂表示,下面管子的投影则画至重影处稍留间隙断开,如图 2 – 23(a)所示。当多根管道的投影重叠时,可如图 2 – 23(b)表示,图中单线绘制的最上一条管道画以"双重断裂"符号。但有时可在管道投影断开处注上 a. a 和 b. b 等小写字母,或者分别注出管道代号以便辨认。有时图样则不一定画出"双重断裂"等符号,则下面画至如图 2 – 23(c)所示。管道转折后投影发生重叠时,则下面画至重影处稍予间断表示,如图 2 – 23(d)。

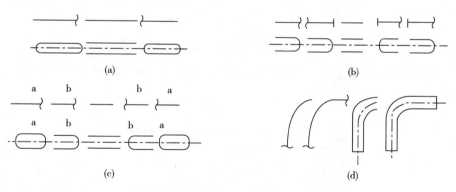

图 2 – 23　管子重叠的表示方法

⑤管道分叉。管道有三通等引出叉管时,画法如图 2 – 24 所示。

⑥异径管。同心异径管连接的表示方法如图 2 – 25(a),偏心异径管连接的表示方法如图 2 – 25(b)所示。

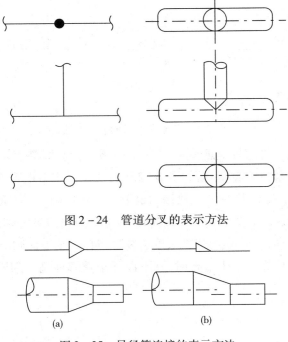

图 2 - 24　管道分叉的表示方法

图 2 - 25　异径管连接的表示方法

⑦管道内物料流向。管道内物料流向必须在图上表明,表示方法如图 2 - 26 所示。

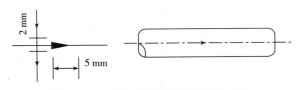

图 2 - 26　管道内物料流向的表示方法

(4)管件、阀门。管件与阀门一般按规定符号用细线画出。规定符号可参考表 2 - 25。阀的手轮安装方位一般在有关视图给予表示,如图 2 - 27 所示。其中,图 2 - 27(d)是图 2 - 27(c)的另一种表示方法,也很常用。当手轮在正上方,其俯视图上不画出手轮图形也可以,如图 2 - 27(e)所示。

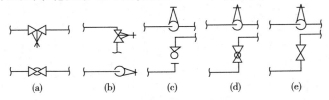

图 2 - 27　管件与阀门的表示方法

主阀所带旁路阀一般均应画出,如图2－28所示。

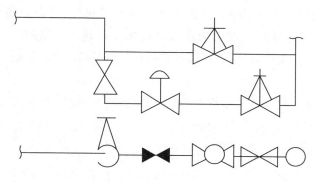

图2－28　主阀所带旁路阀的表示方法

（5）管架是用各种形式的架并固定在建筑物、构筑物上的,这些管架的位置,在管路布置图上应按实际位置表示出来。管架位置一般在平面图上用符号表示。固定与非固定的管架符号,如图2－29所示。非标准管架应另提供管架图。

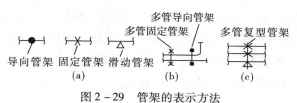

图2－29　管架的表示方法

（6）仪表盘、电器盘。用细实线在管路布置图上画出仪表盘、电器盘的位置及简单外形。

（7）方位图。在底层平面图图纸的右上角或图形右上方,画出与设备布置图方位基准一致的方位标。

4. 管路布置图的标注

管路布置图的标注内容有:管径、物料代号、定位尺寸、安装标高、物料流向、管道坡度及管架代号等。

（1）定位基准。在管路布置图中,常以建筑物、构筑物的定位轴线或墙面、地面等作为管道的定位尺寸基准。另外,设备中心线和接管口法兰也常作为管道定位尺寸基准。因此,在管路布置图中,要标注建筑物的定位轴线编号和设备位号,标注方式同设备布置图。

（2）管路。管路布置图应以平面图为主,标注出所有管路的定位尺寸及安装标高。绘制立面剖视图,则所有安装标高应在立面剖视图上表示。定位尺寸以

mm 为单位,标高以 m 为单位。

根据不同情况,管路定位尺寸以上述定位基准标注,即以设备中心线、设备管口法兰、建筑定位轴线或墙面为基准进行标注。同一管路的基准应一致。与设备管口相连的直线管段,因可用设备管口确定该管路的位置,故不需标注定位尺寸。

管路安装标高均以室内地面 0.00 m 为基准。一般管路按管底外表面标注安装高度,如"0.60"。按管中心标注时,标注方式为"5.00(Z)"。也有加注标高符号者,如"▽4.50(Z)"等,如图 2-30 所示。

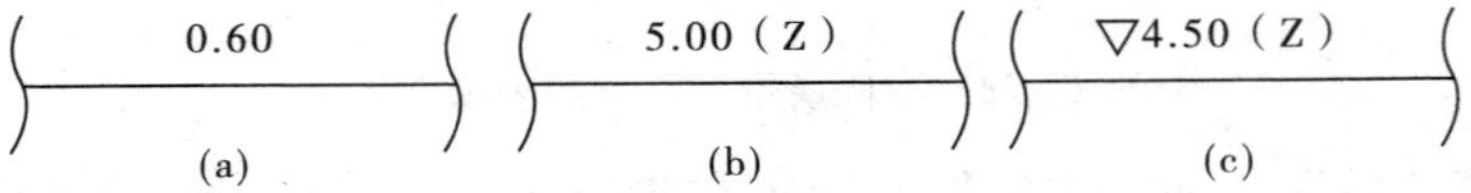

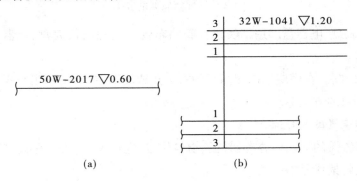

图 2-30 管路安装标高

图上所有管路都应标注与工艺流程图一致的管段编号内容,即:公称直径、物料代号、管段序号。管段编号一般注在管线上方或左方,如图 2-31(a)所示。写不下时,可用引线至空白处标注,也可几条管线一起引出标注。管路与相应标注都要用数字分别进行编号,如图 2-31(b)所示。指引线如需转折或有分线时,在分线处画一小圆点,以免与尺寸线混淆,如图 2-32 所示。平面图上管路标高可注在管段编号的后面,如图 2-32 所示。

图 2-31 管路标准

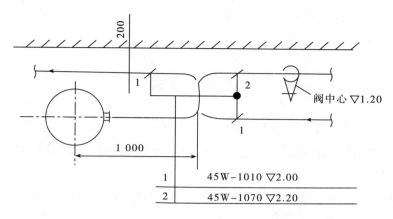

图 2 – 32　管路标注

管路上的伴管或套管,其直径可以标注在主管径后面,并加斜线隔开。如主管直径为 100 mm,伴管直径为 50 mm,则其标注形式为:DN 100/50。

对安装坡度有严格要求的管路,应在上方画出细线箭头,指出坡向,并写上坡度数字,如图 2 – 33 所示。

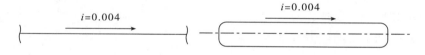

图 2 – 33　有安装坡度的管路的标注

(3)管件、阀门。图中的管件、阀门所在位置按规定符号画出后,除须按严格规定尺寸安装外,一般不再标注定位尺寸,竖管上的阀门有时在立面剖视图中标注标高。

5.管路布置图的绘制方法步骤

(1)确定表达方案、视图的数量和各视图的比例(以工艺流程图和设备布置图为依据)。

(2)确定图纸幅面的安排和图纸张数。

(3)绘制视图。

①先在平面图上画出楼面简图、柱子、操作平台及设备外形,再按投影关系画出剖视图上的楼板、柱子、操作平台及设备外形等。

②按流程次序和布置原则,逐条画出管路在平、立面剖视图上的布置位置。

③在设计所要的部位画出管路上的管件、阀门、管架等符号。

④标注尺寸、编号及代号等。

⑤绘制方位图、附表及注写说明。

⑥校核与审定。

复习思考题

1. 什么是食品工厂工艺设计和非工艺设计？

2. 食品工厂工艺设计主要包括哪些内容？食品工厂工艺设计的步骤是怎样的？

3. 什么是产品方案？安排产品方案计划要遵循的原则和要求是什么？

4. 影响产品方案的因素主要有哪些？

5. 食品生产工艺流程如何确定？

6. 食品工厂工艺计算包括哪些？

7. 什么是物料衡算？物料衡算目的是什么？

8. 用水用汽量计算的方法有哪些？

9. 如何对生产车间的用水、用汽量进行估算？

10. 如何进行设备选型？

11. 劳动定员的依据有哪些？

12. 如何计算各生产工序所需要的劳动力数量？

13. 车间工艺布置设计的原则是什么？

14. 什么叫采光系数？食品生产车间对采光系数有什么要求？

15. 管道布置与设计的步骤是什么？

16. 什么是公称直径和公称压力？

17. 给水管路的阻力损失有哪些？如果计算？

18. 如何合理地选择管道介质的流速？

19. 简述管路布置图的标注方法及各代号的含义。

第三章　食品工厂辅助部门及生活设施设计

本章知识点：了解食品工厂辅助部门的组成；掌握原料接收装备的设计原则、化验室和中心实验室的任务；了解原料及成品仓库、工厂运输和机修车间的合理配置及设计要求；熟悉食品工厂生活设施的内容及设计基本要求。

第一节　辅助部门

食品厂辅助车间是指生产车间（物料加工所在的场所）以外的其他车间，都可称之为辅助车间。其设计的主要内容包括原料接收装备、化验室和中心实验室、原料及成品仓库、机修车间、车间外和厂内外的运输等的设计。

一、原料接收装备

（一）食品工厂原料接收装备的设计原则

原料接收是食品工厂生产的第一个环节，直接影响后面的生产工序。其装备主要包括原料接收站及其相关设备。原料接收站中同时设有计量、验收、预处理或暂存等设施。

原料接收站内的计量装置的目的是提供真实的物料重量数据，为生产管理和成本核算提供依据。

原料验收装置的目的是收取合格的原料，对不同质量的原料进行大致分级。

当工厂在收购食品原料后不能立即运到厂内加工储存的情况下，需要预处理或暂存，一般可采用择地堆放的方法暂存。此时必须有防晒、防冻、防雨和防腐烂等措施，确保原料不变质。

原料接收站必须有一个适宜的卸货验收计量、及时处理、车辆回转和容器堆放的场地，并配备相应的计量装置、容器和及时处理的配套设备（如冷藏装置）。原料接收站还应考虑不同原料、不同等级分别存放的场地或仓库。

多数原料接受站设在厂内，利用厂内的原料仓库，而不需暂储，并且可利用厂内化验室设备对原料质量即时进行检验，确保原料质量能满足生产要求，也可设在厂外，或者直接设在产地。不论设在厂内或厂外，原料接受站都需要有适宜的卸货、验收、计量、即时处理、车辆回转和容器堆放的场地，并配备相应的计址装置(如地磅、电子秤)、容器和及时处理配套设备(如冷藏装置)。

由于食品原料品种繁多,性状各异,它们对原料接受站的要求各不相同。但无论哪一类原料,对原料的基本要求是一致的:原料应新鲜、清洁、符合加工工艺要求;应未受微生物、化学物质和放射性物质的污染;一些原料需要定点种植、管理、采收,建立经权威部门认证验收的生产基地(如无公害食品、有机食品、绿色食品原料基地),以保证加工原料的安全性。

(二)食品工厂接受站

1. 肉类原料接受站

食品工厂使用的肉类原料绝大多数来源于屠宰厂,并经专门检验合格的原料,不得使用非正规屠宰加工厂或没有专门检验合格的原料。因此,不论是冻肉还是新鲜肉,来厂后首先检查有无检验合格证,然后再经地磅计量验收后进入冷库储存。

2. 水产原料接受站

水产品容易腐败,其新鲜度直接影响产品品质。为了保证食品成品的质量,水产品的原料接受站,应对原料及时采取冷却保鲜措施。水产品的冻结点一般在 $-0.6 \sim -2℃$ 之间,一般常采用加冰冷却法,将鱼体温度控制在冻结点以上,即 $-5℃$。水产品的保鲜期较短,原料接受完毕以后,应尽快进行加工。

3. 果蔬原料接受站

对肉质娇嫩、新鲜度要求较高的浆果类水果,如杨梅、葡萄、草莓等,原料接受站应具备避免果实日晒雨淋、保鲜、进出货方便的条件。而且使原料尽可能减少停留时间,尽快进入下一道生产工序。

对一些进厂后不要求立即加工,甚至需要经过后熟,以改善质构和风味的水果(如阳梨、菠萝等),在原料接受站验收完毕后,经适当的挑选和分级,进入常温仓库或冷风库进行适期储存,因此需要考虑有足够的场地。

对于蔬菜原料,除需进行常规安全性验收、计量之外,还应视物料的具体性质,在原料接受站配备相应的预处理装置,如蘑菇的护色、马蹄的去皮等。预处理完毕后,应尽快进行下一道生产工序,以确保产品的质量。

4. 乳制品原料接受站

乳品工厂的收奶站一般设在奶源比较集中的地方,也可设在厂内。奶源距离以 10 km 以内为好。原料乳应在收奶站迅速冷却至 5℃ 左右,同时,新收的原料乳应在 12 h 内运送到厂。如果收奶站设在厂内,原料乳应迅速冷却,及时加工。

5. 粮食原料接受站

对入仓粮食应按照各项标准严格检验。对不符合验收标准的,如水分含量大、杂质含量高等,要整理达标后再接收入仓;对发热、霉变、发芽的粮食不能接收入仓。

入仓粮食要按不同种类、不同水分、新陈、有虫无虫分开储存,有条件的应分等储存。除此之外,对于种用粮食要单独储存。

二、实验室

食品工厂的实验室主要分为化验室和中心实验室。化验室是工厂的检验部门,主要是对原料、半成品和产品等进行质量检验,确定这些物料能否满足正常的生产要求和产品是否符合国家或企业有关的质量、卫生标准。中心实验室是工厂生产技术的研究、检验机构,它能根据工厂实际情况向工厂提供新产品、新技术,对工厂的产品进行严格的质量和卫生检验,使工厂具有较强的竞争能力,获得较好的经济效益。二者在业务上密切联系,但又有不同的工作重点,所以在设计时要根据分工范围和工作条件确定其设置内容。

(一)化验室

1. 化验室的设置和任务

化验室一般设置在各个车间或工段某一适当的地点,也有工厂将化验室与车间或工段分开,单独设置。设置化验室的目的是对生产的各个环节进行质量检查和监督,通过定期的化验分析,把生产情况和质量变化反映给车间管理部门,以保证生产过程的正常进行及产品的质量。

化验室的任务可按检验的对象和项目来划分。就检验对象而言,可分为对原料的检验、对成品的检验、对包装材料的检验、对各种食品添加剂的检验、对水质的检验、对环境的监测等。就检验的项目而言,可分为感官检验、物理检验、化学检验、细菌检验。并不是每一种对象都要检查4个项目。检查项目根据需要而定。一般对成品的检查比较全面,是检查的重点。

2. 化验室的组成

根据工厂的规模大小、检验分析项目、任务的多少来确定化验室的组成。食品工厂的化验室主要由以下部分组成。

(1)感官检验室:用于原辅材料、半成品和产品等物料的感官分析。

(2)理化检验室:它是化验室的工作中心,主要用于检测常规的物理、化学检验项目。

（3）微生物检验室：用于原辅材料、半成品和产品等物料的微生物分析。食品的微生物检验项目主要有：菌落总数的测定、大肠菌群的测定和致病菌的测定等。

（4）精密仪器室：放置精密仪器（如分析天平、分光光度计、气相及液相色谱仪等）。

（5）储藏室：主要用于存放化学药品等。

（6）其他部分：准备间、无菌室、细菌培养间和镜检工作室等。

3. 化验室的装备

化验室配备的大型用具主要有双面化验台、单面化验台、支撑台、药品橱、通风橱等。另外，化验室还要配备各种玻璃仪器。化验室的仪器及设备根据所化验的样品、项目要求等进行适当的选择。不同产品（或原料）的化验室所需的仪器和设备有不同，表3－1是一些常用的仪器及设备。

表3－1　化验室常用仪器及设备

名称	主要规格
普通天平	最大称量1 000 g,感量5 mg
分析天平	最大称量200 g,感量1 mg
水分快速测定仪	最大称量10 g,感量5 mg
电热鼓风干燥箱	工作室(350×450×450) mm,温度10~300℃
电热恒温干燥箱	工作室(350×450×450) mm,温度10~300℃
电热真空干燥箱	工作室φ(350×400) mm,温度10~300℃
冷冻真空干燥箱	工作室(700×700×700) mm,温度-40~40℃
电热恒温培养箱	工作室(450×450×450) mm,温度10~70℃
自动电位滴定计	测量范围0~14 pH,0~±1 400 mV
精密酸度计	测量范围0~14 pH,0~±1 400 mV
生物显微镜	放大30~1 500 倍
光电分光光度计	波长范围420~700 nm
阿贝折射仪	测量范围1.3~1.7
手持糖度计	测量范围1%~50%,50%~80%
旋片式真空泵	极限真空度0.133 Pa
箱式电炉	功率4 kW,工作温度950℃
坩埚电炉	功率3 kW,工作温度950℃
电冰箱	温度10~30℃

名称	主要规格
火焰光度计	钠钾 10 mg/kg
电动离心机	1 000 ~ 4 000 r/min
高压蒸汽消毒器	内径 ϕ（600×900）mm,自动压力控制 32℃
旋光仪	旋光测量范围 ±180°
离子交换软水器	树脂容量 31 kg

此外,化验室还需配备玻璃仪器、器具和器材。按用途可分为容器类和特殊用途类。按能否受热分为可加热仪器类和不可加热仪器类。化验工作不仅需要各类玻璃仪器,更需要耐高温的化学仪器,这种仪器能耐 1 000℃高温,如蒸发皿、坩埚等。在化验工作中,为了进行各种化验工作以及存放和维修各类仪器,还需要配置各种器具和器材,如铁架、三角架等。

4. 化验室的建筑

（1）建筑位置。化验室的位置最好选择在距离生产车间、锅炉房、交通要道稍远一些的地方,并应在车间的下风或楼房的高层。这是为了不受烟囱和来往车辆灰尘的干扰以及避免车辆、机器震动精密分析仪器。另外,化验室里有时有有害气体排出,在下风向或高层楼位置,有害气体不至于严重污染食品和影响工人的健康。如果所设化验室主要是检查半成品,此化验室也可设在低层楼或平房。

车间和班组化验室（岗）,属于基层化验室,因其工作性质和服务对象的要求,一般设置在生产车间附近或内部,这里由于工厂条件限制,化验室位置的环境要求可作为设计工作的附加条件。

（2）主要功能室的基本要求和设计原则。功能室的通用原则是室内阴凉、通风良好、不潮湿、避免粉尘和有害气体侵入,并尽量远离振动源、噪声源等,不同功能室还有各自的特殊要求。

1）天平室。

①天平室的温度、湿度要求:食品工厂化验室常用 3 ~ 5 级天平,在称量精度要求不高的情况下,工作温度可以放宽到 17 ~ 33℃,相对湿度可放宽到 50% ~ 90%,但温度波动不宜大于 0.5℃/h。天平室应配备空调设施,调节室内温度湿度,同时,当天平室安置在底层时应注意做好防潮工作。

②天平室设置应避免靠近受阳光直射的外墙,不宜在室内安装暖气片及大

功率灯泡(天平室应采用"冷光源"照明),以免因局部温度的不均衡影响称量精度。

③有无法避免的震动时应安装专用天平防震台。

④天平室只能使用抽排气装置进行通风。

⑤天平室应专室专用,即使是精密仪器,期间也应安装玻璃屏墙分隔,以减少干扰。

2)精密仪器室。

①②③④参照天平室相应条件。

⑤大型精密仪器宜安装在专用实验室,最好有独立平台。

⑥精密电子仪器及对电磁场敏感的仪器,应远离高压电线、大电流电力网、输变电站(室)等强磁场,必要时加装电磁屏蔽。应防静电,不要使用地毯。

3)加热室。加热装置操作台应使用防火、耐热的不燃烧材料构筑,以保证安全。当有可能因热量散发而影响其他室工作时,应注意采取防热或隔热措施并设置专用排气系统。

4)通风柜室。通风柜室的排气系统要加强,如果该室单独设置,其门窗不宜靠近天平室及精密仪器室的门窗。室内应有机械通风装置,以排除有害气体,并有新鲜空气供给通道和足够的操作空间。还要配备专用的给水、排水设施,以便操作人员接触有毒有害物质时能够及时清洗。

5)试样制备室。该室要求通风良好、避免热源、潮湿和杂物对试样的干扰。根据需要设置粉尘、废气的收集和排除装置。

6)电子计算机室。使用温度控制在 15 ~ 25℃,波动小于 2℃/h;湿度在50% ~ 60% 为宜。杜绝灰尘和有害气体,避免电场、磁场干扰和振动。

7)化学分析室。温度湿度要求较精密仪器略宽松,可放宽至 35℃,但温度波动不能过大(≤2℃/h)。室内照明避免阳光直射,宜用柔和自然光,并避免色调对实验的干扰。另外,需配备专用的给水和排水系统。

8)感官评定室。感官评定室的总要求是保证参评人员注意力集中,情绪稳定,不受或尽量少受外来或内部的相互干扰。室内保持一定的温度和湿度条件(可参照化学分析室条件,温度、湿度要求可根据实际要求而定)。有适合的照明和房间装饰颜色,以避免对色泽的判断失真。由于食品工厂条件不同,感官评定室可以为专业设计的大实验室,也可以是任何安静、舒适的房间。

9)微生物检验室。微生物检验室的房屋建设除了要符合我国建筑法总则和建筑工程安全标准外,其周围环境要安静,无明显粉尘污染,且要避开有毒有害场所和远离住宅区。

食品厂微生物检验室的功能主要包括:灭菌室、准备室、更衣室、缓冲室、无菌室、培养室等。在建设中各功能室可根据具体情况来选材建造。

灭菌室是培养基及有关的检验材料灭菌的场所,灭菌设备如灭菌锅等是高压设备,在方便工作的同时要与办公室保持一定距离以保证安全。灭菌室里应水电齐备,并有防火措施和设备,人员要遵守安全操作制度。

更衣室是为微生物学检验时进入无菌室之前工作人员更衣、洗手的地方,室内设置无菌室及缓冲室的电源控制开关和放置无菌操作时穿的工作服、鞋、帽子、口罩等。

缓冲室是进入无菌室之前所经过的房间,安装有照明灯、紫外灯、鼓风机,以减少操作人员进入无菌室时的污染,保证实验结果的准确性。进口和出口要呈对角线位置,以减少空气直接对流造成的污染。缓冲间的面积一般为 $9 \sim 12$ m^2,室内设小工作台。要求比较高的微生物学检验项目如致病菌的检验,应设有多个缓冲室。

无菌室是微生物学检验过程无菌操作的场所,要求密封、清洁,尽量避日光,安装照明灯、紫外灯和空调设备(带过滤设备)及传递物品用的传递小窗,传递小窗应向缓冲室内开口以减少污染和方便工作。并且照明灯、紫外灯的开关最好设在缓冲间外面。为便于进行清洁和灭菌工作,无菌室高度为 2.5 m 左右,大小 $6 \sim 9$ m^2 均可,墙面、地面和天花板要光滑,墙角做成圆弧形,最好在距地面 0.9m 处镶磁环。另外,无菌室内还应配备超净工作台和普通工作台,其大小根据需要和具体条件而定。有条件的工厂可设置生物安全柜。墙上要装多个电插座。无菌室和缓冲间的门最好用拉门,两门应斜对开,这样可避免外界空气被带入。

培养室是为微生物学检验时培养微生物的地方,配备有恒温培养箱、恒温水浴锅及震荡培养箱等设备,或整个房间安装保温、控温设备。房间要求保持清洁,有防尘、隔噪声等功能。实际情况下,灭菌室与准备室可以合并在一起使用,有条件的工厂还可以设置样品室和仪器室。

总之,微生物实验室的硬件建设要合理和实用,讲究科学性。

10)数据处理室(化验人员办公室)。办公室是检验工作人员办公的地方,其面积主要依据化验员人数确定,一般 20 m^2 左右,通风采光好,内设基本办公桌、椅、电脑、存放资料和留样的柜等。按一般办公室要求,但不要靠近加热室。

11)一般储存室。一般储存室分试剂储存室和仪器储存室,供存放非危险性化学药物和仪器,要求阴凉通风、避免阳光暴晒,且不要靠近加热室同分柜室。

12）危险物品储存室。通常设置于远离主建筑物、结构坚固并符合防火规范的专用库房内。室内要有防火门窗和足够的泄压面积，通风良好；远离火源、热源、避免阳光暴晒。室内温度宜在30℃以下，相对湿度不超过85%。室内照明系统必须符合安全要求（如采用"防爆"等），或用自然光照明。库房内应使用不燃烧材料制作的防火间隔、储物架，腐蚀性物品的柜、架，应进行防腐蚀处理。危险试剂应分类分别存放，挥发性试剂存放时，应避免相互干扰，并方便地排放其挥发物质。

食品工厂根据化验工作的需要和工厂的实际情况，考虑各种类型的专业室的设置，尽可能做到既有利于工作的开展又要充分利用资源。

（3）化验室对建筑结构和相关方面的要求。

1）化验室空间尺寸要求。化验室占地大小主要取决于食品厂生产检验工作的要求，并考虑安全和发展的需要等因素。考虑到建筑结构、通风设备、照明设施及工程管网等因素，建筑楼层高度宜采用3.6 m或3.9 m；专用的电子计算机室工作空间要高于一般实验室。

2）走廊。化验室走廊有单向走廊、双面走廊和安全走廊之分。单向走廊，用于狭长的条形建筑物，自然通风效果较好，各实验室之间干扰较小，单面走廊净宽1.5 m左右。双面走廊，适用于宽型建筑物，实验室成分裂布置，中间为走廊，净宽为1.8～2.0 m，当走廊上空布置有通风管道或其他管线时，宜加宽到2.4～3.0 m，以保证空气流通截面，改善各个实验室的通风条件。对于需要进行危险性较大的实验或安全要求较大的检验室，或者工作危险性不是很大但工作人员较多，或因其他原因可导致发生事故时人员疏散有困难、不便抢救的实验室，需在建筑物外侧建设安全走廊，直接连通安全楼梯，以利于紧急疏散，宽度一般为1.2 m。

3）化验室的朝向。化验室一般应取南北朝向，并避免在东西向（尤其是西向）的墙上开门窗，以防止阳光直射实验室仪器、试剂和影响实验工作进行。若条件不允许可设计局部"遮阳"。

4）建筑结构和楼面载荷。化验室宜采用钢筋混凝土框架结构，可以方便地调整房间的间隔及安装设备，并具有较高的载荷能力。对于需要荷载量过大，采取加强措施显得不经济的化验室，应安置在底层，以减少建筑投资。另外，化验室要使用"不脱落"的墙壁涂料，也可镶嵌瓷片（或墙砖），或安装密封的"天花板"，以避免墙灰掉落。化验室的操作台及地面应作防腐蚀处理。对于旧楼房改建的化验室，必须注意楼板承载能力，必要时应采取加强措施。

5）化验室建筑的防火。化验室要按一、二级耐火等级设计,吊顶、隔墙及装修材料应采用非燃烧或难燃烧材料。位于两楼梯之间的实验室的门与楼梯之间的最大距离为 30 m,走廊末端实验室的门与楼梯间的最大距离不超过 15 m,把比较容易发生问题的实验室布置在接近楼梯的位置,以利于人员疏散和抢救。通道(门、楼梯及走廊)的最小宽度见表 3 - 2。

表 3 - 2　通道(门、楼梯及走廊)的最小宽度

楼层数	1 ~ 2	3	≥4
宽度/(m/100 人)	0.65	0.80	1.0

实际设计时的最小宽度尺寸,楼梯为 1.1 m,走廊为 1.4 m,门为 0.9 m。当人数最多的楼层不在底层时,该楼层的人员通过的楼梯、走廊、门等通道均应按该楼层的人数计算,当楼层人数少于 50 人时,“最小宽度”可以适当减少。

专用的安全走廊不得安装任何可能影响疏散的设施,并确保净宽达到 1.2 m。单开间的化验室可以设置 1 个门,双开间或以上的化验室应有 2 个出入口。

6）采光和照明。化验室内应光线充足,窗户要大些。最好用双层窗户,以防尘和防止冬天稀浓度的试剂的冻结。光源以日光灯为好,并在布置试验台时应尽量避免背光摆放,便于观察颜色变化。化验室内除装有共用光源外,操作台上方还应安装工作用灯,以利于夜间和特殊情况下操作。

7）化验室的防振。在选择化验室的建设基地时,应注意尽量远离振源较大的交通干线,在总体布置中,应将所在区域内振源较大的车间(空气压缩站、锻工车间等)合理地布置在远离化验室的地方;尽可能利用自然地形,经全面考虑,采取适当的隔振措施以消除振源的不良影响。

5. 化验室的基础设施建设

(1)实验台。实验台分为单面实验台(或称靠墙实验台)和双面实验台(包括岛式试验台、半岛式实验台、组合实验台和带算式排气口的实验台)。双面实验台的应用较广泛。实验室一般采用岛式、半岛式实验台。带算式排气口的实验台在操作位置上安装了排气用的算式排气口,特别适用于产生不良气体的化学分析室。组合实验台实质上是由带有实验台面板的器皿柜、管道架或药品架等组成,因而可以方便地灵活组合成各种尺寸要求的实验台。

实验台面高度一般选取 750 ~ 920 mm 高,长度为 2 700 mm,实验台宽度一般应为双面实验台采用 1 500 ~ 1 700 mm,单面实验台为 650 ~ 850 mm,台上如有复杂的实验装置可取 700 mm,台面上药品架部分可考虑宽 200 ~ 500 mm。

（2）通风系统。在化验过程中产生的各种难闻的、有腐蚀性的、有毒的或易爆的气体，需要及时排除室外。化验室的通风方式有局部排风和全室排风两种。

局部排风是有害物质产生后立即就近排出，常用设备为通风柜，能以较小的风量排走大量的有害物，被广泛应用。通风柜的排风效果依据结构、使用条件不同而定。当实验室不能使用局部排风或局部排风满足不了要求时，应采用全室通风。

（3）采暖设施。化验室的采暖方式有电热或蒸汽，采暖设施要合理布置，避免局部过热（最好使用较低温度的热媒和大面积的散热器）。天平室、精密仪器室和计算机房不宜直接加温，可以通过由其他房间的暖气自然扩散的方法采暖。

（4）空气调节装置。化验室空调布置的方式有三种：单独空调、部分空调和中央空调。

①单独空调：在个别有特殊需要的实验室安装窗式空调机。空气调节效果好，可以随意调节，能耗较少，但噪声较大。

②部分空调：部分需要空调的化验室，设计时集中布置，然后安装适合功率的大型空调机，进行局部的"集中空调"，可以实现部分空调又降低噪声的目的。

③中央空调：当全部化验室都需要空调的时候，可以建立全部集中空调系统，即所谓"中央空调"。集中空调可以使各个化验室处于同一温度水平下，有利于提高检验及测量精度，而且集中空调的运行噪声极低。缺点是能量消耗较大，且未必能满足个别要求较高的特殊实验室的需要。

化验室采用空调的方式，应视化验室的具体要求而定。

设置空调的化验室除了需要安装空调设备以外，还需要对室内的地坪、墙面、吊顶以及门、窗等建筑及附件采取隔热和换气措施。

（5）化验室的供电系统。化验室的多数仪器属于间歇用电设备，其供电线路宜直接由企业的总配电室引出，并避免与大功率用电设备共线，以减少线路电压波动。

各化验室均应设置电源总开关，配备三相和单相供电线路，以满足不同用电器的需要。照明用电单独设闸。对于某些必须长期运行的用电设备，如冰箱、冷柜、老化试验箱等，则应专线供电而不受各室总开关控制。供电线路应采用较小的载流量，并预留一定的备用容量（通常可按预计用电量增加30%左右）；应采用护套（管）暗铺。在使用易燃易爆物品较多的实验室，还要注意供电线路和用电器运行中可能引发的危险，并根据实际需要配置必要的附加安全设施（如防爆开关、防爆灯具及其他防爆安全电器等）；所有线路均应符合供电安装规范，应配备安全接地系统,总线路及各实验室的总开关上均应安装漏电保护开关,确保用电安全;要有稳定的供电电压,在线路电压不够稳定的时候,可以通过交流稳压器向精密仪器实验室输送电能,对特别要求的用电器,可以在用电器前再加一级稳压装置,以确保仪器稳定工作。必要时可以加装滤波设备,避免外电线路电厂干扰。为保证实验仪器设备的用电需要,应在实验室的四周墙壁、实验台旁的适当位置配置必要的三相和单相电源插座(以安全和方便为准,并远离水盆和燃气)。通常情况下,每一实验台至少应有 2~3 个三相电源插座和数个单相电源插座,所以插座均应有电源开关控制和独立的保险(熔丝)装置。

(6)化验室的给水和排水系统。

①化验室给水系统。在保证水质、水量和供水压力的前提下,从室外的供水管网引入进水,并输送到各个用水设备、配水龙头和消防设施,以满足实验、日常生活和消防用水的需要。给水方式有直接供水、高位储水槽(罐)供水、混合供水和加压泵进水。在外界管网供水压力及水量能够满足使用要求时,一般采用直接供水方式,否则,要考虑采用"高位储水槽(罐)",即常见的水塔或楼顶水箱等进行储水,在利用输水管道送往用水设施。混合供水通常是对较高楼层采用高位水箱间接供水("高位水箱"供水普遍存在"二次污染"故多采用"加压泵供水"),而对低楼层采用直接供水,可降低成本,此法可用于化验室,但在单独设置时运行费用较高。

自来水的水龙头要适当多安装几个,除墙壁角落应设置适当数量水龙头外,实验操作台两头和中间也应设置水管。化验室水管应有自己的总水闸,必要时各分水管处还要设分水闸,为了方便洗涤和饮水,条件允许可设置热水管,洗刷效果好,换水方便,同时节省时间和用电。

②化验室的排水系统。由于实验室的不同要求,化验室需要在不同的实验位置安装排水设施。排水管道应尽可能少拐弯,并具有一定的倾斜度,以利于废水排放。当排放的废水中含有较多的杂物时,管道的拐弯处应预留"清理孔",以备必要之需。排水管应尽量靠近排水量大、杂质较多的排水点设置。排水管道最好采用耐腐蚀的塑料管道,并在实验室排水总管设置废水处理装置。

排水管应设置在地板下和低层楼的天花板中间,即应为暗管式。下水道口采用活塞式堵头,以防发生水管堵死现象时,可很方便打开疏通管道。下水管的平面段,倾斜角度要大些,以保证管内存积水和不受腐蚀性液体的腐蚀。

(7)化验室"工程管网"布置。工程管网包括供水管网、电线管网、进风管道、燃气管道、压缩空气管道、真空管道等各种供应管道以及排水、排风管道等各种排放管道系统。由总管(室外管网接入化验室内的一段管道)、干管和连接到实验台(或实验设备)的支管构成管网系统。

工程管网的布置基本原则如下：在满足实验要求的前提下，尽量使各种管道的线路最短，弯头最少，以减少系统阻力和节约材料；管道的间距和排列次序应符合安全要求，并便于安装、维护、检修、改造和增添等施工需要；尽可能做到整齐有序、美观大方。

干管尤适用于多层实验楼的垂直布置，以及适用于单层化验室的水平布置两种基本方式，大型实验楼采用混合布置方式。当干管垂直布置时，通常需要设置干管支架。支架布置常采用沿建筑物天花板水平布置方式，然后再从天花板垂直向下连接到实验台，另一种方法是把支管从楼板下向下穿孔由实验台底下接入实验台。具体应根据实际需要做决定。

6.化验室的设计

(1)化验室的建设规划。化验室的建设规划是实验室具体设计的指导思想，其依据来源于化验室的实际检验工作要求。

①企业产品质量检验的要求。

②实现企业产品检验工作必须配备的仪器设备的种类、数量和辅助设施。

③实现企业产品检验工作必须配备的检验人员空间。

④安全需要的空间。

⑤配合企业发展需要的检验工作的远景规划空间。

除要综合考虑上述因素外，还要为"不可预见因素"再留出适当的"安全系数"，注意资源的充分利用，注意投资效率后才能做出最后的规划。

(2)化验室的平面布置。

①单式布置：把所有实验集中于一个实验室内，适用于检验类型和项目比较少的小型企业。

②专室布置：把某些项目分解为多个环节，分别以专室形式进行布置。这种布置通常用于使用精密仪器的实验室。

③综合布置：这种布置可以充分发挥各专业室的作用，又便于不同专业室之间的交流，有利于开展工作，为多数企业所采用。

④多室布置。

(3)化验室设计的实施。

①根据化验室建设规划确定专业实验室类型和数量。

②配合建筑模数要求确定实验室的开间和分隔。

③根据安全和防干扰原则组合实验室。

一般情况下,工作联系密切或要求相似的实验室相邻布置,有干扰的实验室尽量远离布置,不要时可以对高温加热室的墙体加隔热屏障,以减少对邻室的干扰;实验室的组合用便于给排水、供电及其他工程管线的布置;容易发生危险的实验室,应布置在便于疏散且对其他实验室不发生干扰(或干扰较少)的位置;可能发生燃烧、爆炸的实验室要考虑灭火禁忌;凡使用的灭火剂有可能发生干扰的实验室,应分室布置;总体布局要符合安全要求。

④绘制单个实验室平面图和全化验室总体组合布置图。

(4)化验室的建筑施工和验收。化验室建筑属于高标准的建筑,应由具有注册资格的建筑施工队伍施工。化验室建筑施工应严格符合国家建筑法规和施工规范。

验收时必须符合国家的标准规范,应由化验室负责人和有关工程技术人员参加。验收完成后才能投入室内装修和使用,必须由合格的施工队负责,并安装工程管网和各种辅助设施,完工后同样必须经过验收,才能进行室内布置。

化验室正式投入运行后,化验室的基建工作才真正完成。化验室建设的所有图纸、资料均应妥善保存。

(二)中心实验室

1.中心实验室的任务

首先,中心实验室应该能够对供加工用的原料品种进行研究,如协助农业部门进行原料的改良和新品种的培育,对产品成分分析和加工,提出原料的改良方向,设计新配方以及采用新资源新原料等。

其次,制定并改良符合本厂实际情况的生产工艺。食品的生产过程是一个多工序组合的复杂过程,每一个工序又牵涉若干工艺条件和工艺参数。为寻求符合本厂实际情况(如工厂的设备条件、工人的熟练程度、操作习惯、各种原料的性质差异)的合理的工艺路线,往往需要进行反复试验与探索。一般需要先进行小样试验,再进行扩大试验,最后确定工艺路线及整套工艺参数才能进行批量生产。食品工艺也是常常需要改良的,中心实验室的研究人员要随时了解市场变化,根据市场变化改良本厂的生产工艺和产品。

第三,开发新产品。为使食品厂的活力经久不衰,必须不断地推出新的产品,中心实验室应有能为新产品的研究提供可靠的数据,对产品成分进行分析和加工实验,设计新配方,进行新产品的开发工作。

第四,对生产中出现异常情况时的物料进行测定,以便于分析和解决生产中出现的问题,并对事故的责任作出仲裁。

第五,研究新的原辅材料、半成品、成品等物料的分析检测方法。对出厂成品以及产品在销售过程中出现的质量问题进行检验和分析。

第六,根据国家标准和有关规定,制定本企业的企业标准。

第七,其他方面的研究。如原辅材料的综合利用,新型包装材料的研究,三废治理工艺的研究,国内外技术发展动态的研究等。

2. 中心实验室的组成

中心实验室一般由感官分析室、理化分析室、微生物检验室、样品室、药品试剂室及试制场地组成。此外,还有办公室、资料室、计算机房、更衣室和卫生间等。

3. 中心实验室对土建等工程的要求

(1)中心实验室的位置。中心实验室应远离易爆、易燃物、粉尘和有害气体,远离产生较大震动的建筑物、锅炉房、配电室、交通要道等,尽可能避免噪声的影响,做到环境清洁、幽雅。原则上,中心实验室应在生产区内,也可单独或毗邻生产车间,或安置在由楼房组成的群体建筑内。总之,要与生产密切联系,并使水、电、汽供应方便。

(2)中心实验室的面积。中心实验室的总建筑面积,包括使用面积和辅助建筑面积(如过厅、走廊、楼道、墙体横截面积等)。其总建筑面积可由各类分析实验室和辅助实验室的使用面积之和及建筑面积利用系数估算出:

$$建筑面积利用系数 = \frac{各实验室与辅助实验室使用面积之和}{总建筑面积}$$

对于单独建筑的中心实验室,其建筑面积利用系数一般取 0.5~0.7。主要实验室的大致使用面积范围见表 3 − 3。

表 3 − 3　主要实验室使用面积范围

使用面积/m² ＼ 实验室类型	大型食品工厂	中型食品工厂	小型食品工厂
化学分析实验室	120~130	75~90	50~75
精密光电仪器实验室	60~75	50~60	

(3)开间与层高。中心实验室层数不宜过高,以 2~3 层建筑为好,层高多取 3.6~4.2 m,宽度可采用 3.6 m 或 3.9 m,进深 6 m 左右,在每个 6×3.6 m² 的小房间内,可靠墙设置两个长宽分别为 3 m 和 0.75 m 的化验台,且有较充裕的操

作空间。

（4）门窗、地面和墙裙。对温湿度要求较高的房间（如计算机房、仪器分析室、保温室等）需设置双层门窗，对于有恒温恒湿要求的房间和暗室则要建成无窗建筑。在有腐蚀性化学实验的实验室中，地面和墙裙均应贴敷瓷砖，其他实验室最好采用水磨石地面，墙壁喷涂浅色防潮涂料或水泥墙裙外涂浅色油漆，墙裙高度为 1.2 ~ 2.0 m。

（5）通风系统。实验室的通风不仅包括新鲜空气的引入，还需注意灰尘、废气及其他测试过程中所产生的有害副产品的排除问题。实验室最好安装自动通风系统。

通风方式有局部排风和全室通风两种，局部排风是在有害物产生后就近排除，节能有效，被广泛使用。当不能使用局部排风或局部排风满足不了要求时，应该采用全室通风。

实验室通风系统设计指导思想是：

①有效、经济的原则，力求达到排除实验中所有污染气体的目的；

②采取将试验中产生的污染气体就近抽走，不使其扩散的措施；

③通风管路系统布局要合理，消除各种不合理因素、减少阻力和噪声；

④通风台面装置力求外型美观、布局合理，其高度和位置不影响实验装置的安装，不影响实验操作；

⑤合理的选择风机，防止或减少噪声和震动，便于安装和维护；

⑥考虑局部和全室通风的同时，兼顾给排水、煤气、电源线路的合理安排。

使用有害物质的实验过程，特别是会产生强烈刺激气味、废气或蒸汽的实验过程及分析化验项目，应设置通风橱，有独立的排气孔。如果实验室的面积小，数目少，可采用抽流式风机局部排风。

（6）水电供应。中心实验室应设专门的电源线路并保证电压稳定。估算实验室的总用水量，确定给水管径。下水管径可选粗些，以便排水通畅。实验室的强酸、强碱性废液，集中收集，然后经中和处理或充分稀释后可倒入排水管。

（7）采光与照明。实验室的照明灯具应采用日光灯或白炽灯，在有易燃、易爆物质的房间，设防爆灯，湿度大的房间采用密闭式灯具。

为了便于自然采光，中心实验室应坐北朝南建造，采用较高的楼层高度，以增加采光面积。采光面积比一般为 1/4 ~ 1/60。

4. 实验台的设计及室内布置

实验台设计的效果，不但影响到开展实验工作的方便程度，而且影响到实验室的平面布置。在设计时,实验台必须与有窗的外墙垂直排列,在化学分析室中,单面化验台一般靠墙放置,台宽 0.75 m 左右,并在一端装备洗涤槽。双面化验台宽 1.5~1.7 m,在台的一端或两端装备洗涤槽。对于特殊实验台,根据仪器的要求,分析实验的特点单独设计。

在化学分析实验室中央配置从两面都能够操作的中央实验台,两边配置边实验台、测试台、通风柜、药品柜、干燥柜等,根据需要配备净化台、恒温恒湿设备。

为了便于分析仪器的操作使用,分析仪器使用的特殊气体的配管,应该尽量接近分析仪器。

5. 实验室其他配套设施设计

(1)实验台面。常用材料有环氧树脂台面、耐蚀实心理化板、TRESPA(千思板)等,均为耐酸碱、耐撞击、耐热的特性。各材料的特性如表 3-4。

表 3-4　实验台面各材料特性

材料	环氧树脂	耐蚀实心理化板	TRESPA(千思板)
特性	加强型,内外材质一致,可修复	表面特殊耐蚀处理	耐酸、耐腐蚀、耐撞击

(2)实验用柜。包括药品柜、专用柜两大类。药品柜主要放置固体化学试剂和标准溶液,两者分类放置。药品柜应设置玻璃门窗,柜体也应具有一定的承重能力和防腐蚀性。专用柜包含样品柜(设分隔且可贴标签等的隔板)、药品保管柜(木制或钢制)、危险品保管柜(不锈钢制作或耐火砖砌而成)、玻璃器皿干燥和保管柜(设有用导轨与柜体固定托架)。除此之外,还有工具柜、杂品柜、更衣柜等。

(3)椅凳、洁净柜、安全柜。根据实验需要,工作椅凳通常用圆凳,钢制可调节高度。仪器实验室可配备带滑轮的靠背椅,便于操作。

洁净柜又称超净工作台,可提供无菌、无尘的洁净操作环境。根据气体的流向可分为水平层流和垂直层流,规格有单人、双人、单面、双面,也可串联使用。

生物安全柜是微生物实验操作的主要洁净设备,可防止可能存在的有毒有害悬浮颗粒的扩散,保护实验过程中操作者和环境的安全,也可保护操作过程中样品免受污染。

(4)通风柜。通风柜用于实验室局部排风,通风柜的性能好坏,主要取决于通过通风柜空气移动的速度。实验室通风柜主要有顶抽式通风柜、狭缝式通风柜、旁通式通风柜、补风式通风柜、自然通风式通风柜和活动式通风柜这六类。

根据实验室实际需要情况选用。

（5）安全设施。主要指实验室室内设计的安全距离等。安全门作为疏散通道，通常门宽 0.9～1.5 m，其中单门一般为 0.9 m，双门有 1.2 m、1.4 m、1.5 m 等。对于主通道，若两个实验台双面操作，安全距离应≥1.5 m；单面操作≥1.2 m；有排毒柜的话，距离应≥1.5 m，且特别注意排毒柜不能放置在靠近门口的位置。实验室内部的消防通道最少应留 1.5 m 宽。

6.中心实验室的规划设计

中心实验室规划设计涉及到的内容很多，如实验室内的仪器设备、卫生要求、建筑和人员安全、防火要求、电路布线、给排水等。设计现代化的实验室，首先要确定实验室的性质、目的、任务、依据和规模；确定各类实验室功能、条件以及规模大小；了解室内空间的总体概念以及天花板的类型和高度等。要针对不同的实验室采用不用地面。墙面包括柱体的位置、窗台高、踢脚板的宽度等都要确定。对上述情况充分了解后进行中心实验室的规划设计。

首先要确定实验室空间的大小，其决定因素如下：实验台的大小及各种装置所占的面积、实验台的配置与作业内容、室内的通路空间（尤其是作业空间要充分考虑）、与采光有关问题以及与其他实验室或实验台之间的相互关系及作业顺序。在规划平面配置图时，要在深入调查、再三审核实验台的位置、作业流程、人员的配置、通道的宽度等之间的关系后，决定出设备的配置图。

不同实验室有不同的要求，化学实验室通常在实验室中央配置两面操作的中央台，两边配置边台、测试台、通风台、药品柜、干燥柜等，根据需要配备净化台、恒温室设备。在微生物实验室中，需要可靠性高的无菌、无尘环境，可在进口处设置洗涤台和干燥台。

在中央台和边台上，安装试剂架和万向支架，用来放置用于不同实验的反应管，抽离管等器具。另外在实验台上要引入特殊气体配管，以及作为冷却用的给排水管，在通风柜内部安装固定器具的万向支架。

为了便于分析仪器的操作使用，实验室中央需要配备单面使用的仪器台，外墙配置测试台，分析仪器使用的特殊气体的配管，并尽量接近分析仪器。

中心实验室的建设规划包括平面布置、设计的实施、建筑施工和验收参考"化验室"有关内容。

三、原料及成品等仓库的设计

(一)仓库的概念及分类

仓库即所有储存物资的场所。按不同的分类特征,食品企业的仓库的分类主要有以下4种:

(1)按仓库在社会再生产中的作用和所处领域不同分为食品生产企业仓库和食品流通领域仓库。食品生产企业仓库又可细分为食品原料仓库(包括常温库、冷藏库)、辅助材料仓库(存放油、糖、盐及其他辅料)、包装材料库(存放包装纸、纸箱、商标纸等)、设备库、工具库、劳保用品库等。食品流通领域仓库又可分为成品库、中转仓库、储备仓库等。

(2)按仓库存放物资的种类和保管条件分为通用仓库、特种仓库、专门仓库等。

(3)按仓库是否独立经营分为营业性仓库和非营业性仓库。

(4)按仓库的建筑结构不同分为库房、货棚和露天货场。

(二)仓库设计的基本点

仓库设施设计最为重要的是把握下列基本点:

(1)设计要先进;

(2)除不得已的情况下,要避免建造木质仓库,可设计成多用途仓库;

(3)掌握仓库的性质与种类及各种仓库的目的;

(4)仓库的职工人数应尽可能少;

(5)仓库的内部设计要把保管前的作业、保管作业、保管后的作业,综合设计成物资连续流动的系统;

(6)事务处理要求简化,要预先注意便于实现电子计算机化;

(7)在允许条件下,设置空调装置;

(8)有较好的视野;

(9)不论利用海运或陆运,货物的进出,要使设备达到平衡。

仓库的设计要采用新的、具有现代化的仓库管理要素,要了解经办物资的价值,并针对其特性进行仓库设计。

(三)食品工厂仓库的平面布置要求

仓库的平面布置是指在已经选定的库址上,对仓库各种主要建筑物在规定的库区范围内进行合理的布置。将各建筑物、各区域间的相对位置,反映在一张平面图上,称为仓库的总平面图。

仓库的平面布置主要取决于仓库的业务流程和运输条件。仓库的平面布置应当尽量保证物资从验收入库、保管保养直至出库等一系列作业过程中,不发生重复拖运、迂回运输等问题。

在确定某一仓库具体位置时,要综合考虑工厂仓库存料、保管条件、作业方式、服务对象等各方面的因素。

1. 工厂仓库的组成

总体上看,工厂仓库一般分为两大类。一类是全厂性仓库,也称为中心仓库或总仓库;一类是车间仓库,也称专用仓库或分库。

全厂性仓库是为全厂服务的,如通用器材库、工具库、设备库、配套件及协作件库、劳保用品库等。车间库是为本车间或主要为本车间服务的仓库,如金属材料库、燃料库等。

2. 对工厂仓库布置的基本要求

工厂仓库的平面布置应遵循工厂总平面布置的原则,同时还要根据仓库的特有功能满足以下几方面要求:

(1)与工厂生产工艺流程相适应;

(2)仓库应尽量接近所服务的车间;

(3)仓库要有方便的运输条件;

(4)在总平面布置中尽量减少仓库占地;

(5)有利于工厂的劳动卫生和防火安全。

库房、料棚、料场等是仓库的主题,在仓库中应该成直线布置,避免斜向布置,并使之互相平行。这样,既可以使运输线路布置合理,又可以使仓库场地得到充分利用。将存放性质相同或相近、互相没有不良影响的物资库房(或料棚),布置在同一个区域,而把互有不良影响的物资库房(或料棚)相互隔开。

仓库的办公室和生活区要设在仓库入口处附近,便于接洽业务和管理。但必须和储存物料的库房、料棚、料场分开,并保持一定的距离,以保证安全。

根据上述要求,归结起来,仓库平面布置与总体规划要达到以下目标:

(1)尽量做到仓库的建筑和设备设施投资最省;

(2)保证迅速、齐备、按质、按量地供应生产建设需要的物资;

(3)物资在库内的搬运时间短、重复装卸的次数最少,库内搬运费用最低;

(4)面积利用率和库内空间利用率等各项利用指标要高,仓库总面积、长宽比、专用线与装卸台的长度、验收场地的大小等各项参数要选择适当合理;

(5)确保物资储备的安全无损,并有利于降低物资的储备定额,加速物资的

周转;

（6）为逐步实现仓库管理机械化、现代化提供方便条件。

（四）仓库容量和面积的确定

仓库的总面积（也称仓库占地面积）是从仓库外墙线算起，整个围墙内所占用的全部平面面积。仓库总面积的大小，取决于企业消耗物资的品种和数量的多少，同时与仓库本身的技术作业过程的合理组织，以及面积利用系数的大小有关。设计的仓库总面积，必须与预定的仓库容量相适应。

原辅材料仓库的大小，决定于各种原辅材料的日需要量和生产储备天数。成品仓库的大小，决定于产品的日产量及周转期。此外，仓库的大小还和货物的堆放形式有关。在确定以上几项参数后，通过物料衡算，根据单位产品消耗量，即可计算出仓库面积。

各类仓库的容量，可用下式确定：

$$V = Wt$$

式中：V——仓库容量，t；

W——单位时间（日或月）的货物量，t／d 或 t／m；

t——存放时间，（日或月）。

单位时间的货物量 W 可通过物料平衡的计算求取。但是，需要强调的是，食品厂的产量是不均衡的，单位时间货物量 W 的计算，一般以旺季为基准。存放时间 t 则需根据具体情况选择确定。对原料库来说，不同的原料要求有不同的存放时间（最长存放时间）。究竟要存放多长时间，还应根据原料本身的储藏特性和维持储藏条件所需要的费用做出经济分析，不能一概而论。如糕点厂、糖果厂存放面粉和糖的原料库，存放时间可适当长些，但肉制品加工厂和乳制品厂的原料库，存放时间可适当短一些。对成品库的存放时间，不仅要考虑成品本身的储藏特性和维持储藏条件所需要的费用，而且还应考虑成品在市场上的销售情况，按成品积压最多时来计算。

仓库容量确定以后，仓库的建筑面积可按下式计算：

$$A = V/(dK) = V/d_p$$

式中：A——仓库面积，m^2；

d——仓库单位面积堆放量，t／m^2；

K——仓库面积有效利用系数，（一般取 $K = 0.50 \sim 0.77$）；

d_p——单位面积的平均堆放量；

V——库容量，t。

单位面积的平均堆放量与库内的物料种类和堆放方法有关。一些产品和原材料的储放标准见表3－5和表3－6。

表3－5 产品存放标准

产品	存放时间/d	存放方式	面积利用系数	储存量/(t/m²)
炼乳	30	铁听放入木箱	0.75	1.4
奶粉	30	铁听放入木箱	0.75	0.71
罐头1517	30～60	铁听放入木箱	0.70	0.9

表3－6 部分原料仓库平均堆放标准

原料名称	堆放方法	平均堆放量/(t/m²)
橘子	15 kg/箱,堆高6箱	0.35
菠萝	20 kg/箱,堆高6箱	0.45
番茄	15 kg/箱,堆高6箱	0.30
青豆	散堆,堆高0.1 m	0.04
食盐	袋装,堆高1.5 m	1.3

如果没有辅助用房,仓库面积可按下式计算:

$$F = F_1 + F_2 = \frac{W}{qK} + F_2$$

式中: F_1 ——仓库中库房的建筑面积,m²;

F_2 ——仓库中辅助用房的建筑面积,m²,包括办公室、走廊、电梯间与卫生间等;

W ——库房内应堆放的物料量,kg;

q ——单位库房面积上可堆放的物料净重,kg/m²;

K ——库房面积利用系数。

(1) K 值的确定:对于储存在架子上的材料, K 取0.3～0.4;对于箱装、桶装和袋装的物料, K 取0.5～0.6;对于储存在料仓中的散装材料, K 取0.5～0.7。

(2) F_2 的确定:仓库辅助用房面积的大小没有严格的规定,须根据建筑规模、堆垛与装运方式,土地充裕情况等多种因素来考虑。

(3) q 值的确定:单位库房面积可堆放物料量是由包装形式、包装材料的强度和堆放方式等因素决定的。设计时可查取有关数表和资料,同时还应考虑库内地坪或楼板的结构及承受能力,即有包装的物料负荷不能超过地板或楼板的承重极限。负荷很大的物料应放在多层库房的下层,如机床、大型工具等。多层库房的上层载荷应控制在 2 t/m² 以内。对于露天堆场,要考虑到避雨、避雷、防火、运输、排水和通风间距,因而堆场面积为仓库面积的 1~1.5 倍。

(五)仓库的结构形式

仓库场地的长度和宽度直接影响着基本建设投资和经营费用的支出。标准仓库场地以长方形为佳。一般库房的长宽比见表 3-7。

表 3-7　一般库房的长宽比

库房总面积/m²	宽/长
500 以下	1/2~1/3
500~1 000	1/3~1/5
1 000~2 000	1/5~1/6

(六)仓库建筑

物资仓库建筑是保证物资在保管过程中完整无损的重要设备,也是保证仓库作业到达安全迅速与经济合理的基本条件。仓库建筑结构要适应物资的保管条件和物资的验收保管与发放等作业组织程序,能最大限度利用仓库存放,在任何天气和任何时间都能进行工作,保证仓库内外物资和运输工具便于移动和通过,符合劳动保护和安全生产以及仓库防火安全,保证物资仓库未来扩建和改建的便利,尽量降低建筑物的工程造价和节省在使用中的维修经费等要求。

1. 仓库建筑的分类

组成仓库的各种建筑物可分为生产性和非生产性两类。前者主要指各类库房和与仓库技术作业有关的辅助性建筑物,如汽车房、包装间等,后者主要是指行政办公用房和生活用房。其中,库房包括平库和楼库。

(1)按仓库构造特点分为三类:封闭式仓库建筑、半封闭式仓库建筑和露天料场。

(2)按仓库建筑耐火程度分为耐火仓库和非耐火仓库两类。

(3)按仓库建筑材料分为木质建筑仓库、砖木结构建筑仓库、钢架结构建筑仓库、钢筋水泥建筑仓库四类。

(4)按作业方式分为人力作业仓库、半机械化仓库、机械化仓库、半自动化仓库和自动化仓库。

(5)按仓库层数分为平库和楼库。

2. 仓库建筑结构

库房的建筑必须是经济、坚固、适用,符合物资的安全存放要求,物资和机械设备进出方便以及工程造价合理等条件。库房的选型,要因地制宜,最好选用定型设计,库房建筑的一般要求如下。

(1)库房的建筑基础,必须要稳定、坚固,其断面尺寸要符合有效荷重和地层的承载能力,其基础材料必须有抵抗潮湿和地下水作用的能力。基础的形状和尺寸应保证使荷载能均匀的分布在地基上。

(2)库房的墙体是库房的主要支撑结构和围护结构。库房的墙,应该尽量使库内不受外部温、湿度变化及风沙的影响,坚固耐久。墙的高度按存放物所达到的高度和采用的机械设备而定。

(3)库房的地坪是由基础、垫层相面层构成。仓库的地坪必须要坚固,具有一定的荷载能力,同时还应具有耐摩擦和耐冲击等作用,能容许运输工具的通行,光洁平坦,容易整修,不透水,防潮性能良好,导热系数小。

(4)库房的屋顶是由承重构件和围护构件组成。库房的屋顶要求能有效地防雨、防雪、防风和日光的曝晒,屋面坡度能保证雨水迅速排掉,符合防火安全要求,导热系数小,其坚固性和耐久性应与整个建筑物相适应。

(5)库房的门窗和库门的多少决定于技术操作过程和物资吞吐量。对于较长的库房,每隔20~30 m在其两侧设库门。对于通行小车或电瓶车的库门,宽高一般均在2.0~2.5 m;对于通行载重汽车的库门,宽3.0~3.5 m,高3.0 m。库门的形式以拉门最好。库窗的形状、尺寸和位置,必须保证库房的采光、通风、防火和安全要求。多采用小气窗(通风口),以保证库房内的自然通风。库窗要设在较高位置,启闭灵活,关闭要严密。

仓库柱子间距应适当,柱子间距在很大程度上决定于仓库的用途、仓库的层数、仓库的构造、仓库的负荷能力,同时也受到建筑费用的影响。

3.食品工厂仓库的不同要求

食品工厂仓库有原料库、成品库等,不同仓库对建筑的要求不同。

(1)原料库。果蔬原料库可分为两种,一种是短期储藏。一般用常温库,可用简易平房,便于物料进出。另一种是较长时间储藏,一般用冰点以上的冷库,也称高温冷库,库内相对湿度以85%~90%为宜,可以设在多层冷库的底层或单层平房内。有条件的工厂对果蔬原料还可采用气调储藏、辐射保鲜、真空冷却保鲜等。

肉类原料所用的冷库一般也称为低温冷库,温度为-18~-15℃,相对湿度为95%~100%,为防止物料干缩,避免使用冷风机,而采用排管制冷。

粮仓类型较多,按控温性能可分为低温仓、准低温仓和常温仓。其划分标准为:可将粮温控制在15℃以下(含15℃)的粮仓为低温仓;可将粮温控制在20℃以下(含20℃)的粮仓为准低温仓。除低温仓、准低温仓以外的其他粮仓为常温仓。按仓房的结构形式可分为房仓式和机械化立筒仓等,储存仓库应保持清洁卫生和干燥,袋装面粉堆放储存时,用枕木隔潮。

(2)保温库。保温库一般只用于罐头的保温,宜建成小间形式,以便按不同的班次、不同规格分开堆放。保温库的外墙应按保温墙考虑,不开窗,门要紧闭,库内空间不必太高,一般2.8~3.0 m即可。应单独配设温度自控装置,以自动保持恒温。

(3)成品库。成品库要求进出货方便,地坪或楼板要结实,每平方米可承重1.5~2.0 t,可使用铲车,并考虑附加负载。面糖制品不可露天堆放,糖果类及水分含量低的饼干类等面类制品的库房应干燥、通风,防止制品吸水变质。水分和(或)油脂含量高的蛋糕、面包等制品的库房,则应保持一定的温、湿度条件,以防止制品过早干硬或油脂酸败。

(4)马口铁仓库。由于负荷太大,只能设在楼库地层,最好是单独的平库,地坪的承载能力宜按10~12 t/m²。为防止地坪下陷,库内应装设电动单梁起重机,单层高应满足起重机运行和起吊高度等的要求。

(5)空罐及其他包装材料仓库。要求防潮、去湿、避晒,窗户宜小不宜大。库房楼板的设计载荷能力,随物料容重而定。物料容重大的,如罐头成品库,宜按1.5~2.0 t/m²考虑,容重小的如空罐仓库,可按0.8~1.0 t/m²考虑。介于两者之间的按1.0~1.5 t/m²考虑。如果在楼层使用机动叉车,由土建人员加以核定。

4. 仓库的技术设施

仓库的技术设施是指仓库进行保管维护、搬运装卸、计量检验、安全消防和输电用电等各项作业的劳动手段。仓库的技术设施主要可以分为六类。

(1)储存设施:放置储存物资设施。包括货架和储罐。储罐分露天、室内和地下三种,都是专门用来储存液体产品。

(2)搬运装卸设施:仓库为了提高工作效率,减轻劳动强度,所配备的一切手动的、机动的搬运装卸机具,是联系仓库内外各个作业环节的纽带,使仓库工作构成一个整体。搬运装卸设施主要包括各种起重机、吊车、载重汽车、拖车、叉车、堆码机械和传送装置等。

(3)检验计量设施:为了准确的检测物资化学物理性能和物资的称量,仓库需要配备检验计量设施。这类设施包括各种秤、衡器、量尺、万用电表、绝缘测试器和游标卡尺等。

（4）安全消防设施：为了保障仓库的安全而配备的各种防火、防水、防盗、卫生等器械，如灭火机、消防水龙头、报警器、水桶、水池、水泵、水管等。

（5）输电用电设施：为了仓库照明、机械维修、机械开动等作业而配备的各种输电和用电器具，如电线、电缆、各种电灯、变压器、开关板、保险装置等。

（6）维修包装设施：由于仓库作业时使用机械会出现磨损等现象，为了能够及时地进行维护或维修，要配备各种手动的钳子、扳手、钜斧、改锥以及必要的金属切削机床等。此外，有的中转型仓库，需要发运货物，还要配备包装机器，如钉箱机、打包机、木工工具等。

仓库设施的配备，首先是要产生效果，其次要配备就绪，最后要保证设施的完整配套。

设施是以配套为前提的，下表列举了仓库的代表性设施，根据仓库的种类、经营方针及营运方法，表 3 – 8 中的设施也可能有的项目不需要。

表 3 – 8　仓库的常见设备

区分	项目	备注
一般设备	大门	出、入口的门
	房屋	一般建筑物
	出、入口	接收口、发放口
	收、发场地	接收、发放的地方
	拆包场地	打开包装的地方
	检查场地	接收、检查的地方
	分类场地	容纳物品分类的地方
	包装场地	为接收储存、保管货物等使用的包装场地
	通路	外部、内部
	阶梯	外部、内部
	门	各种门
	保管场地	储藏、保管、储藏场地
	周转平台	作业使用的富余场地
	预备场地	预备用的场地
	地板	发放货物打包捆扎的地方
	捆包场地	发货检查的地方
	检查场地	发放货物的整理场地
	整理场地	发放货物的分类场地
	分类场地	发放货物的包装场地
	包装场地	电灯照明及其附属设备
	照明	自然采光、窗子等
	采光	各种标示
	标示	有关的全部设备
	变电所	空气调节及灭火设备、厕所、盥洗室、通讯及传票处理设备、休息室、食堂、更衣室等
	其他	

区分	项目	备注
保管设备	台座 架 自动保管设备 其他	一般的台座 各种架子 自动仓库使用的保管设备等 其他保管设备
冷藏设备	冷冻设备 冷藏设备 保冷设备 控制设备	有关的全部设备 有关的全部设备 有关的全部设备 有关的全部设备
搬运设备	工具 器具 机械 设备	滚轴、撬杆 滚子传送机、滑槽等 电梯、轿车、吊车、叉车等 其他全部设备
分类装置	机械分类 分类设备	自动分类设备 大型自动分类设备
包装装置	包装机械 包装装置	自动机半自动包装机械 大型的自动包装设备
加工设备	小加工机械 防锈装置	仓库的小加工机械 容纳物资的防锈装置
废物处理装置	捆扎机 切断机 焚烧炉	把废物压缩的机械 把长的废物切短的机械 焚烧废屑的炉子
情报处理装置	电子计算机 事务处理机 资料保管设备	保管装置使用,库内管理使用,情报处理费用 各种事务处理机 有关情报处理资料的保管及其他设备
其他	杂品、备品等 其他	内部的各种物品、办公室等其他的各种物品

　　上述设施中应当注意:出入口的高度以搬运机械能自由进出的高度为准,为 3~5 m。收发场地在允许的条件下必须设置,如果能有一定程度的富余较为理想。拆包场地必须预先考虑到拆包皮屑的处理。检查场地要求处理的物资能顺利流通,检查场地不应有横向叉道。分类场地要利用分类设备。仓库地面上要画好编号,供修理用。地面必须充分达到规定的条件,要求有足够的负荷能力、平整、防滑、不起尘埃、具有一定程度的柔软性和弹性,而且还要牢固。照明要尽可能明亮,一般照明度为 100~200 lx。

5.自动化立体仓库

自动化立体仓库是采用高层货架储存货物,用巷道堆垛起重机及其他周边设备进行作业,由电子计算机进行自动控制的现代化仓库。

（1）自动化立体仓库的主要优点。

①采用高层货架储存货物,利用巷道式堆垛机进行作业,可大幅度增加仓库和货架的高度,充分利用仓库空间,使货物储存集中化、立体化,从而可以大大减少仓库占地面积,节省土地购置费用。

②由于货物集中储存,便于实现仓库作业机械化和自动化,以减轻工人的劳动强度,改善劳动条件,提高作业效率,节约人力,减少劳动力费用的支出。

③由于货物在有限空间内密集储存,便于进行库内温湿度控制,有利于改善物资保留条件。

④利于电子计算机进行控制和管理,作业过程和信息处理准确、迅速、及时,可实现合理储备,加速物资周转,减少资金占用,降低储存费用,提高经济效益。

⑤由于货物的集中储存,便于利用计算机进行控制和管理,有利于采用现代科学技术和现代管理方法,可不断提高仓库的技术水平和管理水平。

（2）自动化立体仓库的主要缺点。

①仓库结构复杂,配套设备多,需要大量的基建和设备投资。

②高层货架多采用钢结构,需要使用大量的钢材。

③计算机自动控制系统是仓库的"精神中枢",一旦出现故障或停电,将会使某个局部甚至整个仓库处于瘫痪状态。

④单元式货架是利用标准货格储存货物,长、大、笨重货物不能存入单元货架,对储存货物的种类有一定的局限性。

⑤由于仓库实行自动控制与管理,技术性比较强,对工作人员的技术业务素质要求比较高。

（3）自动化立体仓库的构成。自动化立体仓库是集建筑物、机械、电气及电子技术为一身的综合体。它主要由仓库建筑物、高层货架、巷道堆垛机、周边设备和自动控制系统等所构成。

①高层货架。高层货架是立体仓库的主体,是储存货箱和托盘的支承结构。

从高层货架与仓库建筑物的关系看,可分为整体式和分离式两种类型。整体式高层货架是指货架与仓库建筑物形成互相连接不可分割的整体,由货架的上部支撑屋盖,在货架的四周加挂保温轻体墙板,形成封闭式仓库建筑物。这种货架整体性好,具有较强的刚性和稳定性,同时能减少建筑材料的消耗、缩短施工周期、降低工程造价。

分离式货架是指高层货架与仓库建筑物互相分离,高层货架安装在仓库建筑物内,货架与库墙和库顶均保持一定的距离。货架只用作储存货物。这种形式适用于利用原有建筑物改建立体库,或在厂房、库房内的局部建造立体仓库。在高层货架比较矮和地面载荷不大时采用这种结构比较方便。

按高层货架的结构材料,可分为钢货架和钢筋混凝土货架。钢货架的优点是结构尺寸小,仓库空间利用程度高,制作方便,安装周期短,便于调整,能保证精度,且随着货架高度的增加,钢货架的优越性更为明显。钢筋混凝土货架的突出优点是防火性能好,抗腐蚀能力强,维护保养简单。其缺点是货架构建截面尺寸小,重量大,现场施工周期长,不便于调整。

②巷道堆垛起重机及周边设备。巷道堆垛起重机是由机架、走行机构、起升机构、载货台及货叉伸缩机构、电气设备及控制装置所构成。这种起重机只能在巷道轨道上运行,所以灵活性较差。无轨巷道堆垛机又称高价叉车,能克服有轨巷道堆垛机的不足,但起升高度比较低,所需通道宽度比较宽,但机动灵活性好,适用于高度 12 m 以下,货物出入库不频繁,规模不大的仓库,特别是利用旧厂房或库房改造立体库时尤为适用。

此外,自动化立体仓库的周边设备主要有各种输送机、叉车、自动搬运小车、升降机、升降货台等。

③自动化立体仓库的自动控制系统。自动化立体仓库的控制系统主要是计算机系统。其控制方式可分为集中控制和分散控制。前者利用一台计算机对仓库进行全面控制,一般多采用小型计算机。后者是利用多台计算机对仓库各方面进行控制,一般多采用微型计算机。其控制的对象主要是巷道堆垛机、输送机、升降机和升降货台、仓库监测报警系统、仓库温湿度控制系统等。与计算机配套的设备还有磁盘驱动器、磁带驱动器、大屏幕显示器、打印机、条形码识别器、集中控制台等。

(4)自动化立体仓库总体规划。自动化立体仓库的总体规划是在充分调查研究掌握大量资料的基础上,按照使用方面的要求,对仓库规模、仓库总体布置、作业方式、控制方式以及机械设备等所进行的全面规划。

①仓库规模的确定。自动化立体仓库的规模主要取决于拟存货物的平均货存量。可根据历史资料和生产的发展,大体估算出平均库存量。

在库存量大体确定后,还要根据拟存货物的规格品种、体积、单位重量、形状、包装等确定每个货物单元的尺寸和重量。一般货物单元以托盘或货箱为载体,每个货物单元的重量多为 200 ~ 500 kg。货物单元的外形尺寸(长、宽、高)多在 1 m 左右。最好采用标准托盘的尺寸或 1/2 标准托盘的尺寸。

货物单元的重量和尺寸确定后,根据拟定的库存量,确定货物单元数量。方法有两种:一是按货物单元的最大重量计算,二是按货物单元的最大容积计算。前者适用于散装或无规则包装,硬质包装的货物;后者适用于具有定型硬包装的货物,如硬纸箱、木箱等。货物单元的重量和体积是相互矛盾的统一体,按重量计算时不得超出最大容积;按容积计算时,也不能超出最大重量,经过两方面的考虑确定每个货物单元的储存货物的重量或储存某种货物的件数,在货物总重量和总件数一定的情况下,计算出货物单元总数,即所需货格的总数。这就决定了仓库的规模。

②仓库总体布置。仓库总体布置主要包括货架货格尺寸的确定,货架排列、层数的确定,储存区、收发区、货物整理区等。

第一,货格尺寸的确定。在货物单元尺寸确定后,货格尺寸主要取决于货物单元四周需留出的净尺寸和货架构件的有关尺寸。这些净尺寸的确定,应考虑货架制造和安装精度以及巷道堆垛起重机的停止精度。

第二,货架长、宽、高及排数的确定。自动化立体仓库的货架长度是由货架列数决定的。在之前确定了仓库的高度后,也就确定了货架的层数,货架的层数在货格尺寸一定的情况下,就决定了货架的高度。货架的高度比较容易确定,它等于货格的进深。

第三,仓库的分区布置。自动化立体仓库的总体布置包括货物储存区和作业区的平面布置和垂直布置。

储存区的布置:仓库储存区即货架区的布置,主要是对货架和巷道的布置。当货架长、宽、高及排数确定后,巷道的长度和数量随之确定。一般货架的布置方式为两侧单排、中间双排,每两排货架之间形成巷道。巷道的宽度是由巷道堆垛机的宽度和巷道堆垛机与货架之间的间隙所决定的。巷道堆垛机与货架之间的距离一般为 75 ~ 100 mm。

出入库作业区的布置:自动化立体仓库的出入库作业区可集中布置在巷道的一端,也可分别布置在巷道的两端。出入库作业区集中布置便于进行控制和管理,同时也可节省仓库建筑面积。其缺点是货物同时出入库时容易发生干扰,必须进行立体交叉布置,才能使出入库作业顺利进行。出入库作业区分散布置,使货物出入库互不干扰,但不便于管理,并多占用仓库面积。

控制室的布置:自动化立体仓库一般都设有集中控制室,电子计算机及各种控制装置安装在控制室内。控制室应布置在立体库的入库端,为了减少占地面积和便于对仓库作业进行瞭望,可将控制室设在入库段的二层平台上。

③仓库作业方式的确定及设备配置。自动化立体仓库多为单元货格式货架,其出入库方式有两种:一是以货物单元为单位进行存和取;一是以货物单元为单位进行整存,而按发货的数量零取。前者作业比较简单方便,可以利用巷道堆垛机进行整存整取。后者作业比较困难一些,其取货方式有两种:

第一,在出库端设分拣台,利用巷道堆垛机将货物单元取出,放置在分拣台上,由分拣人员按照出库凭证取出所需要的数量,然后再由巷道堆垛机将货物单元送回原来货格。

第二,由分拣人员驾驶巷道分拣机或堆垛机,按照发货凭证到每种货物的相应货格位置,从货物单元中拣出所需要的数量。

仓库的作业方式与设备的配置关系密切。仓库设备的配置要与作业方式相适应。对于以整存整取为主的仓库多采用巷道堆垛机;对于以整存零取为主的仓库多采用拣选机。堆垛机和拣选机的数量主要根据巷道数和出入库频率来确定。同时,仓库周边设备的配置主要取决于仓库的规模和仓库的总体布置。

6.仓库在总平面布置中的位置

生产车间是全厂的核心,仓库的位置只能是紧紧围绕这个核心合理的安排,通盘全局的考虑工艺布局,力求做到节省运输的往返,提高生产效率,利于厂容厂貌的整洁,利于工厂的远期发展。

四、机修车间的设计

食品工厂机修车间是重要的辅助车间,它承担着全厂设备的维修、保养,有关磨具的制造,部分设备零部件的加工制造及简单非标准设备的制造、通用设备易损件的加工任务等。大型食品厂的机修车间一般设有厂部机修与车间保养,中小型食品厂一般只设机修车间,负责全厂的维修业务。

(一)机修车间的设计内容

机修车间的设计主要包括以下内容。

(1)根据维修与加工任务和工作量确定机床和其他加工设备的种类及数量。

(2)划分本车间的工段(组),进行车间平面布置。

(3)确定机修车间面积和建筑形式。

(二)机修车间设备的选择

机修车间的设备应根据本行业的特点、工厂的规模、机修工作范围和工作量来确定,其要点如下。

(1)机修车间的设备应保证生产车间常见机械设备的维修及一般易损零、部件的加工。对于加工量不大,但加工工艺复杂,单独较大的零部件,应考虑协作加工或订购。

(2)对加工量不多、加工维修较容易,但必须在本型专用机床上加工的零部件,如果在普通车床上采用附加专用工具夹来解决的,可配备专用工具夹。

(3)对需要用特殊设备加工维修的易损零部件,当加工量较大时,可酌情选用专用机床设备。

(三)机修车间的组成及布置

机修车间的组成因不同食品厂、不同专业而有所差异。

机修车间一般由钳工、机工、锻工、钣焊、热处理、管工、木工等工段或工组构成。机修车间一般不设铸工段,其铸件一般由外协作加工,或作为附属部分而设在厂区外。

在机加工工段,应将同类机床布置在一起。机床之间、机床与柱壁之间都应保持一定的距离,以保证操作维修方便及操作安全。在车间布置时,应将高温作业工段和有强烈震动的工段(如铸工、锻工、热处理等工段)与其他工段分开,放置在厂区较偏僻的角落。机工工段最好布置在单独的厂房中,其余工段应尽量合并在同一建筑物中。布置时应注意各工段的协调性,并在车间前面留出一些空地。

机修车间在厂区的位置应与生产车间保持适当的距离,使它们既不互相影响而又互相联系方便。锻打设备则应安置在厂区的偏僻角落,要考虑噪声对厂区和周围居民区的影响。

(四)机修车间面积和对土建的要求

机修车间的面积须根据车间的组成、生产规模及机床设备的型号、数量来确定。目前多采用经验估算。对不同类型的食品工厂,机修车间面积估算方式也不同,并无定型的模式,一般可按以下方法估算机修车间面积:

(1)机加工工段主要机床的占地面积 $15 \sim 18$ m²/台;

(2)钳工、装配工段:占地面积为机工段的 $70\% \sim 85\%$;

(3)其他工段及库房:占地面积为上述(1)和(2)两个工段之和的 $25\% \sim 35\%$。

在其他工段中不包括热处理工段、电修与管路工段(组)。机修车间各工段(组、室)的面积百分比可见表 3 - 9。

表 3 - 9　机修车间各个工段(组、室)使用面积比

工段(组、室)名称	占车间总面积的百分数/%	工段(组、室)名称	占车间总面积的百分数/%
机工	38 ~ 47	工具室、磨刀室	2 ~ 3.5
钳工	26.5 ~ 31	中间仓库	4 ~ 6
钣焊工	5 ~ 21	半成品库	3 ~ 3.5
喷镀工	2 ~ 3	备件、辅料库	0.5 ~ 1.5
试验室	2 ~ 3	办公室	3 ~ 5

　　机修车间对土建仅作一般要求。如果设备较多且较笨重,则厂房应考虑安装行车。对需要安装行车或吊车的工段,应注意厂房高度,使吊车轨面离地面不小于 6 m。一般机修车间的净高可选 4.2 ~ 4.5 m,车间主跨度一般为 9 ~ 15 m。

五、电的维修与其他维修工程

　　电器维修部门担负着全厂生产与生活用电设备和电路的维护、检修、保养等工作。食品工厂均设有电工房或电工组,一般设在用电设备较集中的生产区内,以便对电气设备和电路及时维修。电工房或电工组不能设在人员通道处和易燃、易爆物品的旁边。

　　此外,工厂中常见的维修部门有:仪器、仪表维修工组(或工段)、土木维修等,它们的规模一般均小于机修车间,因此多以工组的形式存在。但也刻意把机修车间、电修组、仪表维修组合称为维修车间,实施统一领导,分别设置,各尽其责。

(一)电的维修

1. 电维修的任务

　　(1)负责全厂供电系统(包括动力用电和照明用电)的正常运行。

　　(2)负责生产中电机及其他电器(如继电器、接触器、电磁铁等)的检查、调整、维修等工作。

　　(3)对车间及全场室内外的照明线路和设备进行检查和修理。

　　(4)负责全厂的防雷、除静电等设备的维护和修理。

2. 电维修的组成

　　在食品工厂中电维修一般由电工班(组)负责。其电工房一般设在紧接配电房的地方,一些小厂则直接设在配电房内。电工房内设工作间、工具室、更衣室、电气仓库,对于连续性生产的工厂还应设休息室。其工作间内应安装和汇总不

同电气使用的电源、操作台、检修电机及其他电器所用的设备,同时还应有绝缘保护设施。

(二)其他维修工程

1.仪表及自控系统维修

专业的仪表维护班组主要负责全厂的生产用仪表和自控系统的维护和检修。在中、小型厂和仪表自控系统较少的厂中,仪表和自控系统的维修是由电工班组负责。

2.管道维修

工厂中每个车间设置有专业的管道维修工,负责管道出现的渗漏、破裂、截断等问题的维修。全厂设置管道班组,来处理生产中管线上出现的各种问题。

3.建筑维修

建筑维修一般是由后勤部门负责。建筑维修不宜安排在正常的生产期内,一方面影响安全生产,另一方面可能对生产中的原料、半成品、成品造成污染。一般情况下在设备大修的同时进行建筑维修。

六、运输设施

食品工厂运输方式的设计决定了运输设备的选型,而运输设备的选型,又直接关系到全厂总平面布置、建筑物的结构形式、工艺布置、劳动生产率、生产机械化与自动化。但是必须注意的是,计算运输量时,不要忽视包装材料的重量。比如罐头成品和瓶装饮料的吨位都是以净重计算的。下面按运输区间来分别简述对一些常用的运输设备的要求:

(一)厂外运输

进出厂的货物一般通过水路或公路。公路运输视物料情况,一般采用载重汽车,对冷冻物品则需保温车或冷藏车,特殊物料则用专用车辆。对水路运输,一般工厂只需配备装卸机械。现在大部分食品工厂仍是自己组织安排运输工具,但一些工厂已逐步由有实力的物流企业来承担。

(二)厂内运输

厂内运输主要指的是厂区车间外的各种运输。由于厂区内道路转弯多,窄小,许多物料有时又要进出车间,这就要求运输设备轻巧、灵活、装卸方便。常用的有各种电瓶叉车、电瓶平板车、内燃叉车以及各类平板手推车、升降式手推车等。

(三)车间运输

车间运输的设计,属于车间工艺设计的一部分,如输送设备选择得当,将有助于生产过程更加完美。一些输送设备的选择原则如下。

1. 垂直运输

生产车间采用多层楼房的形式时,要考虑垂直运输,垂直运输设备最常见的是电梯,它的载重量大,常用的有 1t、1.5t、2t,轿厢尺寸可选用 2m×2.5m、2.5m×3.5m、3m×3.5m 等,可容纳大尺寸的货物。但电梯也有局限性,它要求物料另用容器盛装,它的运输是间歇的,不能实现连续化;它的位置受到限制,进出电梯往往还得设有输送走廊;电梯常出现故障,且不易一时修好,影响生产正常进行。此外,还可选用斗式提升机、磁性升降机、真空提升装置、物料泵等。

2. 水平运输

车间内的物料大部分呈水平流动,最常用的是带式输送机,其输送带的材料必须符合食品卫生要求,可采用胶带、不锈钢带、塑料链板、不锈钢链板等,很少用帆布带。干燥粉状物料可使用螺旋输送机,包装好的成件物品常采用带式输送机。笨重的大件可采用低级升电瓶铲车或普通铲车。此外,一些新的输送设备和方式逐步兴起,输送距离远,且可以避免物料的平面交叉等。

3. 起重设备

车间内常用的起重设备常有电动葫芦、手动或电动单梁起重机等。

第二节　生活设施

食品工厂的主要生活设施包括:行政办公室、食堂、更衣室、浴室、厕所、婴儿托儿所、医务室、礼堂等。

一、办公楼

办公楼应布置在靠近人流入口处,其面积与管理人员数及机构的设置情况有关。

办公楼建筑面积的估算可以采用下式:

$$F = \frac{GK_1A}{K_2} + B$$

式中:F——办公室建筑面积,m^2;

G——全厂工人总数;

K_1——全场办公人数取 8% ~ 12%；

K_2——系数 65% ~ 69%；

A——办公人数平均使用建筑面积 5 ~ 7 m²/人；

B——辅助用房面积根据需要确定。

二、食堂

食堂在厂区的位置，应靠近工人出入口处或人流集中处。它的服务距离以不超过 600 m 为宜，不能与有危害因素的工作场所相邻设置，不能受有害因素的影响。食堂内应设洗手、洗碗、热饭设备，厨房的布置应防止生、熟食品的交叉污染，并应有良好的通风、排气装置和防尘、防蝇、防鼠措施。

（一）食堂座位数的确定

$$N = \frac{0.85M}{CK}$$

式中：N——座位数；

M——全场最大班人数；

C——进餐批数；

K——座位轮换系数，一、二班制为 1.2。

（二）食堂建筑面积的计算

$$F = \frac{N(D_1 + D_2)}{K}$$

式中：F——食堂建筑面积；

N——座位数；

D_1——每座餐厅使用面积，0.85 ~ 1.0 m²；

D_2——每座厨房及其他面积，0.55 ~ 0.7 m²；

K——建筑系数，82% ~ 89%。

三、医务室

食品工厂内医务室的组成和面积见表 3 – 10。

表3-10　食品工厂医务室的组成与面积

职工人数　部门名称	300 ~ 1 000	1 000 ~ 2 000	2 000 以上
候诊室	1 间	2 间	2 间
医疗室	1 间	3 间	4 ~ 5 间
其他	1 间	1 ~ 2 间	2 ~ 3 间
使用面积	30 ~ 40 m²	60 ~ 90 m²	80 ~ 130 m²

四、会议室

会议室建筑面积可按下式估算:

$$S = \frac{MS_1}{K}$$

式中: S——会议室建筑面积,m²;

　　　M——最大班人数,个;

　　　S_1——座位使用面积,0.8 ~ 1.0 m²;

　　　K——建筑系数,82% ~ 89%。

复习思考题

1. 食品工厂辅助部门的组成有哪些?

2. 食品厂化验室和中心实验室的任务是什么?

3. 如何计算仓库的容量和面积?

4. 食品工厂的运输设备主要有哪些?

5. 机修车间的设计主要包括哪些内容?

6. 食品工厂生活设施指的是什么?

第四章　食品工厂公用工程设计

本章知识点: 掌握公用工程设计的主要内容;了解食品工厂的用水水源及水质,掌握给水处理方法及全厂用水量及排水量的计算方法;了解全厂电力负荷的计算及供电、变配电系统的组成;掌握锅炉选型的方法、锅炉房的位置布置及热负荷的简要计算方法;掌握冷库设计要求;了解食品厂对通风、空调和采暖的一般规定。

所谓公用系统,是指与全厂各部门、车间、工段有密切关系的,为这些部门所共有的一类动力辅助设施的总称。就食品工厂而言,这类设施一般包括给排水、供电及仪表、供汽、制冷、暖通等五项工程。

食品工厂的公用系统由于直接与食品生产密切相关,所以必须符合如下设计要求。

(1)符合食品卫生要求。在食品生产中,生产用水的水质必须符合卫生部门规定的生活饮用水的卫生标准,直接用于食品生产的蒸汽也不含危害健康或污染食品的物质。制冷系统中氨制冷剂对食品卫生有不利影响,应严防泄漏。公用设施在厂区的位置是影响工厂环境卫生的主要因素,环境因素的好坏会直接影响食品的卫生,如锅炉房位置、锅炉型号、烟囱高度、运煤出灰通道、污水处理站位置、污水处理工艺等是否选择正确,与工厂环境卫生有密切关系,因此设计必须合理。

(2)能充分满足生产负荷。食品生产的一大特点就是季节性较强,导致公用设施的负荷变化非常明显,因此要求公用设施的容量对生产负荷变化要有足够的适应性。对于不同的公用设施要采取不同的原则,如供水系统,须按高峰季节各产品生产的小时需水总量来确定它的设计能力,才能具备足够的适应性。供电和供气设施一般采用组合式结构,即设置两台或两台以上变压器或锅炉,以适应负荷的变化。还应根据全年的季节变化画出负荷曲线,以求得最佳组合。

(3)经济合理,安全可靠。进行设计时,要考虑到经济的合理性,应根据工厂实际和生产需要,正确收集和整理设计原始资料,进行多方案比较,处理好近期的一次性投资和长期经常性费用的关系,从而选择投资最少、经济收效最高的设计。在保证经济合理的同时,还要保证给水、配电、供汽、供暖及制冷等系统供应的数量和质量都能达到可靠而稳定的技术参数要求,以保证生产正常安全的运营。

第一节　给排水工程

食品厂给水工程的任务在于经济合理、安全可靠的供应全厂区用水,满足工艺、设备对水量、水质及水压的要求,而与此同时,食品厂排水工程的任务是收集和处理生产和生活使用过程中产生的废水和污水,使其符合国家的水质排放标准,并及时排放;同时还要有组织地及时排除天然降雨及冰雪融化水,以保证工厂生产的正常进行。

一、设计内容及所需的基础资料

整体项目给排水工程设计内容包括:取水及净化工程、厂区及生活区给排水管网、车间内外给排水管道、室内卫生工程、冷却循环水系统、消防系统等设计。

给排水工程设计大致需要收集如下资料。

(1)各用水部门对水量、水质、水温的要求。

(2)建厂所在地的气象、水文、地质资料。

(3)接入厂区的市政自来水及排水管网状况。

(4)当地环保和消防主管部门的要求。

(5)厂区和厂区周围地质、地形资料(包括外沿的引水排水路线)。

(6)当地管材供应情况。

二、食品工厂用水分类及水质要求

在食品工厂特别是饮料工厂中,水是重要的原料之一,水质的优劣直接影响产品的质量,食品工厂的用水大致可分为:产品用水,生产用水,生活用水,锅炉用水,冷却循环补充水,绿化、道路的浇洒水及汽车冲洗用水,未预见水量及管网漏失量,消防用水量。

一般生产用水和生活用水的水质要求符合生活饮用水标准。特殊生产用水是指直接构成某些产品的组分用水和锅炉用水。这些用水对水质有特殊要求,必须在符合《生活饮用水标准》的基础上给予进一步处理,各类用水的水质标准的某些项目指标见表4-1。

表 4 −1　各类用水水质标准

项目	生活饮用水	清水类罐头用水	饮料用水	锅炉用水
pH	6.5 ~ 8.5			>7
总硬度（CaCO₃）/（mg/L）	<250	<100	<50	<0.1
总碱度/（mg/L）			<50	
铁/（mg/L）	<0.3	<0.1	<0.1	
酚类/（mg/L）	<0.05	—	—	
氧化物/（mg/L）	<250		<80	
余氯/（mg/L）	0.5	—		

三、全厂用水量计算

（一）生产用水量

生产用水包括工艺用水,锅炉用水和冷冻机房冷却用水。食品工厂的工艺用水量,可根据工艺专业的产品水单耗、小时变化系数、日产量分别计算出平均小时用水量,最大小时用水量及日用水量。

锅炉用水可按锅炉蒸发量的 1.2 倍计算,小时变化系数取 1.5。锅炉房水处理离子交换柱的反冲洗瞬间流量,即配置锅炉房进口管径时,应按锅炉的总蒸发量加上最大一台锅炉蒸发量的 4 ~ 5 倍计算。

制冷剂的冷却水循环量取决于热负荷和进出水温差。一般情况下,取 $t_2 \leqslant$ 36℃ , $t_1 \leqslant$ 32℃。冷却循环系统的实际耗水量即补充水量可按循环量的 5% 计。

（二）生活用水量

生活用水量的多少与当地气候、人们的生活习惯以及卫生设备的完备程度有关,生活用水量标准是按最大班次的工人总数计算的,按我国的标准定:高温车间（每小时放热量为 83.6 kg/m³ 以上）,每人每班次用水量为 35 L,其他车间 25 L。

淋浴用水:在易污染身体的生产车间（工段）或为了保证产品质量而要求特殊卫生要求的生产车间（工段）,每人每次用水量为 40 L;在排除大量灰分的生产岗位（如锅炉、各料等）以及处理有毒物质或易使身体污染的生产岗位（如接触酸、碱岗位）,每人每次用水量为 60 L。

盥洗用水:脏污的生产岗位,每人每次 5 L,清洁的生产岗位每人每次 3 L,计算生活用水总量时,要确定淋浴的盥洗的次数,乘以每班人数。

家属宿舍以每人每日用水量 30 ~ 250 L 计算;集体宿舍以每人每日用水量 50 ~ 150 L 计算;办公室以每人每班 10 ~ 25 L 计算;幼儿园、托儿所以每人每日 25 ~ 50 L 计算;小学、厂校以每人每日 10 ~ 30 L 计算;食堂以每人每餐 10 ~ 15 L 计算;医务室以每人每次 5 ~ 15 L 计算。根据食品工厂的特点,生活用水量相对生产用水量小得多。在生产用水量不能精确计算的情况下,生活用水量可根据最大班人数按下式估算:

$$生活最大小时用水量 = \frac{最大班人数 \times 70}{100} \quad (m^3/h)$$

消防用水量的确定:消防用水,由于消防设备一般均附有加压装置,对水压的要求不大严格,但必须根据工厂面积、防火等级、厂房体积和厂房建筑消防标准而保证供水量的要求。食品工厂的室外消防用水量为 10 ~ 75L/s,室内消防用水量以 2 × 2.5L/s 计,由于食品工厂的生产用水量一般都较大,在计算全厂总用水量时,可不计消防用水量,在发生火警时,可调整生产和生活用水量加以解决。

(三)其他用水量

厂区道路、广场浇洒用水量按浇洒面积 2.0 ~ 3.0 L/(m^2·d) 计算。厂区绿化浇洒用水量按浇洒面积 1.0 ~ 3.0 L/(m^2·d) 计算,干旱地区可酌情增加。汽车冲洗用水量的定额,应根据车辆用途,道路路面等级,沾污程度以及所采用的冲洗方式确定。

管网漏失水量和不可预见水量之和,可按日用水量 10% ~ 15% 计。

(四)生产用水水压的确定

工厂生产用水水压的确定,因车间不同,用途不同而有不同的要求。如要求脱离实际,过分提高水压,不但增加动力消耗,而且要提高耐压温度,从而增加建设费用。如果水压太低,不能满足生产要求,将影响正常生产。确定水压的一般原则为:进车间的水压,一般应为 0.2 ~ 0.25 MPa;如果最高点的用水量不大时,车间内可另设加压泵。

四、水源及水源的选择

水源的选用应通过技术经济比较后综合考虑确定,并应符合水量充足可靠、原水质符合要求,取水、输水、净化设施安全、经济和维护方便,具有施工条件的要求。各种水源的优缺点比较见表 4 – 2。

表4-2　各种水源的优缺点比较

水源类别	优点	缺点
自来水	技术简单,次性投资省,上马快,水质可靠	水价较高,经常性费用大
地下水	可就地直接取水,水质稳定,且不易受外部污染,水温低,且基本恒定,次性投资不大,经常使用费用小	水中矿物质和硬度可能过高,甚至有某种有害物质,抽取地下水会引起地面下沉
地面水	水中溶解物少,经常性使用费用低	净水系统管理复杂,构筑物多,次性投资较大,水质,水温随季节变化较大

食品工厂用地下水作为供水水源时,应有确切的水文地质资料,取水必须最小开采量并应以枯水季节的出水量作为地下取水构筑物的设计出水量,设计方案应取得当地有关管理部门的同意。水下构筑物的型式一般由:

①管井:适用于含水层厚度大于5 m,其底板埋藏深度大于15 m。

②大口井:适用于含水层厚度在5 m左右,其底板埋藏深度小于15 m。

③渗渠:仅适用于含水层厚度小于5 m,渠底埋藏深度小于6 m。

④泉室:这适用于有泉水露头,且覆盖厚度小于5 m。

用地表水作为供水水源时,其设计枯水流量的保证率一般可采用90% ~ 97% 。

食品工厂地表水构筑物必须在各种季节都能按规范要求取足相应保证率的设计水量。取水水质应符合有关水质标准要求,其位置应位于水质较好的地带,靠近主流,其布置应符合城市近期及远期总体规划的要求,不妨碍航运和排洪,并应位于城镇和其他工业企业上游的清洁河段。江河取水口的位置,应设于河道弯道凹岸顶冲点稍下游处。

在各方面条件比较接近的情况下,应尽可能选择近点取水,以便管理和节省投资,凡有条件的情况下,应尽量设计成节能型(如重力流输水)。

五、给水系统

(一)自来水给水系统(图4-1)

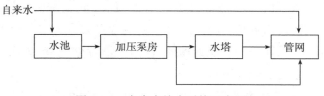

图4-1　自来水给水系统示意图

（二）地下水给水系统（图4-2）

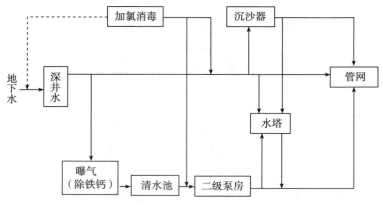

图4-2　地下水给水系统示意图

（三）地面水给水系统（图4-3）

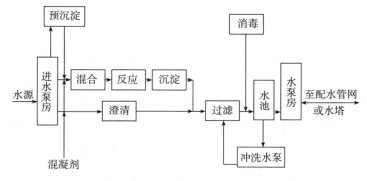

图4-3　地面水给水系统示意图

六、给水处理

给水处理的任务是根据原水水质和处理后水质要求,采用最适合的处理方法,使之符合生产和生活所要求的水质标准。食品工厂水质净化系统分为原水净化系统和水质深度处理系统。如果使用自来水为水源,一般不需要进行原水处理。采用其他水源时常用的处理方法有混凝、沉淀和澄清,过滤软化和除盐等。食品工厂工艺用水处理要根据原水水质的生产要求,采用不同的处理方法。产品用水,生活用水,除澄清过滤处理外,还需经消毒处理,锅炉用水还需软化处理。原水处理的主要步骤如下:

（1）混凝、沉淀和澄清处理:主要是对含沙量较高的原水进行处理（例如长江、黄河水）。投加混凝剂（如硫酸铝、明矾、硫酸亚铁、三氯化铁等）和助凝剂

（如水玻璃、石灰乳液等），使悬浮物及胶体杂质同时絮凝沉淀，然后通过重力分离（澄清）。

（2）过滤：原水经沉淀后一般还要进行过滤。采用过滤方式主要用以去除细小悬浮物质和有机物等。生产用水、生活饮用水在过滤后再进行消毒，锅炉用水经过滤后，再进行软化或离子交换。所以，过滤也是水处理的一种重要方式。过滤设备称过滤池，其型式有快滤池、虹吸滤池、重力或无阀滤池等，都是借助水的自重和位能差或在压力（或抽真空）状态下进行过滤，用不同粒径的石英砂组成单一石英砂滤料过滤，或用无烟煤和石英砂组成双层滤料过滤。

生产用水、生活饮用水还需进行消毒。用液氯或漂白粉加入清水池内进行滤后杀菌消毒，如水质不好，也有采用在滤前和滤后同时加氯的，消毒后水的细菌总数、大肠菌群等微生物指标和游离性余氯量都可达到生活饮用水标准。

（3）清水池：处理后的清水储存在清水池内。清水池的有效容积，根据生产用水的调节储存量，消防用水的储存量和水处理构筑物自用水（快滤池的冲洗用水）的储存量等加以确定。清水池的个数或分格数至少有两个，并能单独工作和泄空。

为了满足食品工厂工艺生产、产品用水的要求，对满足生活用水卫生标准的生产用水作进一步深度处理过程，方法有活性炭吸附、微滤、电渗析、反渗透和离子交换等。

七、配水系统

水塔以下的给水系统统称为配水系统。配水工程一般包括清水泵房、调节水箱和水塔、室外给水管网等。如果采用城市自来水，上述的取水泵房和给水处理均可省去，建造一个自来水储水池（相当于上述的清水池），用来调剂自来水的水量和水压（用泵）。采用自来水为水源，给水工程的主要内容即为配水工程。

清水泵房（也有称二级水泵房）：是从清水池吸水，增压送到各车间，以完成输送水量和满足水压要求为目的。水泵的组合是配合生产设备用水规律而选定，并配置用水泵，以保证不间断供水。

水塔：是为了稳定水压和调节用水量的变化而设立的。

室外给水管网：主要为输水干管、支管和配水管网、闸门及消防栓等。输水干管一般采用铸铁管或预应力钢筋混凝土管。生活饮用水的管网不得和废生活饮用水的管网直接连接，在以生活饮用水作为生产备用水源时，应在两种管道连接处采取设两个闸阀，并在中间加排水口等防止污染生活饮用水的措施。

在输水管道和配水管网需设置分段检修用阀门,并在必要位置上装设排气阀、进气阀或泄水阀。有消防给水任务的管道直径不小于 100 mm,消防栓间距不大于 120 m。小型食品工厂的配水系统,一般采用枝状管网。大中型厂生产车间,今后趋向于大型化,一个车间的进水管往往分几路接入,故多采用环状管网,以确保供水正常。

管网上的水压必须保证每个车间或建筑物的最高层用水的自由水头不小于 6 m,对于水压有特殊要求的工段或设备,可采取局部增压措施。

室外给水管线通常采用铸铁埋地敷设,管径的选择应当恰到好处,管内流速应控制在经济合理的范围内,对于管道的压力降一般控制在 66.65 Pa/100 m 之内为宜。

八、冷却水循环系统

食品工厂制冷机房,车间空调机房及真空蒸发工段等常需要大量的冷却水。为减少全厂总用水量,通常设置冷却水循环系统和可降低水温的装置,如冷却池,喷水池,自然通风冷却塔和机械通风冷却塔等。为提高效率和节省用地,广泛采用机械通风冷却塔(其代表产品有圆形玻璃冷却塔),这种冷却塔具有冷却效果好、体积小、重量轻、安装使用方便、并只需补充循环量的 5% 左右的新鲜水,这对水源缺乏或水费较高且电费不变的地区特别适宜。

九、排水系统

食品工厂的排出水性质可以分为生产污水、生产废水、生活污水、生活废水和雨水等。一般情况下,食品工厂的排水系统已采取污水与雨水分流排放系统,即采用两个排水系统分别排放污水与雨水。根据污水处理工艺的选择,有时还要将污水按污染程度再进行细分,清浊分流,分别排至污水处理站,分质进行污水处理。

1. 排水量计算

食品工厂的排水量普遍较大,根据国家环境保护法生产废水和生活污水,需经过处理达到排放标准后才能排放。排水量的计算采用分别计算,最后累加的方法进行。

生产废水和生活污水的排放量可按生产,生活最大最小给水量的 85% ~ 90% 计算。

雨水量的计算按下式计算:

$$W = q\varphi F \quad (kg/s)$$

式中：W——雨水量，kg/s；

q——暴雨强度，$kg/(s \cdot m^2)$，可查阅当地有关气象、水文资料；

φ——径流系数，食品工厂一般取 0.5~0.6；

F——雨水汇集面积，m^2。

2. 排水设计要点

排水管网汇集了各车间排除的生产污水、冷却废水、卫生间污水和生活区排出的生活污水。排水设计时需要注意以下要点：

（1）生产车间的室内排水（包括楼层）宜采用无盖板的明沟，或采用带水封的地漏，明沟要有一定的宽度（200~300 mm）、深度（150~400 mm）和坡度（>1%），车间地坪的排水坡度宜为 1.5%~2.0%。

（2）在进入明沟排水管之前，应设置格棚，以截留固形物，防止管道堵塞，垂直排水管的口径应比计算选大 1~2 号，以保持排水畅通。

（3）生产车间的对外排水口应加设防鼠装置，宜采用水封窨井，而不用存水弯，以防堵塞。

（4）生产车间内的卫生消毒池、地坑及电梯坑等，均需考虑排水装置。

（5）车间的对外排水尽可能考虑清浊分流，其中对含油脂或固体残渣较多的废水（如肉类和水产加工车间），需在车间外，经沉淀池撤油和去渣后，再接入厂区下水管。

（6）室外排水也应采用清浊分流制，以减少污水处理量。

（7）食品工厂的厂区污水排放不得采用明沟，而必须采用埋地暗管，若不能自流排除厂外，则需采用排水泵站进行排放。

（8）厂区下水管也不宜用深水材料砌筑，一般采用混凝土管，其管顶埋设深度一般不宜小于 0.7 m。由于食品工厂废水中含有固体残渣较多，为防止淤寒，设计管道流速应大于 0.8 m/s，最小管径不宜小于 150 mm，同时每隔一段距离应设置窨井，以便定期排出固体沉淀污物。排水工程的设计内容包括排水管网、污水处理和利用两部分。

食品工厂用水量大，排出的工业废水量也大。许多废水含固体悬浮物、BOD（生化需氧量）和 COD（化学需氧量）含量很高，将废水（废槽）排入江河污染水体。按照国家颁布的《中华人民共和国环境保护法》和《基本建设项目环境保护管理办法》以及相应的环境标准。对于新建工厂必须贯彻把三废治理和综合利用工程与项目同时设计、同时施工、同时投入使用的"三同时"方针。目前处理废水的方法有:沉淀法、活性污泥法、生物转盘法、生物接触氧化法以及氧化塘法等。

十、消防水系统

食品工厂的建筑物耐火等级较高,生产性质决定其发生火警的危险性较低。食品工厂的消防给水宜与生产、生活给水管合并,室外消防给水管网应为环形管网,水量按 15 L/s 考虑,水压应保证当消防用水量达到最大且水枪布置在任何建筑物的最高处时,水枪充实水柱仍不小于 10 m。

室内消火栓的配置,应保证两股水柱,每股水量不小于 2.5 L/s,保证同时达到室内的任何部分,充实水柱长度不小于 7 m。

第二节　供电及自控

一、供电及自控设计的内容和要求

供电设计的主要内容有:供电系统、车间电力设备以及其他电力设施等,照明、信号传输与通讯、自控系统与设备的选择、厂区外线及防雷接地、电气维修工段等。

工厂的供电是电力系统的一个组成部分,必须符合电力系统的要求,如按电力负荷分级供电等。工厂的供电系统必须满足工厂生产的需要,保证高质量的用电,必须考虑电路的合理利用与节约,供电系统的安全与经济运行,施工与维修方便。

供电设计时,工艺专业应提供的资料如下。

(1)全厂用电设备清单和用电要求,包括用电设备名称、规格、容量和特殊要求。

(2)提出选择电源及变压器、电机等的型式、功率、电压的初步意见。

(3)弱电(包括照明、讯号、通讯等)的要求。

(4)设备、管道布置图、车间土建平面图和立面图。

(5)全厂总平面布置图。

(6)自控对象的系统流程图及工艺要求。

此外,还应掌握供电协议和有关资料,供电电源及其有关技术数据,供电线路进户方位和方式、量电方式及量电器材划分、供电费用、厂外供电器材供应的花费等。

二、食品工厂供电特殊要求

食品工厂供电要求及相应措施如下。

(1)有些食品工厂如罐头厂、饮料厂、乳品厂等生产的季节性强,用电负荷变化大,因此,大中型食品工厂宜设 2 台变压器供电,以适应负荷的剧烈变化。

(2)食品工厂的用电性质属三级(Ⅲ类)负荷,采用单电源供电,有条件的也可采用双电源供电。

(3)为减少电能损耗和改善供电质量,厂内变电所应接近或毗邻负荷高度集中的部门。当厂区范围较大,必要时可设置主变电所及分变电所。

(4)食品生产车间水多、汽多、湿度多,所以供电管线及电器应考虑防潮。

三、负荷计算

食品工厂的用电负荷计算一般采用需要系数法,在供电设计中,首先由工艺专业提供各个车间工段的用电设备的安装容量,作为电力设计的基础资料。然后供电设计人员把安装容量变成计算负荷,其目的是用以了解全厂用电负荷,根据计算负荷选择供电线路和供电设备(如变压器),并作为向供电部门申请用电的数据,负荷计算时,必须区别设备安装容量及计算负荷。设备安装容量是指铭牌上的标称容量。根据需要系数法算出的负荷,通常是采用 30 min 内出现的最大平均负荷(指最大负荷班内)。统计安装容量时,必须注意去除备用容量。

(1)车间用电计算:

$$P_j = K_c P_e$$
$$Q_j = P_j \tan\varphi$$
$$S_j = \sqrt{P_j^2 + Q_j^2} = \frac{P_j}{\cos\varphi}$$

式中:P_j ——车间最大负荷班内,半小时平均负荷重最大有功功率,kW;

$\quad\quad Q_j$ ——车间最大负荷班内,半小时平均负荷重最大无功功率,kW;

$\quad\quad S_j$ ——车间最大负荷班内,半小时平均负荷中最大视在功率,kW;

$\quad\quad K_c$ ——需要系数(见表 4 - 3);

$\quad\quad P_e$ ——车间用电设备安装容量(扣除备用设备),kW;

$\quad\quad \cos\varphi$ ——负荷功率因素(见表 4 - 3);

$\quad\quad \tan\varphi$ ——正切值,也称计算系数(见表 4 - 3)。

表4-3 食品工厂用电技术数据

车间或部门		需要系数 K_c	$\cos\varphi$	$\tan\varphi$
乳制品车间		0.6~0.65	0.75~0.8	0.75
实罐车间		0.5~0.6	0.7	1.0
番茄酱车间		0.65	0.8	1.73
空罐车间	一般	0.3~0.4	0.5	—
	自动线	0.5~0.45	—	0.33
	电热	0.9	0.95~1.0	0.88~0.75
冷冻机房		0.5~0.6	0.75~0.8	1.0
冷库		0.4	0.7	0.75~1.0
锅炉房		0.65	0.8	0.75
照明		0.8	0.6	0.33

(2)全厂用电计算：

$$P_{j\Sigma} = K_\Sigma \times \sum P_j$$

$$Q_{j\Sigma} = K_\Sigma \times \sum Q_j$$

$$S_{j\Sigma} = \sqrt{(P_{j\Sigma})^2 + (Q_{j\Sigma})^2} = \frac{P_{j\Sigma}}{\cos\varphi}$$

式中：K_Σ——全厂最大负荷同时系数（一般为0.7~0.8）；

$\cos\varphi$——全厂自然功率因数（一般为0.7~0.75）；

$Q_{j\Sigma}$——全厂总无功负荷，kW；

$P_{j\Sigma}$——全厂有无功负荷，kW；

$S_{j\Sigma}$——全厂总视在负荷，kW。

(3)照明负荷计算：

$$P_{js} = K_c \times P_e$$

式中：P_{js}——照明计算功率，kW；

K_c——照明需要系数；

P_e——照明安装容量，kW。

照明负荷计算也可采用估算法，较为简便。照明负荷一般不超过全厂负荷的6%，即使有一定程度的误差，也不会对全厂电负荷计算结果有很大的影响。

各车间、设备及照明负荷的需要系数 K_c 和功率因数 $\cos\varphi$ 可参考见表4-4。

表4-4 食品厂动力设备需要系数 K_c 和负荷功率因数 $\cos\varphi$

用电设备组名称	K_c	$\cos\varphi$	$\tan\varphi$
泵(包括水泵、油泵、酸泵、泥浆泵等)	0.7	0.8	0.75
通风机(包括鼓风机、排风机)	0.7	0.8	0.75
空气压缩机、真空泵	0.7	0.8	0.75
皮带运输机、钢带运输机、刮板、螺旋运输机 斗式提升机	0.6	0.75	0.88
搅拌机、混合机	0.65	0.8	0.75
离心机	0.25	0.5	1.73
锤式粉碎机	0.7	0.75	0.88
锅炉给煤机	0.6	0.7	1.02
锅炉煤渣运输设备	0.75	—	—
氨压缩机	0.7	0.75	0.88
机修间车床、钻床、刨床	0.15	0.5	1.73
砂轮机	0.15	0.5	1.73
交流电焊机、电焊变压器	0.35	0.35	2.63
电焊机	0.35	0.6	1.33
起重机	0.15	0.5	1.73
化验室加热设备、恒温箱	0.5	1	0

(4)年电能消耗量的计算:

①年最大负荷利用小时计算法:

$$W_n = P_总 \times T_{\max\Delta t}$$

式中:$P_总$——全厂计算负荷,kW;

$T_{\max\Delta t}$——年最大负荷利用小时(一般为7 000~8 000小时);

W_n——年电能消耗量,kWh。

②产品单耗计算法:

$$W_n = ZW_0$$

式中:W_n——年电能消耗量,kWh;

Z——全年产品总量,t;

W_0——单位产品耗电量,kWh/t,可以参考行业指标值。

(5)无功功率补偿。无功功率补偿的目的,是为了提高功率因数,减少电能损耗,增加设备能力,减少导线截面,节约有色金属消耗量,提高网络电压的质量。这是具有重要意义的技术措施。

在工厂中,绝大部分的用电设备,如感应电动机、变压器、整流设备、电抗器和感应器械等,都是具有电感特性的,需要从电力系统中吸收无功功率,当有功功率保持恒定时,无功功率的增加将对电力系统及工厂内部的供电系统产生不良的影响。因此,供电单位和工厂内部都有降低无功功率需要量的要求。无功功率的减少就相应地提高了功率因数 $\cos\varphi$。为了提高功率因数,首先在设备方面采取措施:

①提高电动机的负载率,避免大马拉小马的现象。

②感应电动机同步化。

③采用同步电动机以及其他方法等。

仅仅在设备方面靠提高自然功率的方法,一般不能达到 0.9 以上的功率因数,当功率因数低于 0.85 时,应装设补偿装置,对功率因数进行人工补偿。无功功率补偿可采用电容器法,电容器可装设在变压器的高压侧,也可装设在 380 V 低压侧。装载低压侧的投资较贵,但可提高变压器效率。在食品工厂设计中,一般采用低压静电电容器进行无功功率的补偿,并集中装设在低压配电室。

补偿容量可按下法计算(对于新设计工厂):

$$Q_e = aP_{30}(\tan\varphi_1 - \tan\varphi_2)$$

式中:Q_e ——补偿容量,kW;

　　　a ——全厂或车间平均负荷系数(可取 0.7 ~ 0.8);

　　　P_{30} ——全厂或车间 30min 时间间隔的最大负荷,既有功计算负荷,kW;

　　$\tan\varphi_1$ ——补偿前的 φ 的正切值(可取 $\cos\varphi_1 = 0.7 ~ 0.75$);

　　$\tan\varphi_2$ ——补偿后的 φ 的正切值(可取 $\cos\varphi_1 = 0.9$)。

对于已经生产的工厂:

$$Q_e = \frac{W_{max}}{t_{max}}(\tan\varphi'_1 - \tan\varphi'_2)$$

式中:Q_e ——补偿容量,kW;

　　　W_{max} ——最大负荷月的有功电能消耗量,kWh;

　　　t_{max} ——最大负荷月的工作小时数,h;

　　$\tan\varphi'_1$ ——相应于上述月份的自然加权平均相角正切值;

　　$\tan\varphi'_2$ ——供电部门规定应达到的相角正切值。

计算出全厂用电负荷后,便可确定变压器的容量,一般考虑变压器的容量为

1.2 倍于全厂总计算负荷。

四、供电系统

供电系统要和当地供电部门一起商议确定,要符合国家有关规定,安全可靠,运行方便,经济节约。

按规定,装接容量在 250 kW 以下者,供电部门可以低压供电,超过此限者应为高压供电,变压器容量为 320 kV·A 以上者,需高压供电高压量电,320 kW 以下者为高压供电低压量电。特殊情况,具体协商。

当采用 2 台变压器供电时,在低压侧应该有联络线。

五、变配电设施及对土建的要求

1. 变配电设施的位置要求

变配电设施的确定要全面考虑,统筹安排,尽量靠近负荷中心,进出线安全方便,符合防火安全要求,便于设备运输,尽量避开多尘、高温、潮湿和有爆炸、火灾危险的场所。

变电所是接受、变换、分配电能的场所,是供电系统中极其重要的组成部分。它由变压器、配电装置、保护及控制设备、测量仪表以及其他附属设备和有关建筑物构成。厂区变电所一般分总降压变电所和车间变电所。

凡只用于接收和分配电能,而不能进行电压变换的称为配电所。

总压降变所位置选择的原则是要尽量靠近负荷中心,并应考虑设备运输,电能进线方向和环境情况(如灰尘和水汽影响)等。例如啤酒厂的变电所位置一般在冷冻站近邻处。

车间变电所:对于大型食品工厂,由于厂区范围较大,全厂电动机的容量也较大,故需要根据供电部门的供电情况,设置车间变电所。车间变电所如果设在车间内部,涉及到车间的布置问题,所以,工艺设计者必须根据估算的变压器的容量,初步确定预留变电所的面积和位置,最后与供电设计人员洽商决定,并应在车间平面布置图上反映出来。车间变电所位置选择的原则是:

(1)应尽量靠近负荷中心,以缩短配电系统中支、干线的长度。

(2)为了经济和便于管理,车间规模大、负荷大的或主要生产车间,应具有独立的变电所。车间规模不大,用电负荷不大或几个车间的距离比较近的,可合设一个车间变电所。

(3)车间变电所与车间的相互位置有两种方式:独立式——变电所设于车间

外部,并与车间分开,这种方式适用于负荷分数、几个车间共用变电所,或受车间生产环境的影响(如有易燃易爆粉尘的车间)。附设式——将变电所附设于车间的内部或外部(与车间相连)。

(4)在决定车间变电所的位置时,要特别注意高、低压出线的方便,通风自然采光等条件。

(5)在需要设置配电室时,应尽量使其与主要车间变电所合设,以组成配电变电所,这样可以节省建筑面积和有色金属的用量,便于管理。

2.变配电设施对土建的要求

变配电设施的土建部分为适应生产的发展,应留有适当的余地,变压器的面积按放大1~2级来考虑,高低配电间应留有备用柜屏的地位见表4-5。

表4-5 变配电设施对土建的要求

项目	低压配电间	变压器室	高压配电间
耐火等级	三级	一级	二级
采光	自然	不需采光窗	自然
通风	自然	自然或机械	自然
门	允许木质	难燃材料	允许木质
窗	允许木质	难燃材料	允许木质
墙壁	抹灰刷白	刷白	抹灰刷白
地坪	水泥	太高地坪	水泥
面积	留备用柜位	宜放大1~2级	留备用柜位
层高/m	架空线时≥3.5	4.2~6.3	架空线时≥5

变配电设施应尽可能避免设独立建筑,一般可附在负荷集中的大型厂房内,但其具体位置,要求设备进出和管线进出方便,避免剧烈振动,符合防火安全要求和阴凉通风。

六、厂区外线

供电的厂区外线一般用低压架空线,也有采用低压电缆的,线路的布置应保证路程最短,与道路和构筑物交叉最少。架空导线一般采用 LJ 形铝绞线。建筑物密集的厂区布线应采用绝缘线。电杆一般采用水泥杆,杆距 30 m 左右,每杆装路灯一盏。

七、车间配电

食品生产车间多数环境潮湿,温度较高,有的还有酸、碱、盐等腐蚀介质,是典型的湿热带型电气条件。因此,食品生产车间的电气设备应按湿热带条件选择。车间总配电装置最好设在一单独小间内,分配电装置和启动控制设备应设水汽、防腐蚀,并尽可能集中于车间的某一部分。原料和产品经常变化的车间,还要多留供电点,以备设备的调换或移动,机械化生产线则设专用的自动控制箱。

八、电气照明

照明设计包括天然采光和人工照明,良好的照明是保证安全生产,提高劳动生产率和保护工作人员视力健康的必要条件。合理的照明设计应符合"安全、适用、经济、美观"的基本原则。

1. 人工照明

人工照明类型按用途可分为常用照明和事故照明。按照方式可分为一般照明、局部照明和混合照明三种。

照明器选择是照明设计的基本内容之一。照明选择不当,可以使电能消耗增加,装置费用提高,甚至影响安全生产。照明器包括光源和灯具,两者的选择可以分别考虑,但又必须相互配合。灯具必须与光源的类型、功率完全配套。

(1)光源选择:首先应考虑光效高、寿命长,其次考虑显色性、启动性能。当生产工艺对光色有较高要求时,在小面积厂房中可采用荧光灯或白炽灯。在高大厂房可用碘钨灯。当采用非自镇流式高压汞灯与白炽灯作混合照明时,当两者容量比为2时也会有较好的光色。

(2)灯具选择:在一般生产厂房,大多数采用配照型灯具(适用于6 m以下的厂房)及深照型灯具(适用于7 m以上的厂房)。配照型及深照型灯,较用防水防尘的密闭灯具可以得到较好的照明效果。

(3)灯具排列:灯具行数不应过多,灯具的间距不宜过小,以免增加投资及线路费用。灯具的间距L与灯具的悬挂高度h较佳比值(L/h)及适用于单行布置的厂房最大宽度见表4－6。

表4-6　L/h 值和单行布置灯具厂房最大宽度

灯具型式	L/h 值（较佳值）		适用单行布置的厂房最大宽度
	多行布置	单行布置	
深照型灯	1.6	1.5	1.0 h
配照型灯	1.8	1.8	1.2 h
广照型、散照型灯	1.3	1.9	1.3 h

2. 照明电压

照明系统的电压一般为 380 V/220 V，灯用电压为 220 V。有些安装高度很低的局部照明灯，一般可采用 24 V。

当车间照明电源是三相四线时，各相负荷分配应尽量平衡，负荷最大的一相与负荷最小的一相负荷电流不得超过 30%。车间和其他建筑物的照明电源应与动力线分开，并应留有备用回路。

车间内的照明灯，一般均由配电箱内的开关直接控制。在生产厂房内还应装有 220 V 带接地极的插座，并用移动变压器降压至 36（或 24）V 供检修用的临时移动照明。

3. 照度计算

当灯具型式、光源种类及功率、布灯方案等确定后，需由已知照度求灯泡功率，或由已知灯泡功率求照度。照度计算采用利用系数法。即受照表面上的光通与房间内光源总光通之比。

$$K_L = \frac{\varphi_L}{\varphi_Z} = \frac{\varphi_L}{n\varphi}$$

式中：K_L——利用系数；

　　　φ_L——水平面上的理论光通量，lm；

　　　φ_Z——房间内总光通量，lm；

　　　φ——每一照明器产生的光通量，lm；

　　　n——房间内布置灯具数。

工作水平面上的平均照度 E_P 为：

$$E_P = \frac{\varphi_L}{S} \quad (\text{lx})$$

式中：S——工作水平面的面积，m^2。

将 $\varphi_L = K_L n\varphi$ 代入，得

$$E_P = \frac{n\varphi K_L}{S} \quad (\text{lx})$$

考虑光源衰减,照明器污染和陈旧以及场所的墙和棚污损而使光反射率降低等因素,使工作面上实际所受的光通量减少,故:

$$\varphi_s = K_f\varphi_L = K_f K_L n\varphi \quad (\text{lm})$$

式中:φ_s ——工作面上实际光通量,lm;

$\quad\quad K_f$ ——照明维护系数(清洁环境取 0.75,一般环境取 0.70,污秽环境取 0.65)。

工作面上实际平均照度为:

$$E_s = \frac{\varphi_s}{S} = \frac{K_f K_L n\varphi}{S} \quad (\text{lx})$$

利用系数 K_L 可查阅"工厂供电"或有关电气照明器的利用系数表。设计时对于潮湿和水汽大的工段,同时还要考虑防潮措施。食品工厂各类车间或工段的最低照明度要求,按我国现行能源消费水平,见表 4 – 7。

表 4 – 7 食品工厂最低照度要求

部门名称		光源	最低照度/lx
主要生产车间	一般	日光灯	100 ~ 120
	精细操作工段	日光灯	150 ~ 180
包装车间	一般	日光灯	100
	精细操作工段	日光灯	150
原料、成品库		白炽灯或日光灯	50
冷库		防潮灯	10
其他仓库		白炽灯	10
锅炉房、水泵房		白炽灯	60
办公室		日光灯	60
生活辅助间		日光灯	30

九、建筑防雷和电气安全

(一)防雷

为防止雷害,保证正常生产,应对有关建筑物、设备及供电线路进行防雷保护。有效的措施是敷设防雷装置。防雷装置有避雷针、阀式避雷器与羊角间隙避雷器等。

食品工厂防雷保护范围有变电所、高层厂房等建筑物、厂区架空线路、烟囱、水塔等,其中,食品工厂的烟囱、水塔和多层厂房的防雷等级属于第三类。这类建筑物是否安装防雷装置,可参考表4-8。

表4-8　不同区建筑物需考虑防雷的高度

分区	年雷击日数/d	建筑物需考虑防雷的高度/m
轻雷区	小于30	高于24
中雷区	30~75	平原高于20,山区高于15
强雷区	75以上	平远高于15,山区高于12

(二)接地

电气设备的工作接地、保护接地和保护接零的接地电阻应不大于4 Ω,接零系统重复接地电阻不大于10 Ω,三类建筑防雷的接地装置可以共用(接地电阻不大于30 Ω),也可利用自来水管或钢筋混凝土基础作为接地装置(接地电阻不大于5 Ω)。

十、仪表控制和调节阀

仪表自控设计的主要任务是根据工艺要求及对象的特点,正确选择检测仪表和自控系统,确定检测点、位置和安装方式,对每个仪表和调节器进行检验和参数鉴定,对整个系统按"全部手动控制→局部自动控制→全部自动控制"的步骤运行。一般自控设备的选择按如下步骤进行:

参数测量和变送→显示和调节→执行调节

(一次仪表)　　(二次仪表)(执行机构)

调节阀有气动薄膜调节阀、气动薄膜隔膜调节阀(腐蚀性、高黏度、悬浮颗粒)、电动调节阀、电磁阀(适用于干净气体及黏度小、无悬浮物的液体管路中)。调节阀的选择除了选定通径、流量能力及特性曲线外,还要根据工艺特性和要求,决定采用的型式,如电动还是气动,气开式还是气闭式,并要满足工作压力、温度、防腐及清洗方面的要求。电动调节阀仅适用于电动单元调节系统,气动调节阀既适用于气动单元调节系统,也适用于电动单元调节系统。

第三节　供汽系统

供汽设计的主要内容是:确定供应全厂生产、采暖和生活用汽量;确定供汽的汽源;按蒸汽消耗量选择锅炉;按所选锅炉的型号和台数设计锅炉房;锅炉给水及水处理设计;配置全厂的蒸汽管网等。

一、食品工厂的用汽要求

食品工厂用汽的部门主要有生产车间(包括原料处理、配料、热加工、成品杀菌等)和辅助生产车间,如综合利用罐头保温库、试制室、洗衣房、食堂等。其中罐头保温库要求连续供汽。

关于蒸汽的压力,除以蒸汽作为热源的热风干燥、真空熬糖、高温油炸等要求 0.8 ~ 1.0 MPa 外,其外用汽压力大多在 0.7 MPa 以下,产品在生产过程中对蒸汽品质的要求是低压饱和蒸汽,要求蒸汽在使用时需经过减压装置,以确保用汽安全。

二、锅炉设备选择

食品工厂的季节性较强,用汽负荷波动较大,食品工厂的锅炉台数不宜少于 2 台,并尽可能采用相同型号的锅炉。

(一)选择锅炉房容量的原则

食品工厂的生产用汽,对于连续式生产流程,用汽负荷波动范围较小。对于间歇式生产流程,用汽负荷波动范围较大,在选择锅炉时,若高峰负荷持续时间很长,可按最高负荷时的用汽量选择。如果高峰负荷持续的时间很短,可按每天平均负荷的用汽量选择锅炉的容量。

在实际生产中,在工艺的安排上尽量通过工艺的调整避免最大负荷和最小负荷相差太大,采用平均负荷的用汽量来选择锅炉的容量。

(二)锅炉房容量的确定

根据生产、采暖通风、生活需要的热负荷,计算出的锅炉的最大热负荷。作为确定锅炉房规模大小之用,称之为最大计算热负荷。

$$Q = K_0(K_1 Q_1 + K_2 Q_2 + K_3 Q_3 + K_4 Q_4)$$

式中:Q——最大计算热负荷,t/h;

K_0——管网热损失及锅炉房自用蒸汽系统;

K_1——采暖热负荷同时使用系数;

K_2——通风热负荷同时使用系数;

K_3——生产热负荷同时使用系数;

K_4——生活热负荷同时使用系数;

Q_1——采暖最大热负荷,t/h;

Q_2——通风最大热负荷,t/h;

Q_3 ——生产最大热负荷,t/h;

Q_4 ——生活最大热负荷,t/h。

锅炉房自用汽(包括汽泵、给水加热、排污、蒸汽吹灰等用汽)一般为全部最大用汽量的 3% ~7%(不包括热力除氧)。

厂区热力网的散热及漏损,一般为全部最大用汽量的 5% ~10%。

$$Q = 1.15 \times (0.8Q_c + Q_s + Q_z + Q_g)$$

式中:Q ——锅炉额定容量,t/h;

Q_c ——生产用最大蒸汽耗量,t/h;

Q_s ——生活用最大蒸汽耗量,t/h;

Q_z ——锅炉房自用蒸汽耗量,t/h;

Q_g ——管网热损失,t/h,(取 5% ~10%)。

(三)锅炉的选型

锅炉的型号要根据食品厂的要求与特点和全厂及锅炉的热负荷来确定。型号必须满足符合的需要,所用的蒸汽、工作压力和温度也应符合食品厂的要求,选用的锅炉应有较高的热效率和较低的染料消耗、基建和管理费用,并能够经济有效地适应热负荷的变化需要。

食品工厂的工业锅炉目前都采用水管式锅炉,水管式锅炉热效率高,省燃料。水管锅炉的选型及台数确定,需综合考虑下列各点:

(1)锅炉类型的选择,除满足蒸汽量和压力要求外,还要考虑工厂所在地供应的燃料种类,即根据工厂所用燃料的特点来选择锅炉的类型。

(2)同一锅炉房中,应尽量选择型号、容量、参数相同的锅炉。

(3)全部锅炉在额定蒸发量下运行时,应满足全厂实际最大用汽量和热负荷的变化。

(4)新建锅炉房安装的锅炉台数应根据热负荷调度、锅炉的检修和扩建可能而定,采用机械加煤的锅炉,一般不超过 4 台,采用手工加煤的锅炉,一般不超过 3 台。对于连续生产的工厂,一般设置备用锅炉一台。

(四)锅炉房在厂区的位置

锅炉烟囱排出的气体中,含有大量的灰尘和煤屑。从工厂卫生的角度考虑,锅炉房在厂区的位置应选在对生产车间影响最小的地方,具体要满足以下要求:

(1)锅炉房应处在厂区和生活区常年主导风的下风向,以减少烟灰对环境的污染,使生产车间污染系数最小;

(2)尽可能靠近用汽负荷中心,使送汽管道缩短;

（3）有足够的煤和灰渣堆场，同时锅炉房必须有扩建余地；

（4）与相邻建筑物的间距应符合防火规程和卫生标准，锅炉房不宜和生产厂房或宿舍相连；

（5）锅炉房的朝向应考虑通风、采光、防晒等方面的要求。

三、锅炉房的布置

锅炉机组原则上应采用单元布置，即每只锅炉单独配置鼓风机、引风机、水泵等附属设备。烟囱及烟道的布置应力求使每只锅炉抽力均匀且阻力最小。烟囱离开建筑物的距离，应考虑到烟囱基础下沉时，不致影响锅炉房基础。锅炉房采用楼层布置时，操作层楼面标高不宜低于 4 m，以便出渣和进行附属设备的操作。

锅炉房大多为独立建筑物，不宜和生产厂房或宿舍相连。在总体布置上，锅炉房不宜布置在厂前区或主要干道旁，以免影响厂容整洁。锅炉房属于丁类生产厂房，其耐火等级为 1～2 级。锅炉房应结合门窗位置，设有通过最大搬运体的安装孔。锅炉房操作层面荷重一般为 1.2 t/m²，辅助间楼面荷重一般为 0.5 t/m²，荷载系数取 1.2。在安装震动较大的设备时，应考虑防震措施。锅炉房每层至少设 2 个分别在两侧的出入口，其门向外开。锅炉房的建筑应避免采用砖木结构，而采用钢筋混凝土结构，当屋面自重大于 120 kg/m² 时，应设气楼。

四、烟囱及烟道除尘

锅炉的通风就是提供炉膛燃料燃烧所需的适量空气，同时将燃烧后的烟气及时排出炉外。通风的方式可以采用自然通风或机械通风，自然通风就是利用烟囱的抽吸力将烟气排出，一般仅适用于小型锅炉；机械通风就是利用机械方式进行通风，如用鼓风机将空气送入燃烧室或引风机将烟气排出。

锅炉烟囱的口径和高度首先应满足锅炉的通风。其次，烟囱的高度还应满足环境卫生的要求。在锅炉出口与引风机之间应装设烟囱气体除尘装置，一般情况下，可采用锅炉厂配套供应的除尘器。

五、锅炉的给水处理

锅炉属于特殊的压力容器。水在锅炉中受热蒸发成蒸汽，原水中的矿物质会结合水垢留在锅炉内壁，影响锅炉的传热效果，严重时会影响锅炉的运行安全。所以，锅炉给水和炉水的水质应符合《工业锅炉水质》标准要求（GB 1576—2008），以保证锅炉的安全运行。

自来水一般达不到上述要求,需要因地制宜的进行软化处理,所选用的方法必须保证锅炉的安全运行,同时又保证蒸汽的品质符合食品卫生要求。水管锅炉一般采用炉外化学处理法,即以离子交换软化法通过离子交换器使水得到软化。

六、煤及灰渣的储运

煤场的存煤量可按 25～30 d 的煤耗量考虑,粗略估算每吨煤可产 6 t 蒸汽,煤场一般为露天煤场,也可建一部分干煤棚。煤场的运转设备,根据锅炉房的规模选用人工翻斗车推车、装载机、皮带输送机将运输工具上的煤卸至锅炉房上煤系统。锅炉在 2 台以下时用人工手推车将煤渣运至渣场,多台锅炉时可用框链出渣机、刮板出渣机、耐热胶带输送机将渣运至渣场。

第四节　采暖与通风

采暖通风的目的是改善工人的劳动条件和工作环境;满足某些产品的工艺要求或作为一种生产手段;防止建筑物发霉,改善工厂卫生。

采暖与通风设计的主要内容有:车间或生活室的冬季采暖、夏季空调或降温,某些食品生产过程中的保温(罐头成品的保温库)或干燥(脱水蔬菜的烘房),某些设备或车间的排气与通风以及某些物料的风力输送等。

一、采暖标准与设计原则

凡日平均温度≤5℃的天数历年平均为 90 d 以上的地区应该集中采暖。但也不能一概而论,而要根据特殊情况分别对待。有些生产辅助室和生活室,如浴室、更衣室、医务室、女工卫生室等,也要考虑采暖。采暖的室内计算温度是指通过采暖应达到的室内温度。当生产工艺无特殊要求时,按照《工业企业设计卫生标准》(GBZ 1—2010)的规定,动机车间内工作地点的空气温度应符合表 4 – 9 的规定。

表 4 – 9　冬季工作地点的采暖温度

劳动强度（等级）	采暖温度/℃
Ⅰ	18～21
Ⅱ	16～18
Ⅲ	14～16
Ⅳ	12～14

注　表中劳动强度的分级可以参考 GBZ 1—2010 中附录 B 的方法确定。

集中采暖车间,当每名工人占用的建筑面积较大时(≥50 m²),仅要求工作地点及休息地点设局部采暖设施。采暖地区的生产辅助用室冬季室温不得低于表4-10中的规定。

表4-10　生产辅助用室冬季室温

辅助用室名称	气温/℃
厕所、盥洗室	12
食堂	14
办公室、休息室	18~20
技术资料室	20~22
存衣室	18
淋浴室	25~27
更衣室	23

注　当工艺或使用条件有特殊要求时,各类建筑物的室内温度,可参照有关专业标准、规范的规定执行。

室外计算温度等于或小于-20℃的地区,为防止车间大门长时间或频繁开放而受冷空气的侵袭,应根据具体情况设置门斗、外室或热空气幕。

在食品工厂的采暖设计时,采用的一般原则如下。

①设计集中采暖时,生产厂房工作地点的温度和辅助用室的室温应按现行的《工业企业设计卫生标准》执行。

②设置集中采暖的车间。

③设置全面采暖的建筑物时,维护结构的热阻应根据技术经济比较结果确定,并应保证室内空气中水分在维护结构内表面不发生结露现象。

④采暖热媒的选择应根据厂区供热情况和生产要求等,经技术经济比较后确定,并应最大限度地利用废热。

⑤累年月日平均温度稳定低于或等于5℃的日数大于或等于90d的地区,宜采用集中采暖。

二、采暖方式

食品生产厂房及辅助生产建筑的采暖热媒,根据采暖地区采暖期的长短、采暖面积的大小来确定,优先考虑利用市政采暖系统供热网。食品厂一般以蒸汽或热水作为采暖热媒,生活区常用热水,在生产车间中,如生产工艺中的用汽量远远超过采暖用汽量时,则车间采暖一般选择蒸汽作为热媒,工作压力0.2 MPa。

食品工厂内的采暖方式一般由热风采暖、散热器采暖和辐射采暖等几种。食品厂大多采用散热器采暖,一般按车间单元体积大小而定,当单元体积大于 3 000 m³ 时,应该采用热风采暖,在单元体积较小的场合,多半采用散热器采暖方式。

采暖耗热计算:

$$Q = PV(t_n - t_w)$$

式中:Q——耗热量,kJ/h;

P——建筑物的供暖体积热指标,kJ/(m^2·h·K),(有通风车间 $P \approx$ 1.0,无通风车间 $P = 0.8$);

V——房间体积,m^3;

t_n——室内计算温度,K;

t_w——室外计算温度,K。

三、通风与空气调节

1. 通风设计一般规定

(1)通风设计时优先考虑自然通风。自然通风是利用厂房内外空气密度差引起的热压或风力造成的风压来促使空气流动,进行通风换气,可以节约能耗和减少噪声。自然通风设计的原则如下。

①在决定厂房总图方位时,厂房纵轴应尽量布置成东、西向,以避免有大面积的窗和墙受日晒影响,尤其在我国南方气温较高的地区更应注意。

②厂房主要进风面一般应与夏季主导风向成 60°~90°角,不宜小于 14°角,并与避免西面日晒同时考虑。

③热加工厂房的平面布置最好不采用"封闭的庭院式"。尽量布置成"L"型、"Π"型或"Ⅲ"型。开口部分应该位于夏季主导风向的迎风面,而各翼的纵轴与主导风向成 0~45°角。

④"Π"型或"Ⅲ"型建筑,两翼间的间距一般不应小于相邻两翼高度(由地面到屋檐)和的一半,在最好在 15 m 以上。如建筑物内不产生大量有害物质,其间距可减少至 12 m,但必须符合防火标准的规定。

⑤在放散大量热量的单层厂房四周,不宜修建披屋,如确有必要时,应避免设在夏季主导风向的迎风面。

⑥放散大量热和有害物质的生产过程,宜设在单层厂房内,如设在多层厂房内,宜布置在厂房的顶层。必须设在多层上方的其他各层时,应防止污染上层各

房间内的空气。当放散不同有害物质的生产过程布置在统一建筑内时,毒害大于毒害小的放散源应隔开。

⑦采用自然通风时,如热源和有害物质放散源布置在车间内的一侧时,应符合下列要求;以放散热量为主时,应布置在夏季主导风向的下风侧,以放散有害物质为主时,一般布置在全年主导风向的下风侧。

⑧自然通风进风口的标高,建议按下列条件采取:

夏季进风口下缘距室内地坪越小,对进风越有利,一般应采用 0.3~1.2 m,推荐采用 0.6~0.8 m;冬季及过渡季进口下缘距室内地坪一般不低于 4 m,如低于 4 m 时,可采取措施以防止冷风直接吹向工作地点。

⑨在我国南方炎热地区的厂房内不放散大量粉尘和有害气体时,可以考虑采用以穿堂风为主的自然通风方式。

⑩为了充分发挥穿堂风的作用,侧窗进、排风的面积均应不小于厂房的侧墙面积的 30%,厂房的四周也应尽量减少披屋等辅助建筑物。

(2)在自然通风达不到应有的要求时要采用机械通风。食品工厂的人工通风是通过机械通风实现的,因此常称为机械通风。当工作地点温度大于当地夏季通风室外计算温度 3℃时,每人每小时应有新鲜空气量为不少于 20~30 m³/h;而当工作地点气温大于 35℃时,应设置岗位吹风,吹风的风速在轻作业时为 2~5 m/s,在重作业时为 3~7 m/s;当有大量蒸汽散发的工段,不论其气温高低,均需考虑机械排风。机械通风有两种方式,即局部排风和全面排风。

在排风系统中,以局部排风最为有效、最为经济。根据工艺生产设备的具体情况及使用条件,并视所产生有害物的特性,来确定有组织的自然排风或机械排风。

小范围的局部排风一般采用排气风扇或通过排风罩接风管来实现,较大面积的工段或温度较高的工段,常采用离心风机排风。

局部排风的设计原则如下。

①是在散发有害物质(指有害蒸汽、气体或粉尘)的场合,为了防止有害物污染室内空气,必须结合工艺设置局部排风系统。

②宜将同时运转,生产流程相同、粉尘性质相同而且相互距离不大的扬尘设备的吸风点合为一个系统。

③需排除腐蚀性气体的系统的设计,应选择防腐蚀型风机。

④排除高温、高湿气体时,为了防止结露,应对排风管及通风净化设备进行保温。

（3）在使用自然排风或机械排风的同时,也可以使用全面通风。全面通风的设计一般原则如下。

①散发热湿有害物质的车间或其他房间,当不能采用局部通风或采用局部通风仍达不到卫生要求时,应辅以全面通风或采用全面通风。

②全面通风有自然通风、机械通风或自然通风与机械联合通风。设计时应尽量采用自然通风方式,以节约能源与投资。当自然通风达不到卫生体条件或生产要求时,则应采用机械通风或自然与机械联合通风。

③厨房、厕所、盥洗室和浴室等应设置机械通风进行全面换气。

④有排风的生产厂房及辅助建筑应考虑自然补风的可能性,当自然补风不能达到要求时,宜设置机械送风系统。

⑤有冬季供热或夏季供冷的场所在考虑通风时,同时应考虑冷、热负荷的平衡和补充。

（4）夏季工作地点空气温度规定。食品厂夏季工作地点的空气温度要求见表4-11。

表4-11　食品厂夏季工作地点的空气温度要求

夏季通风室外计算温度/℃	工作地点与室外温差/℃
≤22	10
23～29	相应不得超过 9、8、7、6、5、4
29～32	3
≥33	2

（5）新鲜空气量标准。食品厂每人每小时应有的新鲜空气量标准见表4-12。

表4-12　每人每小时应有的新鲜空气量标准

平均每人所占车间容积/（m³/人）	应有新鲜空气量/[m³/（人·h）]
<20	≥30
20～40	≥20
>40	可由门窗渗入的空气换气

（6）有关车间的温度湿度要求。食品厂车间的温度湿度要求随产品性能或工艺要求而不同,具体情况可按有参考有关数据。

2. 通风与空调设计的计算概要

空调设计的计算包括夏季冷负荷计算,夏季湿负荷计算和送风量计算。

（1）夏季空调冷负荷计算：

$$Q = Q_1 + Q_2 + Q_3 + Q_4 + Q_5 + Q_6 + Q_7 + Q_8$$

式中：Q_1——需要空调房间的围护结构耗冷量，主要取决于围护结构材料的构成和相应的导热系数 k，kJ/h；

Q_2——渗入室内的热空气的耗冷量，主要取决于新鲜空气量和室内外气温差，kJ/h；

Q_3——热物料在车间内的耗冷量，kJ/h；

Q_4——热设备的耗冷量，kJ/h；

Q_5——人体散热量，kJ/h；

Q_6——电动设备的散热量，kJ/h；

Q_7——人工照明散热量，kJ/h；

Q_8——其他散热量，kJ/h。

（2）夏季空调湿负荷计算：

①人体散湿量 W_1：

$$W_1 = nW_0$$

式中：n——人数；

W_0——一个人散发的湿量，kJ/h。

②潮湿地面的散湿量 W_2：

$$W_2 = 0.006(t_n - t_s)F$$

式中：t_n、t_s——分别为室内空气的干、湿温度，K；

F——潮湿地面的蒸发面积，m^2。

③其他湿量 W_3：如开口水面的散湿量，渗入空气带进的湿量等。

④总散湿量 W（kg/h）：

$$W = \frac{(W_1 + W_2 + W_3)}{100}$$

（3）送风量的确定。送风量的确定可以利用 $H - d$ 图来进行，具体步骤如下。

①首先，根据总耗冷量和总散湿量计算热湿比 ε（kJ/kg）：

$$\varepsilon = Q/W$$

②其次，确定送风参数：食品车间空调的送风温差一般为 6～8℃。

③最后，确定新风与回风的混合点 C，使：

$$\frac{新风量}{总风量} \geqslant 10\%$$

并校核新风量是否满足人的卫生要求,及是否大于补偿局部排风并保持室内规定正压所需的风量。

确定送风量 G (kg/h)。

送风量:

$$G = \frac{Q}{(I_n - I_k)}$$

式中:I_n、I_k——分别为室内空气及空气处理终了的热焓。

四、空气系统的选择

按空调设备的特点,空调系统有集中式、局部式和混合式三类。

局部式(即空调机组)的主要优点是土建工程小,易调节,上马快,使用灵活。其缺点是一次性投资较高,噪声也较高,不适于较长风道。

集中式空调系统主要优点是集中管理、维修方便、寿命长、初投资和运行费较低,能有效控制室内参数。集中式空调系统常用在空调面积超过 $400 \sim 500 \ m^2$ 的场合。

五、空调车间对土建的要求

空调车间及各空调房间的布置应优先满足工艺流程的要求,同时兼顾下列要求:

(1)空调车间的位置不宜设在严重散发粉尘、烟气、腐蚀性气体和多风沙的部位,应尽量远离物料粉碎车间、锅炉房和污水处理站等,且应位于厂区最多风向的上风侧。

(2)车间内空调房间的布置要求如下。

①应尽量集中。

②利用非空调房间包围空调房间,或温度基数与允许波动范围要求低的房间包围要求高的房间。

③建筑体型力求简单方正,减少与室外空气邻接的暴露面。

④优先选择南北向。

⑤宜避免布置在有两面外墙的转角处和有伸缩缝、沉降缝的部位。

⑥层高相同的空调房间,应集中布置在同一层,避免高低错落。

⑦屋面应避免内排水。

⑧要求噪声小的空调房间应尽量离开声源,防止通过门窗和洞口传播噪声,

并充分利用走廊、套间和隔壁隔离噪声。

⑨当工艺设计要求在工艺改变的同时,分隔墙能相应改变时,空调系统设计也应采取相应的措施。

⑩机房应尽量布置在靠近负荷中心处。

（3）围护结构的热工要求。

①对屋顶、墙、楼板的导热系数 K 的要求:尽量小。

②对窗的要求:尽量避免东西向窗,尽可能减少窗面积,外窗应设双层,南向还应有遮阳措施。

③对内部装饰的要求:可设吊平顶(材料应不宜吸潮和长霉),墙面不宜积灰。

六、空气净化

1. 空气洁净度等级的确定

食品工业洁净厂房设计或洁净区划分参考《洁净厂房设计规范》（GB 50073—2003）进行。也可参考医药工业洁净级别和洁净区的划分标准,在满足生产工艺要求前提下,首先应采用低洁净等级的洁净室或局部空气净化;其次可采用局部工作区空气净化和低等级全室空气净化相结合或采用全面空气净化。

2. 洁净室设计的综合要求

在工艺流程布置合理、紧凑,避免人流混杂的前提下,为提高净化效果,凡有空气洁净度要求的房间,宜按下列要求布局。

（1）空气洁净度高的房间或区域,宜布置在人员最少到达的地方,并宜靠近空调机房。

（2）不同洁净级别的房间或区域,宜按空气洁净度的高低由里向外布置。

（3）空气洁净度相同的房间或区域,宜相对集中。

（4）洁净室内要求空气洁净度高的工序,应布置在上风侧,易产生污染的工艺设备应布置在靠近回风口位置。

（5）不同空气洁净度房间之间相互联系,要有防止污染措施,如气闸室、缓冲间或传递窗(柜)。

（6）下列情况的空气净化系统,如经处理仍不能避免交叉污染,则不应利用回风:固体物料的粉碎、称量、配料、混合、制粒、压片、包衣、灌装等工序;用有机溶媒精制的原料药精制、干燥工序;工艺过程中产生大量有害物质、挥发性气体的生产工序。

（7）对面积较大、洁净度较高、位置集中及消声、震动控制要求严格的洁净室,宜采用集中式空气净化系统,反之,可用分散式空气净化系统。

（8）洁净室内产生粉尘和有毒气体的工艺设备,应设局部除尘和排风装置。

（9）洁净室内排风系统应有防倒灌或过滤措施,以免室外空气流入。含有易燃易爆物质局部排风系统应有防火、防爆措施。

（10）洁净室的温度与湿度,以穿着洁净工作服不产生不舒适感为宜。

第五节　制冷系统

食品工厂设置制冷工程的主要作用是对原辅料及成品进行储藏保鲜。如延长生产期,保持原辅料及成品新鲜的果蔬高温冷藏库及肉禽鱼类的低温冷藏库。食品在加工过程中的冷却、冷冻、速冻工艺,车间空气调节或降温也需要配备制冷设施。

一、制冷装置的类型

常用的制冷机可分为三种类型:压缩式制冷机、蒸汽喷射式制冷机和吸收式制冷机。

（1）压缩式制冷机:根据工作特点,可分为三种:活塞式压缩制冷机、离心式压缩制冷机和螺杆式压缩制冷机。

（2）蒸汽式喷射制冷机:主要用于空气调节作降温之用。

（3）吸收式制冷机:在食品工厂中尚未见使用

二、制冷系统

工业上通常把冷冻分为两种,冷冻范围在 $-100℃$ 以下的为一般冷冻,低于 $-100℃$ 的为深度冷冻。食品工厂常多采用一般冷冻,温度范围多在 $-25℃$ 以内,压缩机压缩比都小于 8,多采用单级压缩式冷冻机制冷系统。

1.制冷剂的选择

制冷剂是制冷系统中借以吸收被冷却介质（或载冷剂）热量的介质。对制冷剂的要求如下。

（1）沸点要低。正常的沸点应低于 $10℃$,在蒸发室内的蒸发压力应大于外界大气压;冷凝压力不超过 $1.2 \sim 1.5$ MPa;单位体积产冷量尽可能大;密度和黏度要尽可能小;导热和散热系数高;蒸发比容小,蒸发潜热大。

（2）制冷剂能与水互溶,对金属无腐蚀作用,化学性质稳定,高温下不分解。

（3）无毒性、无窒息性及刺激作用,且易于取得,价格低廉。

目前常用的制冷剂有氨和氟利昂。

2. 冷媒的选择

采用间接冷却方法进行制冷所用的低温介质称为载冷剂,在工厂常称为冷媒。冷媒在制冷系统的蒸发器被冷却,然后被泵送至冷却或冷冻设备内,吸收热量后,返回蒸发器中。冷媒必须具备冰点低、热容量大、对设备的腐蚀性小和价格低廉这几个条件。

常用的冷媒是空气、水和盐水。其中水只能使用在 0℃ 以上的冷却系统。0℃以下的冷却系统采用盐类的水溶液（盐水）作为冷媒,常采用的盐水有氯化钠、氯化钙、氯化镁等,使用时根据使用温度查表选择盐水浓度,在盐水中加入一定量的防腐蚀剂可以减轻和防止盐水的腐蚀性,一般使用氢氧化钠和重铬酸钠、乙醇、乙二醇作为冷媒,可以避免腐蚀现象,其缺点是挥发损失多。

三、冷库容量的确定

供冷设计的主要任务是选择合适的制冷剂及制冷系统,并作冷冻站设备布置。制冷剂选择,直接关系到制冷量能否满足生产需要,影响工厂投资与产品成本。食品工厂的各类冷库的性质均属于生产性冷库,它的容量主要应围绕生产的需求来确定。确定冷库中各种库房的容量可参考表 4 - 13。

表 4 - 13 食品工厂各种库房的储存量

库房名称	温度/℃	储备物料	库房容量要求
高温库	0 ~ 4	水果、蔬菜	15 ~ 20 d 需要量
低温库	< -18	肉禽、水产	30 ~ 40 d 需要量
冰库	< -10	自制机冰	10 ~ 20 d 的制冰能力
冻结间	< -23	肉禽类副产品	日处理量的50%
腌制间	-4 ~ 0	肉料	日处理量的4倍
肉制品库	0 ~ 4	西式火腿、红肠	15 ~ 20 d 的产量

在容量确定之后,冷库的建筑面积的大小取决于物料品种、堆放方式及冷库的建筑形式。计算可按下式进行:

$$A = \frac{m \cdot 1000}{a \cdot \rho \cdot h \cdot n}$$

式中:A——冷库建筑面积(不包括穿堂,电梯间等辅助建筑),m^2;

m——计划任务书规定的冷藏量,t;

a——平面系数(有效堆货面积/建筑面积),多库房的小型冷库(稻壳隔热)取 $0.68 \sim 0.72$,大库房的冷库(软木,泡沫塑料隔热)取 $0.76 \sim 0.78$;

h——冷冻食品的有效堆货高度,m;

n——冷库层数;

ρ——冷冻食品的单位平均体积质量,kg/m^3。

四、冷库耗冷量计算

耗冷量是制冷工艺设计的基础资料,库房制冷设备的设计和机房制冷压缩机的配置等都要以耗冷量作为依据。冷库的耗冷量受冷加工食品的种类、数量、温度、冷库温度、大气温度、冷库结构等多方面因素的影响。

1.冷库总耗冷量的计算

$$Q_0 = Q_1 + Q_2 + Q_3 + Q_4$$

式中:Q_1——冷库维护结构的耗冷量,kJ/h;

Q_2——物料冷却、冻结耗冷量,kJ/h;

Q_3——库房换气通风耗冷量,kJ/h;

Q_4——冷库运行管理耗冷量,kJ/h。

2.冷库维护结构耗冷量 Q_1

冷库维护结构的耗冷量由库内外温差传热耗冷量 Q_{1a} 和太阳辐射热引起的耗冷量 Q_{1b} 两部分组成。

(1)库内外温差传热的耗冷量 Q_{1a}:

$$Q_{1a} = K \cdot A \cdot (t_w - t_n)$$

式中:K——冷库维护结构的传热系数,$kJ/(m^2 \cdot h \cdot ℃)$;

A——冷库维护结构的传热面积,m^2;

t_w——库外计算温度,℃;

t_n——库内计算温度,℃。

其中,库外计算温度 t_w 可按 0.4 倍的当地最热月的日平均温度与 0.6 倍的当地极端最高温度之和计算求得。

（2）太阳辐射热引起的耗冷量：

$$Q_{1b} = K \cdot A \cdot t_d$$

式中：K——外墙和屋顶的传热系数，$kJ/(m^2 \cdot h \cdot \mathbb{C})$；

A——受太阳辐射围护结构的面积，m^2；

t_d——受太阳辐射影响的昼夜平均温度，$\mathbb{C}$。

3. 物料冷却、冻结耗冷量 Q_2

$$Q_2 = \frac{m(h_1 - h_2)}{t} + \frac{m'(t_1 - t_2) \cdot c}{t} + \frac{m(g_1 + g_2)}{t}$$

式中：m——冷库进货量，kg；

h_1、h_2——物料冷却、冻结前后的热焓，kJ/kg；

t——冷却时间，h；

m'——包装材料质量，kg；

t_1、t_2——进出库时包装材料的温度，$\mathbb{C}$；

c——包装材料的比热容，$kJ/(kg \cdot \mathbb{C})$；

g_1、g_2——果蔬进出库时相应的呼吸热，$kJ/(kg \cdot h)$。

考虑到物料初次进入的热负荷较大，计算制冷设备冷量时应按 Q_2 的 1.3 倍计算考虑。

4. 库房换气通风耗冷量 Q_3（需换气的冷风库才进行此项计算）

$$Q_3 = 3 \cdot \rho \cdot V \cdot \Delta h / t$$

式中：ρ——库房内空气的体积质量，kg/m^3；

V——库房的体积，m^3；

Δh——库内外空气的焓差，kJ/kg；

t——通风机每天工作时间，h；

3——每天更换新鲜空气的次数，一般为 1～3，此处取最大值。

5. 库房运行管理的耗冷量 Q_4

$$Q_4 = Q_{4a} + Q_{4b} + Q_{4c} + Q_{4d}$$

$$= q_d F + \frac{Vn(H_w - H_n)M\gamma_a}{24} + \frac{3}{24}n_r q_r + 3\,600 \sum N \xi \rho$$

式中：Q_{4a}——照明的耗冷量，kJ/h；

Q_{4b}——开门耗冷量，kJ/h；

Q_{4c}——库房操作人员耗冷量，kJ/h；

Q_{4d}——电动机运转耗冷量，kJ/h；

q_d——每平方地板面积照明热量,kJ/(m²·h),冷藏间可取 6.27 ~ 8.36 kJ/(m²·h),操作间可取 20.9 kJ/(m²·h);

F——冷库地板面积,m²;

V——冷库内净容积,m²;

n——每日开门换气次数;

H_w——冷库外空气含热量,kJ/kg;

H_n——冷库内空气含热量,kJ/kg;

M——空气幕效率修正系数(取 0.5,不设空气幕时取 1);

γ_a——冷库内空气密度,kg/m³;

n_r——操作人员数量;

q_r——每个操作人员每小时产生的热量(kJ/h),(冷库内温度高于或等于 -5 时取 1 003.2 kJ/h,低于 -5 时取 1 421.2 kJ/h);

3/24——每日工作时间系数(按每日工作 3 小时计);

3 600——电动机每一千瓦小时换算为热能的数值,kJ/(kW·h);

N——电动机额定功率,kW;

ξ——热转化系数(电动机在冷间内时取 1,在冷间外时取 0.75);

ρ——电动机运转时间系数(对冷风机配用的电动机取 1,对冷间内其他设备配用的电动机可按实际情况取值,一般可按每昼夜操作 8 小时计)。

由于冷藏间使用条件变化大,为简便计,可按下式估算 Q_4:

$$Q_4 = (0.1 \sim 0.4)Q_1$$

对于大型冷库取 0.1;中型冷库取 0.2 ~ 0.3;小型冷库可取 0.4。

五、制冷设备的选择计算

1. 各种温度的确定

在制冷系统中,各种温度相互关联,以下是氨制冷机在操作过程中的一般常用值。

(1)冷凝温度 t_k:

$$t_k = \frac{t_{w1} + t_{w2}}{2} + (5 \sim 7)$$

式中:t_{w1}、t_{w2}——冷凝器冷却水的进水、出水温度,℃。

冷凝器冷却水的进出口温差,一般按下列数值选用:

立式冷凝器 2~4℃；卧式和组合式冷凝器 4~8℃；激淋式冷凝器 2~3℃。

（2）蒸发温度 t_0：当空气为冷却介质时，蒸发温度取低于空气温度 7~10℃，常采用 10℃。当盐水或水为冷却介质时，蒸发温度取低于介质温度 5℃。

（3）过冷温度：在过冷器的制冷系统中，需定出过冷温度。在逆流式过冷器中，氨液出口温度（即过冷温度）比进水温度高 2~3℃。

（4）氨压缩机允许的吸气温度：随蒸发温度不同而异，见表 4-14。

表 4-14　氨压缩机的允许吸气温度

蒸发温度/℃	0	-5	-10	-15	-20	-25	-28	-30	-33
吸收温度/℃	1	-4	-7	-10	-13	-16	-18	-19	-21

（5）氨压缩机的排气温度 t_p

$$t_p = 2.4(t_k - t_0)$$

式中：t_k ——冷凝温度，℃；

t_0 ——蒸发温度，℃。

2. 氨压缩机的选择及计算

选择氨压缩机要符合的一般原则为：选择压缩机时应按不同蒸发温度下的机械冷负荷分别予以满足。与此同时，当冷凝压力与蒸发压力之比 $\dfrac{P_k}{P_0} < 8$ 时，采用单机压缩机；当 $\dfrac{P_k}{P_0} > 8$ 时，则采用双级压缩机。

单级氨压缩机的工作条件如下：

①最大活塞压力差 < 1.37 MPa；

②最大压缩比：< 8；

③最高冷凝温度：≤ 40℃；

④最高排气温度：≤ 145℃；

⑤蒸发温度：5~-30℃。

食品工厂的制冷温度都 ≥-30℃，压缩机压缩比都 < 8，所以都采用单级氨压缩机。

（1）单级氨压缩机的选择计算：

工作工况制冷量 Q_c 计算：根据氨压缩机产品手册，只能查知压缩机标准工况下制冷量 Q_0，然后再根据制冷剂的实际蒸发温度、冷凝温度或再冷却温度，换算为工作工况下的制冷量 Q_c：

$$Q_c = KQ_0 \quad (kJ/h)$$

式中:K——换算系数,根据蒸发温度、冷凝或再冷却温度查有关表格。

(2)压缩机台数计算:

$$m = \frac{Q_j}{Q_c} \quad (台)$$

式中:Q_j——全厂总冷负荷,kJ/h;

$\quad Q_c$——氨压缩机工作工况下的制冷量,kJ/h。

压缩机台数的确定,在一般情况下不宜少于两台,也不宜过多。特殊情况外,一般不考虑备用机组。

3. 主要辅助设备的选择

(1)冷凝器的选择:冷凝器的形式很多,最常用的是立式壳管式冷凝器、卧式壳管式冷凝器、大气式冷凝器蒸发式冷凝器。冷凝器的选择取决于水质、水温、水源、气候条件以及布置上的要求等。

立式冷凝器的优点是占地面积小,可安装在室外,冷却效率高,清洗方便,用于水温较高、水质差、水源丰富的地区。

卧式冷凝器的优点是传热系数高,结构简单,冷却水用量少,占空间高度小,可安装于室内,管理操作方便。缺点是清洗水管较困难,造价较高。

冷凝器冷凝面积的确定:

$$F = \frac{Q_1}{q_1}$$

式中:F——冷凝器面积,m^2;

$\quad Q_1$——冷凝器热负荷,kJ/h;

$\quad q_1$——冷凝器单位热负荷,$kJ/(m^2 \cdot h)$。

立式冷凝器 $q_1 = 3500 \sim 40000$,卧式冷凝器 $q_1 = 3500 \sim 4500$。

冷凝器为定型产品,根据冷凝器冷凝器冷凝面积计算结果,可从产品手册中选择符合要求的冷凝器。

(2)蒸发器的选择:蒸发器是一种热交换器,在制冷过程中起着传递热量的作用,把被冷却介质的热量传递给制冷剂。根据被冷却介质的种类,蒸发器可分为液体冷却和空气冷却两大类。

(3)其他辅助设备:

①储液器:储液器在制冷系统中,位于冷凝器与蒸发器之间,为高压储液器。它的作用是储存和供应制冷系统内的液体制冷剂,使系统各设备内有均衡的氨

液量,以保证压缩机的正常运转。储液器容积确定的原则是应能储藏工质每小时循环量的 1/3 ~ 1/2。具体规格型号可以从有关产品手册中查找。

②油分离器:用以分离从压缩机排除的气体所带的油分,以防止冷凝器及蒸发器内油分过多而影响传热效果。油分离器一般可按接管直径的大小来选择,如排气管管径为 $\phi 89 \times 4$,则可接选 YF - 80 的油分离器。

③空气分离器、紧急泄氨器、氨液分离器、低压储液器、集油桶、排液桶、盐水泵、盐水池等附属设备,均可从有关产品手册中选择。

4.冷冻站的位置选择

冷冻站位置选择时应考虑下列因素。

(1)冷冻站宜布置在全厂厂区夏季主导风向下风向,动力区域内。一般应布置在锅炉房和散发尘埃站房的上风向。

(2)力求靠近冷负荷中心,并尽可能缩短冷冻管路和冷却水管网。

(3)氨冷冻站不应设在食堂、托儿所等建筑物附近或人员集中的场所。其防火要求应按规定的《建筑设计防火规范》执行。

(4)机器间夏季温度较高,其朝向尽量选择通风较好,夏季不受阳光照射的方向。

(5)考虑发展的可能性。

六、冷库设计

1.平面设计的基本原则

(1)冷库的平面体型最好接近正方形,以坚守外部维护结构。

(2)高温库房与低温库房应分区布置(包括上下左右),把库温相同的布置在一起,以较少绝缘层厚度和保持库房温湿度相对稳定。

(3)采用常温穿堂,可防止滴水,但不宜设施内穿堂。

(4)高温库因货物进出较频繁,宜布置在底层。

2.库房的层高和楼面负荷

单层冷库的净高不宜小于 5 m。为了节约用地,1 500 t 以上的冷库应采用多层建筑,多层冷库的层高,高温库不小于 4 m,低温库不小于 4.8 m。

露面的使用荷载一般可考虑表 4 - 15。

表 4 - 15　各种库房的标准荷载

库房名称	标准荷载/（kg/m²）	库房名称	标准荷载/（kg/m²）
冷却间、冻结间	1 500	穿堂、走廊	1 500
冷藏间	1 500	冰库	900 × 堆高
冻藏间	2 000		

3. 冷库绝热设计

绝热材料应选用容量小、导热系数小、吸湿小、不易燃烧、不生虫、不腐烂、没有异味和毒性材料。

地坪绝缘：由于承受荷载，低温库多采用软木，高温库可采用炉渣。

外墙绝缘：多采用砻糠或聚苯乙烯泡沫塑料。

冷库门绝缘：采用聚苯乙烯泡沫塑料。

绝缘层的厚度按下式计算：

$$\delta = \lambda \left[\frac{1}{K} - \left(\frac{1}{a} + \frac{\delta_1}{\lambda_1} + \frac{\delta_2}{\lambda_2} + \cdots + \frac{\delta_n}{\lambda_n} + \frac{1}{a_2} \right) \right]$$

式中：δ——主要隔热材料厚度，m；

λ——主要隔热材料导热系数，W/（m·K）；

K——维护结构总的传热系数，W/（m²·K）；

a、a_2——结构表面的对流给热系数，W/（m²·K）。

如前所述，冷库维护结构单位面积耗冷量一般取 11.7 ~ 13.9 W/m²。由此确定 K 值，将 K 值代入上式，即可求得应有的隔热材料厚度。

4. 冷库的隔汽设计

隔汽设计是冷库设计的重要内容，由于库外空气中的水蒸气分压与库内的水蒸气分压有较大的压力差，水蒸气就由库外向库内渗透。为阻止水蒸气的渗透，要设良好的隔汽层。如隔汽层不良或有裂痕，蒸汽就会渗入绝缘材料中，使绝缘层受潮结冰以至破坏，这样，不仅会使库温无法保持，严重的会造成整个冷库的破坏。隔汽层必须敷设在绝缘层的高温侧，否则会收到相反的效果。

在低温侧要选用渗透阻力小的材料，以及时排除或多或少存在绝缘材料中的水分。

屋顶隔汽层采用三毡四油，外墙和地坪采用二毡三油，相同库温的内隔墙可不设隔汽层。

复习思考题

1. 什么是公用工程？公用工程包括主要包括哪些内容？

2. 公用工程设计的方法有哪些？

3. 食品工厂对水质有何要求？

4. 如何确定食品工厂的全厂用水量及排水量？

5. 食品工厂供电、变配电系统有哪些部分组成？

6. 食品工厂的锅炉容量如何确定？锅炉房应布置在厂区的什么位置？

7. 食品工厂的制冷量如何计算？

8. 如何对食品工厂的通风和采暖进行设计？

第五章　食品工厂设计的相关规范和要求

本章知识点：了解食品工厂厂址选择需要考虑的各种因素；掌握食品工厂厂址选择的原则与方法；了解食品工厂总平面设计的任务和内容；掌握总平面设计的原则和方法；掌握总平面设计的形式和步骤；掌握总平面布置图绘制的基本方法；了解良好操作规范（GMP）的含义及其对食品工厂卫生设计的要求；掌握食品工厂污水的来源及处理方法。

第一节　食品工厂设计对厂址选择的要求

厂址选择是指在相当广阔的区域内选择建厂的地区，并在地区、地点范围内从几个可供考虑的厂址方案中，选择最优厂址方案的分析评价过程。

食品工业布局，涉及一个地区的长远规划。一个食品工厂的建设，离不开当地资源、交通运输、农业发展等因素。食品工厂的厂址选择是否得当，不仅影响到工农关系和城乡关系。还影响到工厂的基建进度、投资费用、基地建设及建成投产后的生产条件和经济效果。同时，对产品质量、卫生条件及职工的劳动环境等，都有着密切的关系。

厂址的选择必须遵守国家法律、法规，符合国家和地方的长远规划，在指定的某一个地区内，根据新建厂所必须具备的条件，结合食品工厂的特点，进行详细的调查、勘测，就可能建厂的技术经济条件，注意资源合理开发和综合利用；节约能源，节约劳动力；注意环境保护和生态平衡；保护风景和名胜古迹；列出几个方案，进行综合分析比较，做到有利生产、方便生活、便于施工，从中择优确定厂址。最后由当地城建部门进行统筹安排，由筹建单位负责，会同主管部门、建筑部门、城市规划部门和区、乡（镇）等有关单位，经过充分讨论和比较，选择优点最多的地址为建厂的地址，作出厂址选择报告，呈报上级部门批准。

一、厂址选择原则的基本要求

厂址选择的合理与否，对工厂的建设速度、产品质量、生产管理水平、产品销售、经济效益、员工的劳动环境等都有重要的影响。在选择厂址时，应当按照国家方针政策，从生产条件和经济效果等方面考虑。还要考虑有机食品、绿色食品对厂址的一些特殊要求。现将基本要求总结如下：

1. 符合国家的方针政策

符合区域经济发展规划、国土开发及管理的有关规定。食品工厂的厂址应设在当地的规划区或开发区内，以适应当地远近期规划的统一布局，尽量不占或少占良田，做到节约用地，所需土地可按基建要求分期分批进行征用。

2. 符合自然条件的要求

（1）所选厂址，要选择可靠的地质条件和环境条件，应尽量避免将厂址设在淤泥、流沙、土崩断裂层、放射性物质、文物风景区、污染源存在的地区；特殊地质如溶洞、湿陷性黄土、孔性土等；洪水和滑坡地带、传染病医院、有严重粉尘灰沙或昆虫滋生的场所也应尽量避免，要注意它们是否会对食品工厂的生产产生危害；在矿藏地区的地表处不应建厂。厂址应有一定的地耐力一般要求不低于 2×105 N/m²。

（2）厂址一般选择设在原料产地附近的大中城市的郊区，个别产品为有利于销售也可设在市区。这不仅能够获得足够数量和质量新鲜的原料，且有利于加强工厂对原料基地生产的指导和联系，并便于辅助材料和包装材料，对产品的销售大大起到有利作用，同时还能够减少运输的费用。

（3）厂区的标高应高于当地历史最高洪水位，特别是主厂房及仓库的标高更应高出当地历史最高洪水位。厂区自然排水坡度最好在 4/1 000 ～ 8/1 000 之间。

3. 符合对投资和经济效益的要求

（1）所选厂址，在供电距离和容量上应得到供电部门的保证。电力负荷足够和抵押正常平稳才能保证工厂冷库等 24 h 连续运转设施的电力需求。必须要有充分的水源，而且水质也应较好。食品工厂生产使用的水质必须符合卫生部门颁发的饮用水质标准，其中工艺用水的要求较高，需在工厂内对水源提供的水作进一步处理，以保证合格的水质来生产食品。对一些饮料厂和酿造厂，对水质的要求更高，而且需水量也很大，因此在选择厂址时要保证能得到充分、优质的用水。

（2）厂址选择的重要条件之一是交通运输要便利，附近应有便捷的交通运输（靠近公路、铁路、水路），如需要修建新的公路或专用铁路线，应该选择最短距离为好，以减少运输成本和投资成本。

（3）厂址如能选择在居民区附近，便可以减少宿舍、商店、学校等职工的生活福利设施。

二、厂址选择的工作程序

根据上述的要求进行比较分析,从中选出最适合作为定点。厂址选择的工作由建设项目的主管部门或投资单位支持和组织。工作组由建设、工程咨询、设计单位及其他部门组成。而后向上级部门呈报厂址选择报告。厂址的选择内容包括以下几个方面。

(一)概述部分

1. 阐述厂址选择的目的与依据

技术勘测是在收集基本技术资料的基础上进行实地调查和核实,通过实地观察和了解获得真实和直观的形象为目的。

2. 厂址选择的比较方法如下

(1)方案比较法。通过对项目不同选址方案的投资费用和经营费用的对比,做出选址决定。它是一种偏重于经济效益方面的厂址优选方法。其基本步骤是先在建厂地区内选择几个厂址,列出可比较因素,进行初步分析比较后,从中选出两三个较为合适的厂址方案,再进行详细的调查、勘察。并分别计算出各方案的建设投资和经营费用。其中,建设投资和经营费用均为最低的方案,为可取方案。如果建设投资和经营费用不一致时,可用追加投资回收期的方法来计算。

(2)评分优选法。可分三步进行,首先,在厂址方案比较表中列出主要判断因素;其次,将主要判断因素按其重要程度给予一定的比重因子和评价值;最后,将各方案所有比重因子与对应的评价值相乘,得出指标评价分,其中评价分最高者为最佳方案。

(3)最小运输费用法。如果项目几个选择方案中的其他因素都基本相同,只有运输费用是不同的,则可用最小运输费用法来确定厂址。最小运输费用法的基本做法是分别计算不同选址方案的运输费用,包括原材料、燃料的运进费用和产品销售的运出费用,选择其中运输费用最小的方案作为选址方案。在计算时,要全面考虑运输距离、运输方式、运输价格等因素。

(4)追加投资回收期法。通过对项目不同选址方案的投资费用和经营费用的对比,计算追加投资回收期,作出选址决定。它是一种偏重于经济效益方面的厂址优选方法。

3. 选厂依据及简况

说明选厂依据、指导思想、选址范围、内容和选址经过、初步结论等。

4.厂址的条件

厂址的条件包括:厂址地点的选择,四周环境的情况(如所在地理图上的坐标、海拔高度、行政归属等);地形资料(区域地形图:比例尺 1∶5 000～1∶50 000,等高距 1～5 m;厂址地形图比例尺 1∶500～1∶2 000,等高距 0.5～1.0 m);气象资料(包括气温、湿度、降水、风、日照、气压等);工程地质(土壤特性及允许耐力,对自然灾害的防治和处理手段、水文资料及地震基本烈度);原料、辅料的供应情况;交通运输情况(包括铁路、公路、水路等);环境保护、水源及排洪和排水的处理方式;供电与通讯条件的技术要求、建筑材料的供应条件等情况。

(二)厂址选择的主要技术指标的估算

(1)总投资(其中固定资产所占比例,设备及安装所占比例,土建所占比例)。

(2)全场职工总数。

(3)全厂占地面积,单位为(m²)(包括生产区和生活区面积、厂内外配套设施等)。

(4)全厂建筑面积,单位为(m²)(包括生产区、生活区、厂前区、仓库区的面积)。

(5)原材料、燃料用量(t/a)。

(6)原材料及成品运输量(包括运入及运出量,t/a)。

(7)能源(包括水、电等)的消耗量。其中用水量(t/h,t/a*)、水质要求;用电量(包括全厂生产设备及动力设备的定额总需求量,kW)。

(8)三废的排放量及其主要有害成分。

(9)收集相关资料的提纲,包括(地理位置地形图、区域位置地形图、区域地质、气象、资源、水源、交通运输、排水、供热、供汽、供电、弱电及电信、施工条件、市政建设及厂址四邻情况等)。

(三)厂址方案比较及推荐

概述各厂址的地理环境条件、社会经济条件、自然环境、建厂条件及协作条件,列出厂址方案比较表,内容包括:技术条件比较,建设投资比较,年经营费用比较,社会、环境影响比较等。

对各厂址方案的优劣和取舍进行综合论证,并结合当地政府及有关部门对厂址选择的意见,提出选址工作组对厂址选择的推荐方案。

(四)附件资料

(1)厂址预选文件。

(2)选厂工作组成员表。

（3）各建厂地区规划示意图。

（4）区域位置图、厂址地形图（比例1:50 000）。

（5）各厂址方案总平面示意图（比例1:2 000）。

（6）各厂址工程地质、水文地质选址阶段的勘察资料。

（7）区域地质构造及地震烈度鉴定书。

（8）环境保护部门对厂址要求的文件。

（9）有关协议文件（包括原辅料、材料、燃料、交通运输及公共设施等）及有关单位对厂址方案的讨论意见等。

（五）厂址选择报告的审批

大型工程项目由国家城乡建设环境部门审批；中、小型工程项目，应按项目的隶属关系，由国家主管部门或省、直辖市、自治区相关部门审批。

举例：就罐头食品厂和软饮料生产厂而言，对其分别进行厂址选择，在考虑外部情况时，有何不同。

（1）罐头食品厂。原料：厂址要靠近原料基地，原料的数量和质量要满足建厂要求。关于"靠近"的尺度，厂址离鲜活农副产品收购地的距离宜控制在汽车运输2 h路程之内；劳动力来源：季节产品的生产需要大量的季节工，厂址应靠近城镇或居民集中点。

（2）软饮料生产厂。要有充足可靠的水源，水质应符合国家《生活饮用水卫生标准》。天然矿泉水应设置于水源地或由水源地以管路接引原料水的地点，其水源应符合《饮用天然矿泉水》的国家标准，并得到地矿、食品工业、卫生（防疫）部门等的鉴定认可。要有方便的交通运输条件；除浓缩果汁厂、天然矿泉水厂处于原料基地之外，一般饮料厂由于成品量及容器用量大，占据的体积大，均宜设置在城市或近郊。

第二节　食品工厂设计对总平面设计的要求

总平面设计是食品工厂选定以后需要进行的一项综合性技术工作，是食品工厂设计的重要组成部分，它是将全厂不同使用功能的建筑物，构筑物按整个生产工艺流程，结合地形条件进行合理的布置，使建筑群组成一个有机整体，这样既便于组织生产，又便于企业管理。所谓总平面设计，就是一切从生产工艺出发，研究建筑物、构筑物、道路、堆场、各种管线和绿化等方面的相互关系，将全厂不同使用功能的建筑物、构筑物等按生产工艺流程，结合地形条件进行合理布置,使建筑群组成一个有机整体,在一张或几张图纸上完整、准确的表示出来,这样的设计就叫工厂总平面设计。

一、总平面设计的内容

食品工厂总平面设计的内容由两部分组成,包括平面布置和竖向布置两大部分。平面布置主要是对用地范围内的建筑物、构筑物及其他工程设施在水平方向进行布置。平面布置的工程设施主要有以下几个方面:

(1)对厂区的建筑物、构筑物的位置进行设计。生产车间的设计如原料预处理车间、各加工车间、灌装和包装车间;辅助车间的设计如原料仓库、半成品暂存仓库、成品库、冷库、产品检验室等;

(2)绿化带的布置和环保的设计。绿化带能够有效地调节空气、净化空气、调节气温、阻挡风沙、降低粉尘和噪声,进而改善生产和生活的环境。环境保护关系着国际民生的问题,环境的污染,会直接危害人民的身心健康,因此,有计划的进行合理布局是十分有必要的。

(3)合理的进行运输设计,结合厂区的自然条件和外部条件对用地范围内的交通运输线路进行合理布置,使人流和货流分开,避免往返交叉。

(4)对工程管线的布置。工程管线包括工厂内外的上下水管、工艺管道、热水管道、冷却管道、压缩空气管道和电缆管道等管线。

竖向布置的设计是与平面设计相垂直方向的设计,即厂区各部分地形标高的设计(图5-1)。总平面竖向布置设计就是要确定厂区建筑物、构筑物、道路、沟渠、管网的设计标高,使之相互协调,并充分利用厂区自然地势地形,减少土石方工程量,使运输方便和地面排水顺利的设计。其任务是把实际地形组成一定的形态,在一定的范围内使整个厂区既要平坦又便于雨水排除,同时要协调场内外的高度关系。通常情况下,地形较平坦的条件下,一般都不做竖向设计。如果地形不平坦,需要做竖向设计时,要结合地形综合的进行分析,在不影响各车间之间联系的原则下,应当尽量保持自然的地形,使土方工程量达到最少的限度,从而节省投资。工厂总平面设计是一项综合性很强的工作,需要工艺设计、交通运输设计、公共工程设计等的紧密配合,才能够完成设计任务。

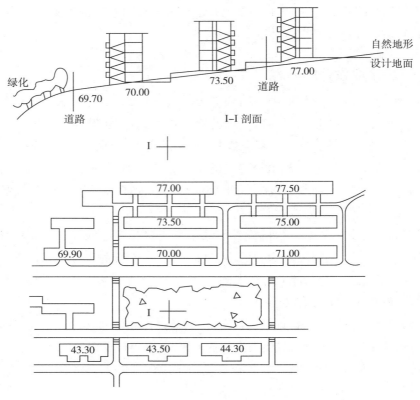

图 5 - 1　厂区各部分地形标高设计

二、总平面设计的基本原则

食品工厂当中的总平面设计,其中的原料种类、产品性质、生产规模的大小、建设条件及建设工艺各不相同,都应当按照设计的基本原则结合其实际情况进行设计。食品工厂总平面设计的基本原则有以下几点。

(1)总平面设计应按批准的设计任务书和可行性研究报告进行,总平面布置应做到紧凑、合理。

(2)建筑物、构筑物的布置必须符合生产工艺要求,保证生产过程的连续性。互相联系比较密切的车间、仓库,应尽量考虑组合厂房,既有分隔又缩短物流线路,避免往返交叉,合理组织人流和货流。

(3)建筑物、构筑物的布置必须符合城市规划要求和结合地形、地质、水文、气象等自然条件,在满足生产作业的要求下,根据生产性质、动力供应、货运周转、卫生、防火等分区布置。有大量烟尘及有害气体排出的车间,应布置在厂边缘及厂区常年下风方向。

（4）动力供应设施应靠近负荷中心。

（5）建筑物、构筑物之间的距离,应满足生产、防火、卫生、防震、防尘、噪声、日照、通风等条件的要求,并使建筑物、构筑物之间距最小(图5-2)。

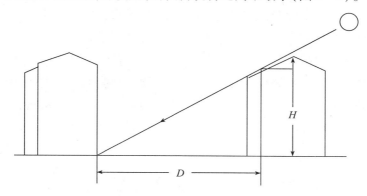

图5-2　建筑间距与日照关系示意图

（6）食品工厂卫生要求如下。

①生产车间要注意朝向,保证通风良好。

②生产厂房应与公路有一段距离,中间设置绿化地带,一般30~50 m。

③厕所应与生产车间分开并有自动冲水设施。

④对卫生有不良影响的车间应远离其他车间。

（7）生产区和生活区尽量分开,厂区尽量不搞屠宰。

（8）厂区道路一般采用混凝土路面。厂区尽可能采用环行道,运煤、出灰不穿越生产区。厂区应注意合理绿化。

（9）合理地确定建筑物、构筑物的标高,尽可能减少土石方工程量,并应保证厂区场地排水畅通。

（10）总平面布置应考虑工厂扩建的可能性,留有适当的发展余地。

三、总平面设计中食品工厂不同使用功能的建筑物及构筑物的相互关系

工厂功能区划分(厂区划分)就是根据工厂生产、管理和生活的需要,结合安全、卫生、管线、运输和绿化的特点,把全厂的建筑物和构筑物群划分为若干联系紧密而性质相近的单元。按照不同使用功能将食品工厂中的主要建筑物、构建物分为:

（1）生产车间：如奶粉车间、榨汁车间、实罐车间、饮料车间、饼干车间、综合利用车间等。

（2）辅助车间：化验室、中心实验室、机修车间等。

（3）供排水设施：水处理设施、水泵房、水塔、水井、废水处理设施等。

（4）动力部门：变电所、发电间、锅炉房、冷机房和真空泵房等。

（5）仓库：原材料库、成品库、包装材料库、各种堆场等。

（6）全厂性设施：办公室、食堂、医务室、厕所、传达室、自行车棚等。

利用图解法来说明分析食品工厂的建筑物、构建物相互之间的关系，如图5-3所示是食品工厂中以生产区为中心，各主要使用功能的建筑物、构筑物均围绕生产车间进行布局。

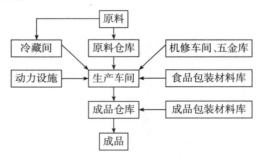

图5-3　主要使用功能的建筑物、构筑物在总平面布置图中的示意图

四、不同种类的建筑物和构筑物的布置

建筑物布置应严格符合食品卫生要求和现行国家规程、规范规定，尤其遵守《出口食品生产企业卫生要求》、《食品生产加工企业必备条件》和《建筑设计防火规范》中的有关条文。各有关建筑物应相互衔接，并符合运输线路及管线短捷、节约能源等原则。生产区的相关车间及仓库可组成联合厂房，也可形成各自独立的建筑物。

（1）生产车间的布置。生产车间的布置应严格按照生产工艺过程的顺序进行配置，生产线路尽可能做到径直和短捷，但并不是要求所有生产车间都安排在一条直线上。如果这样安排，当生产车间较多时，势必形成一长条，从而使仓库、辅助车间的配置及车间管理等方面带来困难和不便。为使生产车间的配置达到线性的目的，同时又不形成长条，可将建筑物设计成 T 形、L 形或 U 形。

（2）辅助车间及动力设施的布置。锅炉房应尽可能布置在使用蒸汽较多的地方,这样可以使管路缩短,减少压力和热能损耗。在其附近应有燃料堆场,煤、灰场应布置在锅炉房的下风向。煤场的周围应有消防通道及消防设施。污水处理站应布置在厂区和生活区的下风向,并保持一定的卫生防护距离;同时应利用标高较低的地段,使污水尽量自流到污水处理站。

（3）厂区道路的布置。通常情况下厂内运输方式包括:铁路运输、道路运输、带式运输、管道运输等形式。

道路布置形式包括:

①环状式道路布置:围绕各车间布置,平行于建筑物形成纵横贯通的道路网。

②尽头式道路布置:道路不纵横贯通,根据交通运输的需要而终止于某处。

③混合式道路布置:厂内既有环状式道路布置也有尽头式道路布置。

④道路规格:包括宽度、路面质量等,根据城市建筑规定、工厂生产规模等而定。

（4）管线综合布置。管线是指各种管道和输电线路的统称。任何一个发生故障,都可能造成停电、停水、断气等,直接或间接影响正常生产。

厂内主要管线种类包括以下几种:

①上下水管:生产和生活地下水,蒸汽冷凝水、污水、雨水地下水。

②电缆、电线:动力、照明、通讯、广播通讯线路等。

③热力管道:蒸汽、热水、冷冻盐水等管道。

④煤气管道:生产、生活用煤气燃料输送管道。

（5）物料管道:主辅料流通管道等。

管线敷设方式:

①直接埋入地下。

②设置在地下综合管沟内。

③管线架空。

地上管线布置原则包括以下内容:

①管线布置需与工厂总平面布置、竖向设计和绿化布置统一进行。管线之间、与建、构筑物之间在平面上相互协调、紧凑合理,厂容美观。

②管线布置,必须在满足生产、安全、检修的条件下节约用地。

③管线布置应与道路或建筑物线相平行。

④管线布置尽量减少与道路、铁路及其他干线交叉,如果相交应为正交,特殊时交叉角不宜小于45°。

⑤山区建厂,管线敷设应充分利用地形。避免山洪、泥石流及其他地质危害。

⑥管道内的介质具有毒性、可燃、易燃、易爆性质时,严禁穿越与其无关的建筑物、构筑物、生产装置、储罐区等。

⑦管线布置按类分布在道路两侧。

⑧改扩建工程中的管线布置,不得妨碍现有管线的正常使用。

地下管线布置原则包括以下内容:

①布置顺序:弱电电缆、给水管、雨水管、污水管。

②将检修次数较少的雨水管、污水管埋设在道路下面。

③小管让大管、压力管让重力管、软管让硬管、短时管让永久管。

④电力电缆不应与直埋的热力管道平行,遇交叉时,电缆应在下方穿过或采取保护措施。

⑤能散发可燃气体的管线,应避免靠近通行管沟和地下室。

⑥大管径压力较高的给水管应避免靠近建筑物。

(6)绿化与美化设计。食品工厂的绿化布置是总平面设计的一个重要环节,应当在总平面设计中统一考虑。厂区绿化的功能包括以下几点:吸收和滞留有害气体,补充新鲜空气;吸收和滞留粉尘;降低噪声、防火;稳定土基、隔离;调节小气候。

在进行厂区绿化应注意几点原则:

①洁净的厂房周围应充分进行绿化,起到改善周围生产环境,改善劳动条件,提高生产效率等方面的作用。

②种植树木以常青树为主、不宜种花。一定要有绿化意识、科学态度和审美观点。缺少科学态度和审美观点,就不可能把绿化工作搞好。

③厂区内道路必须人流、物流分开,两旁植上常青的行道树。这样可以突出重点,并兼顾一般。还可以把生产区、厂前区及生产、生活区有效的分开。

绿化的一般规定是企业基本建设中的关键问题之一,也是关系到工厂建设顺利与否和将来生产运行成本高低的关键大事。它对投资总额、建厂速度和将来的经营管理条件、生产成本起着决定性的影响,同时也对附近其他工厂的生产条件、居住的生活卫生条件、职工生活方便与否起着很大的影响。一个工厂的厂址选择将对建厂速度、建设投资,对项目建成后的经济效益、社会效益和环境效益的发挥,对食品工业的合理布局和地区经济文化的发展具有深远意义。因此厂址选择是一项包括社会关系、经济、技术的综合性工作。

五、总平面设计阶段

1. 总平面图的设计准备工作

(1)已获批的设计任务书。

(2)已确定的食品工厂厂址的具体位置、场地面积、地质情况、地形等资料。

(3)工厂厂区地形图。

(4)风向玫瑰图。

2. 初步设计阶段

对于一般的食品工厂设计,其初步设计的内容常包括一张总平面布置图和一份设计说明书。图纸中包括各建(构)筑物、道路、管线的布置等内容。

(1)总平面布置图。图纸比例按1∶5 000或1∶10 000,图内有地形等高线、原有建筑物,构筑物和将来拟建的建、构筑物的布置位置和层数、地坪标高、绿化位置、道路梯级、管线、排水沟及排水方向等。在图的一角或适当位置绘制风向玫瑰图和区域位置图。总平面图上标注尺寸,一律以米为单位,图中的图例和符号,必须按照国标进行绘制。

风向玫瑰图有风向玫瑰图和风速玫瑰图两种,一般多采用风向玫瑰图。图5-4为风向玫瑰图例。风向玫瑰图表示风向和风向频率。风向频率是在一定时间内各种风向出现次数占所观测总次数的百分比。根据各方向风的出现频率,以相应的比例长度,按风向中心吹描在8个或16个方位所表示的图线上,然后将各相邻方向的端点用直线连接就形成了风向玫瑰图,由于图形类似玫瑰花所以称之为风向玫瑰图。看风向玫瑰图时要注意:最长者为当地主导风向;风向是由外缘吹向中心;粗实线为全年风频情况,虚线为6~8月夏季风频情况。他们都是根据当地多年的全年或者夏季的风向频率的统计资料制成,需要时可查阅参考。

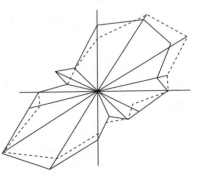

图5-4　风向玫瑰图例

风速玫瑰图有时可代替风向玫瑰图使用,风速玫瑰图同风向玫瑰图类似,不同的是在各方位的方向线上是按平均风速(m/s)而不是风向频率取点。

将风向玫瑰图标明在总平面布置图上的目的是为了表明工厂的污染指数。工厂或车间所散发的有害气体和空气中微粒对邻近地区空气的污染不仅与风向

频率有关,同时也受风速影响,其污染程度一般用污染系数表示:

$$污染系数 = 风向频率/平均风速$$

污染系数表明污染程度与风向频率成正比,与平均风速成反比。也就是说某一方向的风向频率越大,则下风受到污染的机会就越多,而该方向的平均风速越大,则上风位置有害物质很快被吹走或扩散,受到的污染也就越少。

风玫瑰图具有一定程度的局限性,风玫瑰图是一个地区,特别是平原地区的一般情况,而不包括局部地方小气候,因此地形、地势的不同,也会对风气候起着直接的影响。所以当厂址选择在地形复杂位置时,也要注意小气候的影响,并在设计中善于利用地形、地势及产生的局部地方风。食品工厂总平面布置时,应该将污染性大的车间或部门,布置在污染系数最小的方位,如南方地区将食品原辅料仓库、生产车间等布置在夏季主导风向的上风向,而锅炉、煤堆等则应布置在下风向。

总平面图一般是画在地形图上。而地形起伏较大的地区,则需绘出等高线。图上每条等高线所经过的地方,它们的高度都等于等高线上所注的标高。地形图通常说明厂址的地理位置,比例一般为 1∶5 000、1∶10 000,该图也可附在总平面图的一角上,以反映总平面周围环境的情况,如图 5−5 所示。

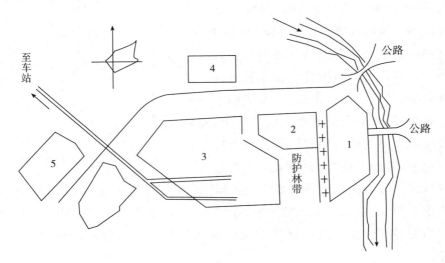

图 5−5　厂区生活区域位置示意图(1∶5 000)

1—居民区　2—行政区　3—厂区　4—厂区发展区　5—居住发展区

工程的性质、用地范围、地形地貌和周围环境情况可以用文字说明在总平面布置图的右边或右下方。原有建筑物、新建的和将来拟建的建筑物的布置位置、层数和朝向,地坪标高、绿化布置、厂区道路等,按建筑标准绘制在总平面布置图上。

(2)设计说明书及主要技术经济指标。设计说明书中要写明几点内容:设计依据;布置特点;主要技术经济指标;建筑系数、土地利用系数、绿化率;概算。

要求文字简洁、数据准确,必要时可以列表展示。

主要技术经济指标包括:厂区总占地面积,生产区占地面积,建筑物、构建物面积,道路长度,围墙长度,绿化带面积,露天堆场面积,建筑系数和土地利用系数等。

(3)建筑系数和土地利用系数。建筑系数是指厂区内建筑物、构建物占地面积之和与厂区总占地面积之比,土地利用系数则是指建筑物、构筑物、辅助配套工程占地面积之和与厂区总占地面积之比。而铁路、公路、人行道、管线、绿化等则都属于辅助配套工程的范畴。

厂区土地利用情况不能被建筑系数完全的反映出来,而厂区的场地利用是否经济合理却能运用土地利用系数反映出来。表5-1表明了部分不同类型食品工厂的建筑系数及土地利用系数。

表5-1　部分不同食品工厂的建筑系数及土地利用系数

工厂类型	建筑系数/%	土地利用系数/%
罐头厂	25~35	45~65
乳品厂	25~40	40~65
面包厂	17~23	50~70
糖果食品工厂	22~27	65~80
植物油厂	24~33	60
啤酒厂	34~37	—

(三)施工图设计

施工图设计,就是把初步设计中确定的设计原则和设计方案,根据建筑施工、设备制造和安装工程的需要进一步具体化,满足建筑工程施工、设备安装、设备制作、自动控制等建设及造价预算等需要的设计。目的是使初步设计进一步深化,落实和深入一些细节问题,精心设计绘制全部施工图纸,提交总平面布置施工设计说明书,便于指导施工。

施工图包括以下内容。

（1）平面施工图：绘图比例1：500或1：1 000，图纸上显示等高线，用红色细实线绘制原有建筑物和构筑物，黑色粗实线表示新设计的建筑物和构筑物。图中按照《建筑制图标准》绘制，并明确表明各建筑物和构筑物的外形尺寸和定位尺寸，并留有必要的可发展空间和余地，来满足未来生产发展的需要。

（2）布置图：能否单独出图，取决于工程项目的多少和地形的复杂情况。图中应标明各建筑物和构筑物的标高、层高、各层面积、室内地坪标高、道路转折点的标高、纵坡和距离等。

（3）管线布置图：有两种情况，一种是简单的工厂总平面设计，其管线种类少，布置较简单，常只包括给水、排水和照明管线，通常就附在总平面施工图内，另外一种情况就是管线较复杂，常由各设计专业工种出各类管线布置图。通常总平面设计人员绘出一张管线综合平面布置图。图中标明管线间距、标高、转折点、纵坡、阀门和检查位置及各类管线、检查井等的图例说明。图纸的比例必须与总平面布置施工图一致。

（4）总施工设计说明书：通常要说明设计意图、施工顺序及在施工过程中应当注意的问题，各种技术经济指标和工程量等，一般不单独出说明书，通常用文字说明附在总平面布置施工图的一角。

总施工图是整个工厂总平面设计的依据，为了确保设计的质量，施工图必须经过设计、校对、审核、审定后，方可发至施工单位，作为依据。

六、总平面布置、总平面设计图及总平面图实例

（一）饮料厂总平面布置要求如下

（1）以生产车间为主体，组建大跨度联合厂房。集原料、包装材料等仓库及生产加工间、成品库等为一体，既分又合，使物料运输线路最短、管道短捷，达到节约用地，又便于机械化、连续化生产。全厂物流关系如图5-6所示。

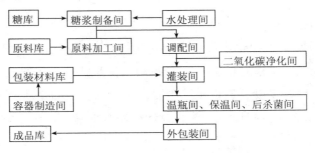

图5-6　饮料厂总平面布置示意图

图中所示各车间视饮料品种要求和生产配套需要而设置,糖库、糖浆制备间和调配间可在同一平面上布置,也可分层布置并垂直输送至罐装间。

(2)生活室、办公楼、食堂可设置在主体厂房内、也可独立设置,但需连廊相连,既分开,又联系方便。尤其生活室(更衣、浴,厕)可借助夹层、走道(或参观走廊)使工人流向各工段,避免与物流交叉。

(3)注意卫生,可采取以下措施:

①建成全封闭车间;

②车间入口处设置消毒设施;

③对污水处理站及其他污染源进行有效隔离,避免污染整体环境。

(4)注意货物流量,应该有较宽的主干道和较大回车场地,并设置月台,以便集装箱车装卸物料与成品。

月台有3种形式:

①月台高出室外地坪0.90~1.10 m;

②室外地坪向月台倒坡0.90~1.10 m;

③月台高出室外地坪为室内外高差(一般为0.3 m)设置变幅式登车桥。

(5)注意绿化、美化环境。

(6)厂区道路一般采用混凝土路面。厂区尽可能采用环行道,运煤出灰不穿越生产区。

(7)技术经济指标为新建饮料厂建筑系数30%~40%,土地利用系数50%~70%,绿地率不低于25%。

（二）某啤酒工厂的总平面设计（图 5 - 7）

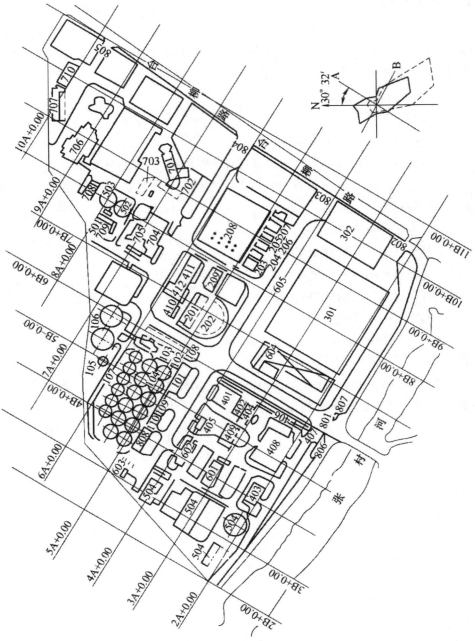

图 5 - 7　某啤酒厂总平面设计施工图示例（1∶1 000）

（注：此图上只放主要设施，辅助设施不在其中，见表 5 - 2）

表 5-2 总平面设计施工图明细表

编号	名称	编号	名称
101	卸麦间	406	粉煤袋
102	计量间	407	粉碎机房
103	精选塔	408	储煤棚
104	大麦仓	409	灰渣池
105	发芽塔	410	渣斗
106	干燥塔	412	变电所
107	麦芽仓	413	总电压变电所
108	浸麦水池	414	制冷站
109	制麦辅助楼	415	空压站
110	变电所	416	变电所
201	粉碎间	501	给水泵房
202	糖化间	502	大井
203	蓄热器	503	清水池
204	浮选间	504	水塔
205	酵母槽	505	污水站
206	酵母繁殖室	601	机修车间
207	酵母综合间	602	电气仪表维修间
208	酵母储存间	603	危险品仓库
209	酵母处理室	604	瓶堆场
210	废啤酒器	605	停车场
211	控制室	701	办公楼
213	发酵罐	702	接待室
214	辅助间	703	小啤酒间
301	包装车间	704	礼堂餐厅
302	成品库	705	浴室
401	锅炉房	706	招待所
402	引风机房	707	单身职工宿舍
403	水处理间	708	幼儿园
404	灰渣泵房	709	厂前区变电所
405	热交换站	710	汽车库

续表

编号	名称	编号	名称
801	1#大门	806	洗手间
802	2#大门	807	人行横道
803	3#大门	808	综合管廊
804	4#大门	809	淀粉处理间
805	售酒间	810	综合仓库

(三)某味精厂总平面图

如图 5－8 所示(1:2 000)。在此设计方案中,生产区、生活区及管理区是分开的,保证了各区域的相互独立性,动力车间和储水池均布置在主生产车间附近,布局较为合理。

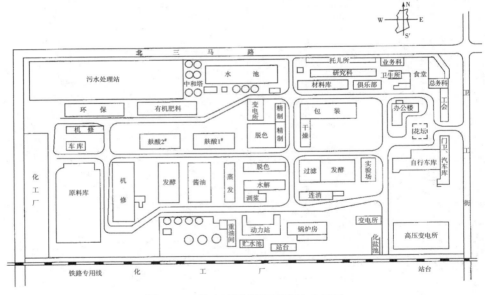

图 5－8　某味精厂总平面图(1:2 000)

第三节　良好操作规范(GMP)对食品工厂卫生设计的要求

现代食品生产的环境安全体系以良好生产规范、卫生标准操作程序等为基础,通过制定和实施各类食品企业的良好操作规范,以实现食品工厂的卫生控制,确保产品的安全性。目前世界各国的食品生产安全控制中,良好操作规范

（GMP）是级别最高、要求最严的安全体系。

一、GMP 体系

GMP 是英文 Good Manufacturing Practice 的缩写，中文译为"良好操作规范"。GMP 是一种具体的食品质量保证体系，在食品加工企业中实施 GMP，可以确保食品加工企业具备良好的生产设备、合理的生产过程、完善的质量管理和严格的检测系统，防止食品在不卫生条件或可能引起污染及品质变坏的环境下生产，减少生产事故的发生，确保食品安全卫生和品质稳定。GMP 的主要内容有以下几个方面。

（1）对加工环境、厂房设施与结构的规范性要求。

（2）对加工设备与器具的规范性要求。

（3）对加工过程中用水的规范性要求。

（4）对原辅材料管理的规范性要求。

（5）对生产管理（加工、包装、消毒、标签、储运等环节）的规范性要求。

（6）对成品管理与实验室检测的规范性要求。

（7）对企业卫生设施的规范性要求。

（8）对卫生和食品安全控制的规范性要求。

（9）对人员卫生管理的规范性要求等。

目前我国已对国内的食品企业颁布了包括《乳制品良好生产规范》（GB 12693—2010）在内的许多良好操作规范。新建、改建或扩建的食品工程项目应该有计划地按照 GMP 和卫生操作规范进行设计。

二、GMP 体系对食品工厂工艺设计的要求

食品工厂工艺设计的卫生要求主要包括物料的净化、设备的选择、工艺管道的选择及生产车间的工艺布置等方面。

1. 物料净化

（1）进入清洁作业区的物料、包装材料和其他物品，需做相应的清洁处理，并设置相应的清洁设施。

（2）进入不可灭菌产品生产区的原辅料、包装材料和其他物品，还应设置灭菌室和灭菌设施。

（3）准清洁室与灭菌室、清洁室之间应设置气闸室或传递窗（柜），清洁室空气净化洁净等级应与清洁生产区相适应。

(4)生产过程中产生的废弃物出口宜单独设置传递通道或设施。

2. 主要生产设备的选择

(1)设备应结构合理,符合相关设备安全的规定。设备表面要清洁,边角圆滑,无死角,不易积垢,不漏隙,便于拆卸、清洗和清毒。

(2)生产设备应采用经过试验、鉴定或经生产实践证明有效、安全的新设备、新技术和新材料。

(3)接触食品物料的设备必须用无毒、无味、抗腐蚀、不吸水、不变形的材料制作。

3. 工艺管道选择与布局

许多机械化程度要求高的食品加工车间(如饮料、液态奶等加工车间),工艺管道需求非常多,工艺管道的选择和布局成为非常重要的内容,对卫生要求也非常高。

(1)工艺管道设计应符合工艺流程需要,满足生产工艺要求。生产车间工艺管道宜明装、集中敷设,排列应整齐、美观。

(2)管道及管道附件的材质应符合设备选择中的卫生要求,便于施工、安装、操作与维修。物料管道应方便拆装、清洗。

(3)管道布置不得妨碍设备、管件和阀件的操作与检修,不应影响车间采光、通风和参观视线。除物料管道外,工艺管道宜沿墙、柱、设备架空敷设,必要时可沿地面、埋地或管沟敷设。

(4)蒸汽、冷凝水等管道,不宜设置在暴露原料和成品的上方。

(5)穿越清洁作业区墙、楼板、吊顶、屋面的管道应敷设套管,套管内的管道不应有焊缝、螺纹和法兰。

4. 车间布置

(1)车间布置包括生产区及辅助生产区,生产区应包括原料预处理间、加工操作间、半成品储存间及成品包装间等。辅助生产区应包括检验室、原料仓库、材料仓库、成品仓库、更衣室及盥洗消毒室、卫生间和其他为生产服务所设置的场所。

(2)生产车间设置应根据工艺流程,进行有序而整齐的布置,有足够的生产操作和拆卸清洗区域。并应按生产操作需要和生产操作区域清洁度的要求进行隔离、防止相互污染。

(3)在相同级别生产区内,按工艺流程要求宜将相关设备集中布置。生产和储存的区域不得用作非本区域内工作人员的通道。

（4）生产车间应具有良好的朝向、采光和通风，在自然采光和通风不能满足要求时，应采用人工采光和机械通风。

（5）工艺布局应防止人流和物流之间的交叉，进出车间的人流和物流通道应分开设置。

（6）荷载较大的设备宜布置在底层，噪声或震动大的设备应集中布置，采取消音减震措施。

（7）食品工厂宜设置专门的危险品存放间或危险品库，并符合现行国家有关安全规范的要求。

三、GMP 体系对食品工厂非工艺设计的要求

食品工厂厂址选择、总平面布置和建筑的卫生设计是保证良好作业规范有效实施的基本条件。符合卫生设计要求的厂房和设施不但能提高产品的卫生和安全性，而且还有利于保持环境卫生。

1. 厂址选择的卫生要求

（1）食品工厂的厂址应选择在环境卫生状况比较好的地区，要处于地势干燥、交通方便、有充足水源的地区，厂区不应设于受污染河流的下游。

（2）厂区周围不得有有害气体、放射性物质、粉尘和其他扩散性的污染源，不得有昆虫大量孳生的潜在场所，避免危及产品卫生。

（3）厂区要远离有害场所，如化工厂、水泥厂、医院、畜禽养殖场、垃圾处理站、城市污水处理站等。

（4）生产区建筑物与外缘公路或道路应有防护地带，其距离可根据各类食品厂的特点由各类食品厂卫生规范另行规定。

2. 总平面布置

（1）食品厂的总体布局应符合如下规划。要合理布局，厂前区与生产区的建筑在功能上有所区别，相互间既应联系方便，又互不干扰。总平面布置应满足厂区内、外交通运输要求，合理组织人流货运，使其互不干扰。厂房和车间的布局要能防止食品加工过程中的交叉污染。建筑结构要完善，并能满足生产工艺和质量卫生要求，防止毗邻车间受到干扰。

（2）建筑物、构筑物的关系。划分厂前区和生产区，生产区应处在厂前区的下风向。有大量烟尘及有害气体排出的建、构筑物应布置在厂区边缘及常年主导风向的下侧。存放原料、半成品和成品的仓库、生原料与熟食品加工工段均应合理布局，杜绝交叉污染。

（3）道路。厂区道路应通畅,便于机动车通行。道路宽度应根据运输量分级设置。厂区道路应采用便于清洗的混凝土、沥青及其他硬质材料铺设,防止积水及尘土飞扬。

（4）绿化。厂房之间、厂房与外缘公路或道路应保持一定距离,中间设绿化带。厂区内各车间的裸露地面应进行绿化。不应种植对生产有影响的植物,不应妨碍消防作业。

（5）给排水。给水设施宜相对集中,并靠近水源。厂区的排水宜结合厂区的地形、坡向和厂外市政排水系统的位置合理布置。给排水系统应能适应生产需要,设施应合理有效,经常保持畅通,有防止污染水源和鼠类、昆虫等通过排水管道潜入车间的有效措施。净化和排放设施不得位于生产车间主导风向的上方。

（6）污物。污物（加工后的废弃物）存放应远离生产车间,且不得位于生产车间上风向。存放设施应密闭或带盖,要便于清洗、消毒。

（7）动力工程。动力、电力供应设施应靠近负荷中心。锅炉房应布置在生产车间的下风向。烟囱高度和排放粉尘量应符合相关国家标准的规定。

（8）实验动物、待加工禽畜饲养区应与生产车间保持一定距离,且不得位于主导风向的上风向。

3.建筑物和施工

（1）生产厂房的高度应能满足工艺、卫生要求,以及设备安装、维护、保养的需要。

（2）地面。生产车间地面应使用不渗水、不吸水、无毒、防滑材料（如耐酸材料、防滑瓷砖、混凝土等）铺砌,应有适当坡度,在地面最低点设置地漏,以保证不积水。地面应平整、无裂隙、略高于道路路面,便于清扫和消毒。

（3）屋顶。屋顶或天花板应选用不吸水、表面光洁、耐腐蚀、耐温、浅色材料覆涂或装修,要有适当的坡度,在结构上减少凝结水滴落,防止虫害和霉菌滋生,以便于洗刷、消毒。

（4）墙壁。生产车间墙壁要用浅色、不吸水、不渗水、无毒材料覆涂,并用白瓷砖或其他防腐蚀材料装修高度不低于 1.50 m 的墙裙。墙壁表面应平整光滑,其四壁和地面交界面要呈漫弯形,防止污垢积存,并便于清洗。

（5）门窗。门、窗、天窗要严密不变形,防护门要能两面开,设置位置适当,并便于卫生防护设施的设置。窗台要设于地面 1 m 以上,内侧要下斜 45 度。非全年使用空调的车间、门、窗应有防蚊蝇、防尘设施,纱门应便于拆下洗刷。

（6）通道。通道要宽畅,便于运输和卫生防护设施的设置。楼梯、电梯传送设备等处要便于维护和清扫、洗刷和消毒。

（7）通风、采光和照明。生产车间、仓库应有良好的通风,机械通风管道的进风口要远离污染源和排风口。对生产洁净度高的区域如饮料、熟食、成品包装等车间或工序必要时应增设水幕、风幕或空调设备。

车间或工作地应有充足的自然采光或人工照明。位于工作台、食品和原料上方的照明设备应加防护罩。

（8）防鼠、防蚊蝇、防尘设施。建筑物及各项设施应根据生产工艺卫生要求和原材料储存等特点,相应设置有效的防鼠、防蚊蝇、防尘、防飞鸟、防昆虫的侵入、隐藏和滋生的设施,防止受其危害和污染。

4. 卫生设施

（1）洗手、消毒。洗手设施应分别设置在车间进口处和车间内适当的地点,配备冷热水混合器,其开关应采用非手动式。洗手设施应包括干手设备（热风、消毒干毛巾、消毒纸巾等）,根据生产需要,有的车间、部门还应配备消毒手套等。

生产车间进口,必要时应设有工作靴鞋消毒池（卫生监督部门认为无需穿靴鞋消毒的车间可免设）。

（2）更衣室。更衣室应设储衣柜或衣架、鞋箱（架）,衣柜之间要保持一定距离,如采用衣架应另设个人物品存放柜。更衣室还应备有穿衣镜,供工作人员自检用。

（3）淋浴室。淋浴室可分散或集中设置,应设置天窗或通风排气孔和采暖设备。

（4）厕所。厕所设置应有利生产和卫生,其数量和便池坑位应根据生产需要和人员情况适当设置。生产车间的厕所应设置在车间外侧,并一律为水冲式,备有洗手设施和排臭装置,其出入口不得正对车间门,要避开通道。其排污管道应与车间排水管道分设。

第四节　食品工厂的污水处理

食品工厂的废水可能含有各种物质,像肉和骨的碎屑,动物或鱼的内脏和排泄物、血,植物的废渣和皮,用过的咖啡渣,酒厂的酒糟、泥土和从洗涤水里来的洗涤剂等,若不加以处理,直接排放到环境中,会造成严重的环境污染,破坏生态平衡。当然,要决定哪些处理方法适合于它们,最好依照废水中杂质的物理、化学和生物学性质来考虑。

一、废水的性质

(1)杂质的物理性质。废水中的物质在大小方面是有变化的,从粗大浮起或下沉的固体直到既不下沉也不浮起而处于静止不动的胶体悬浮物质。超过此极限大小的是真溶液中的物质。另外还存在不溶于水的液体例如油脂和某些溶剂。

粗大的颗粒通常必须在工厂废水输送到处理工厂或排出之前除去。许多废水处理工厂不接受大的固体,因为它们大大增加污染程度。漂浮的固体也禁止排入江河和湖泊,因为它们有很大的污染潜力。所以通常由食品厂经综合利用而除去。除去粗大的颗粒后,胶体和溶解杂质的污染程度可能仍超过市政污水处理的工厂所能接受的或排放所许可的程度,因此,通常需要由食品工厂进行处理。

(2)废水中的胶体和溶解的杂质可以分为有机与无机杂质。有机杂质可进一步依照它们的含氮成分与碳水化合物的比率来区别。肉、家禽和海产食品的废物,这个比率最高。蔬菜废物,这个比率居中。水果废物,通常碳水化合物较高而含氮成分较低。这就使这些废水在处理工厂中或排放在大地或排入水系时,微生物降解的最终产物变得很重要。富含氮的废物有助于需要氮的污水微生物的生长,污水处理厂通常设计为接受此类废水。高碳水化合物—低氮的废水,可能使 pH 和分解菌的代谢活力失常。因此,可以在这种处理工厂处理之前补充含氮物质。

高 pH 值和低 pH 值的废水,可能特别损害鱼和其他水生生物,通常需要简单地添加酸或碱来中和至 pH 值为 6~9,然后将它们排放到污水处理厂或江河湖泊中。另外,还有含合成洗涤剂和表面活性物质的污水及含不愉快气味的污水,也需经特殊的处理才能排放。

(3)杂质的生物学性质。食品厂的废水在特性上大部分是有机的,在处理工厂中被分解和在大自然中被生物降解。这种降解作用,主要通过大量好氧型微生物完全氧化碳水化合物和其他有机物质,变为二氧化碳和水,并将含氮残余物转变为硝酸盐及很少的醇、酸、胺和氨等中间产物。这些中间产物通常有气味,对植物和鱼的生存可能是有害的。

二、食品工业污水的排放标准

食品工厂的污水经处理后应当满足国家标准《污水综合排放标准》(GB 8978)

的要求,该标准不仅规定了工业废水中有害物质的最高容许排放浓度,并且规定了部分行业最高允许排水量。该标准中规定了肉类加工企业所排放的污水执行相应的国家行业标准,其他食品生产企业一律执行 GB 8978。

三、检测水质污染程度的参数

食品工业污水主要来源于原料处理、洗涤、脱水、过滤、各种分离精制、脱酸、脱臭、蒸煮等。污水中含有大量的蛋白质、有机酸、碳水化合物,同时,铜、亚铅、锰、铬等金属离子含量多,细菌、大肠菌群也经常超标。如何才知道水的污染程度,要靠一些参数来衡量。

1. 物理方面的参数指标

(1)浊度:是表示水混浊程度的大小,即表示水吸收或反射光线的能力。这是由于水中含有可妨碍光线透过的悬浮固体如泥、砂、分散有机物、微生物等所致。浊度大的水很难消毒,降低浊度的方法是凝集、沉淀、过滤。凝集:指分散物系中的分散相的质点由于各种因素而起的聚集现象。分散相是凝胶状物质,通过加热、加入明矾等电介质、加入电荷相反的溶胶及浓缩等可使聚集。

(2)色度:可用来作为水是否受污染的指标。它的来源有腐败植物、泥沙、藻类、金属离子等。水中的色度与工厂有关,一般废水中色度较严重的企业有屠宰厂、发酵厂(酱油)、味精厂等。去除色度方法是凝集沉淀、化学沉淀、活性炭吸附、氯处理等。

(3)温度:温度较高的水排入河川时,会提高河川的水温,而使水中的溶氧减少。氧的减少使水中的正常生物减少,而藻类及其他的水中植物过度繁殖,打破了自然生态平衡,降低了水的自然净化能力。如食品厂(味精厂)的蒸煮水、杀菌水、冷却水等的排放。此外,还有水的味道、蒸发残留物、导电率等。

(4)悬浮固体:悬浮固体也称悬浮物,指不溶于水中但悬浮于水中的固体物,即使在静止条件下也不容易沉淀,是废水的重要污染指标之一。

2. 化学方面的污染参数指标

(1)pH 值:水中大部分生物的生存 pH 值范围是 5~9。超过该范围会使生物受到损害死亡。同时,也会影响农作物的生长及人体代谢和消化系统失调等。pH 值是衡量水质的重要指标,超过范围以化学药剂调整。

(2)生化需氧量(BOD):也称生化耗氧量、生物需氧量。BOD 指废水中的有机物被需氧微生物(如细菌)氧化分解所需耗的水中溶解氧量。以 20℃、5 d 作为测定标准。食品工业废水和河流污染的指标一般规定为 3~4 mg/L。

水中许多有机物是微生物的良好营养源,易被微生物分解。分解过程中消耗水中大量溶解氧,溶解氧量显著降低。这样会给水生物如鱼类带来危害,甚至会缺氧死亡。同时,水中氧的不足,引起有机物的厌氧发酵而散发出恶臭、污染大气并毒害水中生物。所以,BOD 是一项测定废水中能发生生物降解的有机物污染含量的重要指标。BOD 的污染程度因有机物种类,共存的金属元素及有毒物的不同而异。

(3)化学需氧量(COD):指水中的易氧化物所消耗的过锰酸钾的量。该指标特别用于食品工业废水和河流污染。

由于水中的污染物(主要是还原性无性物和一部分能被强氧化剂氧化的有机物如硫化物、亚硫酸盐、亚硝酸盐)进行化学氧化而需消耗的氧量。通常,采用强氧化剂如 K_2CrO_7、$KMnO_4$ 来氧化污染物消耗的强氧化剂的量表示(折算成氧量 mg/L)。

COD 值因废水的混入而增大,在水质未被污染的情况下,由于腐植质的增多,水的 COD 也会增大。一般 COD > BOD,但 COD 不能反映有机污染物在水中降解的实际情况;且强氧化剂的氧化是不完全的,有机物种类不同,氧化反应速度也有所不同。所以,COD 不表示有机物的绝对量,只是大致含量即 COD 不完全包括 BOD。BOD 大说明许多可溶性有机物被降解;BOD 小说明有抗生物氧化的有机物的存在。

(4)总有机碳(TOC):表示水中所含有的全部有机碳的数量。将所有的有机物全部氧化成 CO_2、H_2O,然后通过生成的 CO_2 量来换算出 TOC 的量。用来补充既不能被生物降解也不能发生化学氧化的那部分有机物。

(5)总需氧量(TOD):水中污染杂质在催化燃烧时所消耗的氧总量。

(6)油脂的含量:废水中的油脂是指被正已烷从水溶液中抽提出来的有机物如碳氢化合物、酯、油、高级脂肪酸等,屠宰厂和制油厂等废弃物中油脂的含量较高。油脂在废水中处理常发生不良影响,尤其在活性污泥法中常阻碍好气性细菌的生长,为此要先行去除。处理方法常采用压缩空气浮选法。

3. 生物方面的污染参数

有病毒、细菌污染指标(常用细菌总数和大肠杆菌来说明);用培养皿培养的平板计数法来测定。水生物分析:对水生生物体内有毒物积蓄分析和鱼毒理性实验。

四、污水处理的基本方法

1. 处理原则

综合利用或循环利用以减少污水排放量（如制冷用水全部循环使用，50%的冷却用水循环使用，尽量减少洗涤水、冲洗水，防止跑水、冒水、滴水、漏水）；利用水体的自净化能力来降低污染；废水经过处理符合标准后再排放。

2. 污水处理方法

（1）按处理程度来分：

一级处理：主要为预处理，用机械或简单的化学方法使水中大量悬浮或胶体物质沉淀及初步中和酸碱度。常用方法有筛滤法、沉淀法、上浮法等。一般经过一级处理后 BOD 下降为 25% ~40% 和去除约 70% 的总固形物，废水的净化程度不高，还必须进行二级处理。

二级处理：主要指好气性生物处理。可降低溶解性有机物污染，一般去除90%左右的要被生物分解的有机物，去除 90% ~95% 的固体悬浮物。能大大改善水质，达到排放标准。一般而言，经二级处理后，废水已具备了排放水的标准。二级处理可在大型食品加工企业厂区附近进行。

三级处理：也称"深度处理"只是在特殊要求时采用，是用物理化学方法如生物脱氮法、凝聚沉淀法、活性炭过滤、渗透交换、电渗等，进一步处理二级处理水。主要去除可溶性无机物，未能分解的有机物及各种病毒、病菌、P、N 和其他物质。最后达到地面水、工业用水或接近生活用水标准的水质。

水的处理程度取决于处理后污水的去向和污水利用情况。用作灌溉的、纳入城市地下水道的水，一般经一级处理即可；三级处理只是在严重缺水地区，要求工业废水闭路循环或纳废水的体系为水源和游览地才考虑。

（2）按处理方法来分：

物理法：常用于废水的一级处理，主要是分离或回收废水中的悬浮物质。如沉淀、漂浮、过滤、离心分离、过筛、阻截、沉降、蒸发浓缩等。

化学法：又称"化学药剂法"主要分解胶体物质和溶解物质以达到回收有用物质、降低废水中的酸碱度、去除金属离子和氧化某些有机物等。如中和、凝集、氧化、还原等。

物化方法：主要分离废水中的溶解物质，回收有用的成分，使废水得到进一步处理。如吸附、离子交换、电渗析和反渗透。

生物法：常用于二级处理。主要去除废水中的溶解的有机物和胶体有机物，也可用于特殊无机物。如生物活性污泥法(微生物在水中悬浮使有机物氧化分解)、生物膜法(是微生物群集在支撑体上进行水处理)。

在废水处理中,各种方法是交替使用和综合使用。尤以物理法和生物法用得最广。

3. 食品工业废水处理常用方法

(1)中和法:最普遍使用的化学法,使废水达到一定标准(pH值为5~9)。中和剂:碱性的中和剂有碱类 NaOH、Na_2CO_3,石灰类的生石灰、消石灰、氧化镁,石灰石类的 $CaCO_3$、$MgCO_3$ 的混合物,及其他碱类物质;酸性中和剂有强酸 HCl、H_2SO_4,弱酸中最常用为 H_2CO_3(过滤的锅炉烟道气)。

(2)凝集沉淀法:可去除悬浮物质与胶体,也可将废水中的色度、BOD、COD等去除或降低。常见凝集剂:硫酸铝、明矾等。

(3)氧化还原法:氧化不是指曝气氧化及生物分解氧化,而是指急速的化学氧化。它主要用于废水中含有无法用简单的物理法除去的溶解性无机有毒物质。常用的氧化剂:氯气、漂白粉、臭氧、双氧化物 H_2O_2。还原剂有二氧化硫、亚硫酸盐、硫酸亚铁等。

(4)膜过滤技术:有电渗析、反渗析、超过滤。

(5)厌气消化:利用微生物在缺氧状态下(如密封的器室)将废水中的有机物分解而产生甲烷、氨气及硫化氢等。菌种有水解菌和甲烷菌。

厌气消化的原理:首先固体、大分子有机物在水解菌作用下生成溶解性物质和简单有机物,再行酸化成脂肪酸,脂肪酸在产氨菌作用下生成氨等。优点是操作费用低;缺点是作用缓慢,停留时间长,不能用于废水量大的企业。

(6)滴滤池法:是好气性生物处理法。是靠生物吸附氧化有机物。

滴滤池法的原理:在大型池内装入碎石、矿渣、塑料板等滤料而将废水连续撒与滤料层上并保持滤料与日光、空气接触,使滤料上逐渐长出一层由生物组成的膜(主要是好气性微生物)。当流入滤池的废水与生物态的膜接触后,有机物即被微生物氧化分解。生物膜渐渐增厚,在生物膜底层的微生物由于缺氧及营养而死亡分解,后随水排出,再经沉淀过滤除去。

(7)生物膜法:好氧微生物在有充足的氧和丰富的有机物条件下,迅速繁殖起来,在介质(滤液或转盘)表面形成一层各种微生物组成的薄膜,即生物膜。因此称之为生物膜法。

生物膜法的主要设备是生物滤池或生物转盘、二次沉淀池等。滤料是生物滤池中最主要的组成部分。废水沿长满生物膜的滤料空隙流动,使废水中的有机物被吸附,氧化分解,使废水得以净化。生物膜总是在不断生长、不断衰老脱落、不断更新。常用的滤料有碎石、炉渣、焦炭、瓷环以及近年来发展起来的塑料波纹板、低蜂窝等滤料。生物滤池应用较多的有两种,即普通生物滤池(又称低负荷生物滤池)和高负荷生物滤池。负荷大小是影响滤池降解功能的首要因素。有水力负荷和 BOD 负荷两种,水力负荷即每单位体积滤料或每单位面积滤池每天可以处理的废水水量;BOD 负荷即每单位体积滤料每天可以去除的废水中的有机物数量。目前采用较多的是塔式生物滤池。

(8)活性污泥法:目前食品厂中使用最多的生物法。

所谓"活性污泥法"就是一种含有微生物(细菌、原生物)及一些有机物所形成的生态污泥。当水中有充足的溶解氧和有机物时,就会使水中的微生物大量繁殖,无数微生物凝集在一起,好像一堆堆的泥。因此得名。

当废水与活性污泥接触后,悬浮固体胶体和有机物会迅速被吸于污泥上。因此,被微生物氧化并聚集成为生物胶凝物,最后这些胶凝物(污泥)被沉淀去除。

其处理的工艺流程如图 5 - 9 所示。

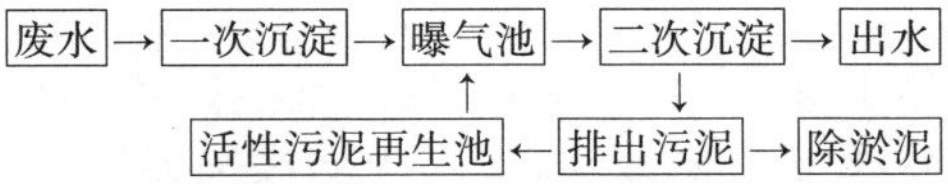

废水 → 一次沉淀 → 曝气池 → 二次沉淀 → 出水

活性污泥再生池 ← 排出污泥 ← 除淤泥

图 5 - 9 活性污泥法处理污水流程图

活性污泥处理系统主要由格栅、一次沉淀池、曝气池、曝气设备、污泥回收设备和二次沉淀池组成。待处理的废水经格栅除去大块物质,进入一次沉淀池,然后进入曝气池,由于不断的送入压缩空气,使混合液中有足够的溶解氧并对混合液进行搅拌,使活性污泥与废水充分接触,保证活性污泥中的好氧微生物对有机物的稳定氧化分解。同时,活性污泥不断增长,然后将曝气池内的混合液送入二次沉淀池,在这里停留一段时间,使污泥沉淀,澄清水溢流排出。沉淀下来的活性污泥一部分回流至曝气池(作为下次处理的污泥源,使其成长起来比较快,相当于发酵的接种),剩余的进入污泥池进行处理。

4. 食品厂的污水处理

废水在离开食品工厂前必须降低的污染程度,特别是一个地区与另一个地区之间,差异很大,这取决于很多因素:

①废水是否排入城市污水处理工厂或商业废水处理工厂,如果是,该厂能处理的最大污染负荷是多少?

②这种处理的费用有多大,如由食品工厂自行处理是否会更经济些?

③食品工厂拥有什么样的排放权利,应当遵守哪些法规?

选择食品工业排放污水处理工艺,不仅要考虑污水中有害物质的组成,而且要了解排出污水水质、水量的瞬时变化情况,这些对选择污水处理工艺、设备和日后的运行管理都很重要。对于食品工业污水,一级处理一般是采用固液分离技术去除污水中的漂浮物和悬浮物;二级处理是主要处理过程,一般采用生物处理技术去除水中有机物等有毒物质,在需要的场所物理化学法可以用来进行酸、碱中和处理;三级处理一般采用膜处理法、强氧化剂氧化等技术将污水进一步净化,多适用于特殊食品加工的饮用水所作的最终处理,一般不需要也不用来处理食品工厂的废水。

例如:

食品工业污水的典型处理工艺流程如图 5-10 所示。

污水→悬浮分离→调节池→生物处理→沉淀(过滤)→消毒
　　　　　　　　　　　　　　　污泥处理　达标排放

图 5-10　食品工业污水的典型处理流程图

因此,在进行食品工业污水处理时,要根据生产性质的差异,分析排出生产废水的特点,根据具体情况来选择、组合合适的处理方法。

复习思考题

1. 简述食品工厂厂址选择的原则和需要考虑的因素。

2. 总平面设计的原则和内容有哪些?

3. 食品工厂的主要建筑物、构筑物根据其使用功能可分为哪几部分?

4. 什么是风玫瑰图?风玫瑰图有哪几种?简述风玫瑰图阅读方法。

5. 什么是 GMP?GMP 体系对食品工厂工艺设计有什么要求?

6. 食品工厂常用的消毒方法有哪些?

7. 简述工业的污水来源及污水处理方法。

第六章　食品工厂设计的技术经济分析

本章知识点：了解技术经济分析的意义、原则、作用及主要内容；初步掌握经济技术分析的指标体系、经济效果的计算与评价方法。

工程项目的选择和决定，应通过技术经济分析，选择技术上可行、先进，经济上有利、合理的方案。通过对不同技术方案的经济效果进行计算、分析和评价，为投资者提供决策依据；可作为向银行签订贷款合同、同有关部门或单位签订协议、合同的依据；并可作为下一阶段工程设计的基础。

第一节　技术经济评价的含义

技术经济评价即对项目设计的不同方案从技术上、财务上、经济上进行计算、分析、评价，从最优目标出发，对项目设计各个方案的投资额度、建设进度、投资效益等进行多方案比较、选择。

技术指人们在认识自然与改造自然的反复实践中积累起来的制造某种产品、应用某种生产方法或提供某种服务的系统知识。经济在经济学中的含义是指社会物质生产及再生产活动，在经济活动中可以用较少的人力、物力、财力等获取较大的成果。技术效果是指技术应用所能达到技术要求的程度。技术效果是形成经济效果的基础；经济效果指经济活动所费与所得的对比。通常将劳动占用量、劳动消耗量与劳动成果进行比较。劳动占用量是指劳动过程中实际投入的物化劳动量，劳动消耗量是指生产过程中实际消耗的活劳动和物化劳动量。劳动占用量和劳动消耗量总称为所费，劳动成果称为所得，所费与所得相比较，即可反映经济活动的效果。技术经济效果一般说来，任何一项技术的采用，都会取得一定的技术效果和经济效果。在许多情况下，技术效果和经济效果的变动趋势是一致的，特别是那些不需要增加投资或只需略增加投资的技术。但技术效果和经济效果有时也会出现不一致的情况。如在全部生产过程中都使用机器代替手工劳动，从技术效果看是好的，然而经济效果不见得就好。因此，任何一项措施虽然具备了一定的技术效果，但人们在生产实践中是否采用它，并不是完全取决于其技术效果的好坏，更重要的是取决于其经济效果的大小。在项目设计的不同方案中，所用技术措施一经改变，必然会引起经济上的一些变化，可将这些变化归纳为产品量、物化劳动消耗量和活劳动消耗量三个基本要素的变化。一般将由于技术措施不同所引起的这三个基本要素的变化称作技术经济效果。即项目设计的不同方案的技术经济效果,是指其所拟采用的技术措施、技术方案、生产工艺等预期所能获得的生产成果对预期所需消耗和占用劳动的比例关系。项目设计方案的劳动投入与成果产出的函数关系变化对人们有利的程度大,则表明方案的技术经济效果好,反之,则差。为了从经济角度来考虑技术的优劣,就要对项目设计的不同方案所拟采用的各种技术进行效果评价。

可以从经济的角度来比较项目设计的不同方案,也可以从技术的角度来比较项目设计的不同方案。

第二节　技术经济评价的原则

技术是特定社会经济条件下的产物,必须在一定环境条件下才能发挥作用。技术对于经济发展所起的作用取决于技术与社会经济条件的适应程度。

一、技术经济评价的先进性原则

所谓先进性是指项目设计方案所采取的生产工艺、设备及管理技术达到目前国际水平或居于国内领先水平。项目设计方案在技术上的先进性主要表现在技术方案、生产工艺、设备选型、管理水平和技术参数五个方面。不同行业有不同的技术经济特点,衡量其先进性的技术参数与指标也有区别,因此进行食品工厂设计必须了解和掌握政府有关部门公布的行业技术标准,以行业技术标准为依据对项目设计方案的技术先进性进行综合评价。在评价技术的先进性时不可忽略项目拟采用技术等的整体先进性。先进性是相对的,在选择拟采用技术时,要考虑到不同项目的生命周期,一般对在近期有可能被淘汰的技术不宜选择。

二、技术经济评价的适用性原则

在分析项目设计方案技术的先进性时必须考虑到技术的适用性,最先进的技术并不一定是最好的(就适应性而言)技术,技术是特定社会经济条件下的产物,必须在一定环境条件下才能发挥作用。项目设计方案的技术效果取决于拟采用技术与资源状况、员工素质等社会经济条件的适应程度。所谓适应性是指项目设计方案所采用的技术必须与项目单位目前的技术条件和经济状况相适应,拟选用的工艺技术和设备方案必须与生产要素市场的供给状况相适应,拟采用的技术必须符合国家的技术发展政策。项目设计方案的技术适应性体现为技术的成熟程度、设备的可靠程度、原料的可供程度、资源的综合利用程度及劳动力的供给状况等方面,当项目设计方案在这几个方面都满足要求时,就可确认项目设计方案技术的适应性。

三、技术经济评价的经济性原则

人类的一切活动均具有一定的目的性,投资是经济主体为获取预期效益(经济效益或社会效益)而投入一定量的货币不断地转化为资产的全部经济活动。作为投资主体无不期望能够以尽可能少的投入获取尽可能多的产出。所谓经济性是指项目设计方案所采用的技术可使项目获得较高的预期经济效益。在项目设计方案中是否采用某一项技术,既取决于该项技术的先进性、适应性,也取决于其经济性,如果该项技术先进且适用,但难以使项目设计方案达到预期的经济目标,则最终将不能采用该项技术。这意味着采用技术不能脱离技术的经济性问题,在一般情况下任何一项技术的应用都必须考虑其经济效果问题。对项目设计方案不进行经济效果分析,则拟采用技术是优是劣,是先进还是落后都难以评价判断。

第三节　技术经济评价的程序与指标

一、技术经济评价程序

对工程项目通常的技术经济评价程序如下:

(1)根据项目的具体要求,设计若干可能的技术方案;

(2)收集与所设计的若干可能的技术方案有关的资料;

(3)根据项目特点选定技术经济评价指标;

(4)对选定的技术经济评价指标进行计算;

(5)对项目设计方案进行综合评价。

计算结果是项目设计方案选择的主要依据,但不是唯一的依据,类似项目的一些实际技术经济效果经验在设计方案选择中作用不可忽略。

二、技术经济评价的指标

项目设计方案的技术经济评价指标按照其在分析过程中是否考虑货币的时

间价值分为静态指标和动态指标。

（一）技术经济评价的静态指标

在分析计算中不考虑货币的时间价值,只是静止地对项目的收支进行分析。

1. 投资回收期

投资回收期是在项目技术经济评价中应用最广泛且比较简单的衡量投资经济效益的一个指标。根据该指标在计算过程中考虑问题的角度的区别,可以分为累计净值投资回收期和年均净值投资回收期。

（1）累计净值投资回收期。该指标是指从项目开始投资建设到增量生产净值达到资本投资总额所需花费的时间。即以项目的净效益抵偿全部投资所需花费的时间长度。

$$投资回收期 = 累计净效益转为正值的年份数 - 1 +$$
$$（上年累计净效益的绝对值/当年的净效益）$$

（2）年均净值投资回收期。该指标是指用项目年平均的增量生产净值补偿全部投资所需的时间长度。

$$投资回收期 = 投资总额/年平均的增量生产净值$$

一般投资回收期越短,说明资金回收的速度越快,资金利用率越高,则项目在未来的风险就越小。投资回收期指标在进行分析时没有考虑货币的时间价值,所以其分析结果与实际相比具有一定的偏差,如果用来评价项目的优劣顺序,难以避免地存在一定的缺陷。

2. 单位货币收益率

$$单位货币收益率 = （项目的增量生产净值总额/项目的投资总额） \times 100\%$$

单位货币收益率越高,单位投资带来的收益就越多,则项目的技术经济效果就越好。

（二）技术经济评价的动态指标

在分析计算中考虑货币的时间价值,动态地对项目在各年的收支状况进行分析。

1. 货币的时间价值

货币的时间价值指由于时间变化而引起货币资金所代表的价值量的变化。即目前一单位货币资金所代表的价值量大于若干时间后同一单位货币资金所代表的价值量。

（1）货币时间价值三要素。现值是指未来一定数额的货币的现在价值。终值是指现在一定数额的货币的将来价值。在货币时间价值的换算中,现值与终

值之间的差额,即:

$$现值 + 利息 = 终值 \quad 或 \quad 终值 - 利息 = 现值$$

由此可见货币时间价值的计算实际上是对利息的计算。现值、利息及终值构成了货币时间价值的三个要素。

(2)利息的计算。利息是指因存款或放款而得到的本金以外的钱。利率是利息与本金的比率,一般用百分率或千分率表示。可以年为单位计息或以月为单位计息,相应地有年息、月息、年利率、月利率。

2. 贴现及贴现率的选择

(1)贴现。是指把未来一定数额的货币折算为现值的计算过程。现值的计算可以用公式表示为:

$$P = F(1 + r)^{-n}$$

式中:P——现值(本金);

F——终值(本息之和),即把现值 P 按一定利率折算成未来某一时间点上的价值;

$(1 + r)^{-n}$——贴现因数,其中 r 是贴现率,n 是计息期数。

(2)贴现率。贴现率也称截止收益率,表明项目预期收益率的最低限度。贴现率分为财务贴现率和经济贴现率。

①财务贴现率。财务贴现率可用下式表示:

$$项目的财务贴现 = (权益资本 \times 权益资本预期的收益率 +$$
$$借贷资本 \times 借贷利率)/资本总额$$

②经济贴现率。经济贴现率比财务贴现率的确定复杂,而且目前还没有比较实用的计算办法。在项目的技术经济分析中,对于经济贴现率通常以资本的机会成本作为项目最佳的经济贴现率或截止收益率;或以为项目筹款而支付的借贷利率作为项目的经济贴现率;或以国民经济的增长目标及平均投资效果作为确定项目经济贴现率的参考依据。经济分析的难点在于不可能得到一定时期内全部可供选择的投资项目的资料,所以在发展中国家进行项目的技术经济分析时多根据经验将经济贴现率选定为 10% 和 12% 。

3. 技术经济评价的动态指标

(1)净现值(Net Present Value,简称 NPV)指标。净现值指标是指项目在其服务年限内各年的收支分别形成效益流和成本流两组现金数列,项目的效益流与项目的成本流的差额为项目的净效益流。有项目的净效益与无项目的净效益的差额为项目的增量净效益流,通常将其称为现金流量。现金流量可区分为财务现金流量与经济现金流量。

净现值为增量净效益流的现值。净现值可区分为财务净现值与经济净现值,财务净现值用以反映项目方案的预期盈利水平,经济净现值用以反映项目方案对国民经济的预期贡献。

净现值指标的计算方法如下:

①确定一个合适的贴现率。在其他条件相同时,如果用两个贴现率计算所得到的净现值是有差别的,一般选择的贴现率越高,则计算所得到的净现值就越小,选择的贴现率越低,则计算所得到的净现值就越大。任意选择几种贴现率用于计算项目的净现值,会出现净现值大于零、净现值小于零及净现值等于零三种情况。所谓合适的贴现率是指其应体现出项目选择中所能接受的投资报酬率的最低限度,应体现出企业获取项目所需资金的各种利率的加权平均数。

②净现值的计算。可以按照规定的贴现率对项目的增量净效益流进行贴现求得项目设计方案的净现值。净现值的计算公式如下:

项目设计方案的净现值 $= \left[\sum (B_t - C_t) \right] / (1 + r)^t$　　$t = 1, 2, 3, \cdots, n$

式中:n——表示年份数;

　　B_t——表示第 t 年的交益;

　　C_t——表示第 t 年的成本;

　　r——表示贴现率。

可以对项目设计方案的效益流及成本流分别贴现,计算出项目设计方案的效益流现值及成本流现值,再用项目的效益流现值减去项目的成本流现值即可得到项目的净现值。净现值的计算公式如下:

项目设计方案的净现值 $= PV(B) - PV(C)$

$$PV(B) = \sum B_t / (1 + r)^t$$

$$PV(C) = \sum C_t / (1 + r)^t$$

式中:$PV(B)$——表示效益流现值;

　　$PV(C)$——表示成本流现值。

这两种计算方法所得的结果应是相同的,应用时可以根据项目设计方案的要求及掌握资料的情况选择其中的一种。

运用净现值指标进行项目设计方案的技术经济分析。净现值大于零,说明了项目的预期收益率不仅能够达到基准收益率的水平,而且还有盈余;净现值等于零,说明了项目的预期收益率刚好等于基准收益率,净现值小于零,说明了项目的预期收益率达不到基准收益率的水平,项目设计方案不可行。所以在项目设计方案的技术经济分析中,用净现值作为衡量项目取舍的标准为接受所有净现值大或等于零的独立项目。独立项目是指某一项目的实施不会影响另一项目的实施。但如果所有独立项目的净现值都大于零,都可以接受,则不能根据净现值的大小来排列项目的优劣顺序,因为项目规模的大小从根本上决定了项目净现值的大小,不同规模的项目在这个问题上没有可比性。如果比较的是互相排斥的项目,即由于资源的限制,实施此项目就会排斥实施彼项目,此时则应优先选择净现值最大的备选项目。

(2)内部收益率(Internal Rate of Return,简称 IRR)指标。内部收益率是贴现分析的另一种方法,与净现值法的不同之处在于内部收益率并不是事先选定贴现率,而是通过计算,找出使项目净现值等于零或使项目效益—成本比率等于1的贴现率(即内部收益率)。如果按照这一贴现率贴现,项目所产生的效益,正好能够补偿花费在该项目上的全部成本,则内部收益率就是该项目对其所使用资源能够支付的最大利率。

当 $NPV = \left[\sum (B_t - C_t) \right] / (1 + r)^n = 0$ 时,公式中的 r 即为内部收益率。

所以内部收益率其实是一个特殊的贴现率,如果按照这个贴现率对项目的成本流与效益流进行贴现计算,则项目的成本流之和与项目的效益流之和刚好相等,项目的净现值为零。

内部收益率指标的计算通常可以用累试法和插值法计算得到项目的内部收益率。

1)用累试法计算得到项目的内部收益率。即通过多次试算最终找到使项目的净现值等于零时的贴现率。计算的方法是将项目的增量净效益按照适当的贴现率来试算项目的净现值。如果试算所得净现值大于零,说明试算时采用的贴现率偏低,下一次试算应选择较高的贴现率。如果试算所得净现值小于零,说明试算时采用的贴现率偏高,下一次试算应选择较低的贴现率。如此调整,反复试算,直到找到使项目净现值等于零时的贴现率为止。这一贴现率就是项目的内部收益率。开始试算内部收益率时所采用的贴现率可根据项目现金流量的分布状况确定。累试法需要反复计算多次,才能最后找到使项目净现值等于零时的贴现率,计算的工作量很大,因此在实际工作中一般不采用这种方法。

2)插值法。在累试法的基础上,将按照计算时所选择的高、低两个贴现率以及计算得到的一正一负两个接近于零的净现值代入插值法的计算公式,即可得到项目的内部收益率。插值法的计算公式为:

项目设计方案的内部收益率 $= R_1 + (R_2 - R_1) \times \left[NPV_1 / (|NPV_1| + |NPV_2|) \right]$

式中:R_1—— 表示较低的贴现率;

R_2—— 表示较高的贴现率;

NPV_1—— 表示用较低的贴现率计算所得的净现值;

NPV_2—— 表示用较高的贴现率计算所得的净现值。

3)应用内部收益率指标的注意事项:

①计算内部收益率指标时所选择的两个贴现率之差不宜超过5%。如果两个贴现率之差太大,则计算所得结果误差太大。因为净现值是贴现率的幂函数,两者之间不是线性关系。而用插值法计算项目的内部收益率是建立在线性关系的基础之上的,只有当所选择的两个贴现率比较接近时,用直线代替凹陷的曲线的误差才不至于太大。

②利用所选择的两个贴现率计算得到的两个净现值必须为一正一负,否则项目设计方案的内部收益率将不存在。

③用插值法计算所得的项目的内部收益率只是近似值,用其贴现计算项目设计方案的净现值只是接近于零。

4)运用内部收益率指标进行项目设计方案的技术经济分析。如果项目设计方案的内部收益率与基准收益率相等,则说明该项目达到了所要求具有的盈利水平;如果项目设计方案的内部收益率大于基准收益率,则说明该项目具有较高的盈利水平。所以运用内部收益率指标进行项目设计方案的技术经济分析时,对于项目设计方案的取舍标准是凡内部收益率大于或等于基准收益率的独立项目都可以接受。

(3)效益—成本比率(B/C)指标。

1)效益—成本比率指标的含义。指项目设计方案效益流现值与成本流现值之比。该指标可以用公式表示为:

项目设计方案的效益—成本比率 = $PV(B)/PC(C)$ =效益流的现值/成本流的现值

从效益—成本比率指标的含义及其计算公式可以看出,该指标是净现值指标的变形指标。如果项目设计方案的净现值大于零,即 $PV(B) - PV(C) > 0$,则效益 — 成本比率就大于1

即 $PV(B)/PV(C) > 1$。

2)效益—成本比率指标的计算:

①计算项目设计方案的效益流的现值。

②计算项目设计方案的成本流的现值。

③计算项目设计方案效益流的现值与成本流的现值之间的比率。

3)运用效益—成本比率指标进行项目设计方案的技术经济分析。

项目设计方案的效益—成本比率大于1,表明项目的净现值大于零;项目设计方案的效益—成本比率小于1,表明项目的净现值小于零,项目设计方案的效益—成本比率等于1,表明项目的净现值等于零。所以运用效益—成本比率指标进行项目设计方案的技术经济分析时是接受效益—成本比率大于、等于1的独立项目。效益—成本比率指标可以用于对项目设计方案进行风险分析,效益—成本比率越高,说明项目承受风险的能力越强。一般地如果项目设计方案的其他条件相同时,效益—成本比率高的方案更可取。

(三)追加投资回收期(T)

追加投资回收期指一个方案比另一方案所追加的投资,用两个方案年成本费用的节约额去补偿所需的年数。此法用于方案比较。

$$T = \Delta K / \Delta C = (K_1 - K_2) / (C_2 - C_1)$$

式中:ΔK——投资差额;

　　K_1——甲方案的投资额;

　　K_2——乙方案的投资额;

　　ΔC——年成本差额;

　　C_2——乙方案的年成本额;

　　C_1——甲方案的年成本额。

举例:甲 $K_1 = 3\,000$ 万元　$C_1 = 1\,000$ 万元;乙 $K_2 = 2\,200$ 万元　$C_2 = 1\,200$ 万元

则　$T = (3\,000 - 2\,200) / (1\,200 - 1\,000) = 4$ 年,将结果与国家规定的 T_n 比较,若:$T \leq T_n$ 投资大的甲方案经济合理,$T > T_n$ 投资小的乙方案经济合理。

(四)盈亏平衡分析法

盈亏平衡分析法是指项目从经营保本的角度来预测投资风险性。依据决策方案中反映的产量、成本和盈利之间的相互关系,找出方案盈利和亏损在产量、单价、成本等方面的临界点,以判断不确定性因素对方案经济效果的影响程度,说明方案实施的风险大小,这个临界点称为盈亏平衡点(Break Even Point,简称 BEP),又称为收支平衡点(BEP),指项目的收支平衡时,所需的最低生产水平或销售水平。

盈亏平衡点的求法:

$$B = PQ$$

式中:B——指投产后的一年内的总销售收入;

P——指单位产品价格;

Q——指年度内的产品产量(产品销量)。

$$C = C_v Q + C_f$$

式中:C——指年度的生产总成本;

C_v——指单位产品的可变成本(与产量正比变动);

C_f——指固定成本。

当盈亏平衡时,即 $B = C$ 时,$PQ^* = C_v Q^* + C_f$ 则:

$$Q^* = C_f / (P - C_v)$$

式中:Q^*——盈亏平衡点的产量。

以此作为指标,当 $Q > Q^*$ 时,基础项目盈利。

第四节　设计方案的选择

一、设计方案选择的含义

设计方案选择是为了在不同的设计方案中比较选出最佳方案,以减少项目投资决策的盲目性,提高投资决策的科学性。通过对比项目设计的不同方案的投资总额、投资回收期、生产成本等绝对指标及其他相对指标,评价项目设计方案的优劣等级。一个项目设计方案如果所选择的厂址条件好,拟采用的生产工艺、生产技术、生产设备等先进适用且经济合理,生产过程安全且无环境污染,与项目所在地区的资源条件及社会经济条件相吻合,建设费用、经营费用等较少,投资回收期较短,则这样的方案应为最佳方案。

二、设计方案选择的原则

1. 设计方案选择的可比性原则

如果供选择的项目设计方案不具备可比性,则难以进行方案优选。不同方案有关指标的计算范围、计算口径及计算方法应具有可比性,方案的时间跨度等方面均应具有可比性。

2. 设计方案选择的经济性原则

在设计方案选择时考察不同设计方案的经济效果、社会效果及生态效果,应以经济效果为中心,如果一个方案没有较为理想的经济效果,则无从谈及其他效果。

3.设计方案选择的客观性原则

选择设计方案必须做到客观公正,忌讳用感情代替科学,应以实事求是的态度,据实比选,据理论证,尽量用较为准确的数据和语言客观地反映项目设计不同方案的真实情况。

4.设计方案选择的整体性原则

选择项目不同的设计方案,应对要选的每一方案进行全面的分析评价,定量分析与定性分析相结合,从技术、经济、社会、文化、政治等方面全方位考察被分析对象。

三、设计方案选择的内容

(1)比较不同设计方案的厂址选择及总图规划。

(2)比较不同设计方案的建筑安装工程:

①比较不同设计方案的总平面设计对生产工艺过程的要求的满足程度;

②比较不同设计方案的工序的合理程度;

③比较不同设计方案的建筑物空间分布及占用土地的合理程度;

④比较不同设计方案的建筑物建筑结构的合理程度。

(3)比较不同设计方案的产品方案:

①比较不同设计方案的产品经济寿命;

②比较不同设计方案的产品质量。

(4)比较不同设计方案的生产规模。

(5)比较不同设计方案对环境的影响程度。

四、设计方案选择的方法

如果用来比较选择的设计方案的计算期相同,则可以按照不同方案所包含的效益和费用的全部要素进行比选,可以采用差额内部收益率、净现值及净现值率等指标进行分析计算评价。

如果用来比较选择的设计方案的生产能力相同,或其效益基本相同,但其无形效益难以估算,则在分析对比时可以不考虑其相同因素,只考虑其不同因素,可以采用最小费用法进行计算评价。

如果用来比较选择的设计方案的产品或服务不同、产品价格或服务收费标准难以确定时,如果产品为单一产品或能够折合为单一产品时,可以采用最低价格法或最低收费标准法,对各个对比方案分别计算净现值等于零时的产品价格并加以对比,其中产品价格较低的设计方案较优。

如果用来比较选择的设计方案的产量相同或基本相同时,可以采用静态差额投资收益率法或静态差额投资回收期法进行计算评价。

如果用来比较选择的设计方案的计算期不同时,则可以采用年值法及年费用比较法。如果期望采用净现值法、差额内部收益率法、费用现值比较法或最低价格法,需要对各个比较选择的方案的计算期及计算公式做适当调整后再进行分析比较。常用的处理方法有两种:

①以项目或方案计算期的最小公倍数作为比较项目或方案的计算期;

②以所有项目中最短的计算期作为比选项目的计算期。

复习思考题

1. 技术经济分析的作用是什么?

2. 技术经济评价的原则是什么?

3. 什么是产品成本?

4. 技术经济评价的指标有哪些?

5. 盈亏平衡点(BEP)计算有何意义?

6. 什么是净现值(NPV)?净现值指标有什么优缺点?

7. 什么是内部收益率(IRR)?怎样计算内部收益率?

第七章　食品工厂设计案例

本章知识点:通过啤酒厂、速冻蔬菜厂、焙烤食品厂及乳品厂等典型食品工厂的设计案例学习,了解食品工厂设计的主要内容;掌握在实际的设计过程中如何查阅收集相关设计资料;掌握一定生产规模的某食品厂的产品方案和班产量设计、物料衡算和工艺设备的选择、配套,以及生产工艺流程设计、生产车间布局、设备布置设计等的方法和步骤。

第一节　啤酒厂

一、概述

酿造啤酒的主要原料是大麦、酒花、酵母和水等,这些原料的质量决定着所生产啤酒的质量。

大麦是酿造啤酒的主要原料,它为啤酒酿造提供了必需的淀粉,这些淀粉在啤酒厂的糖化车间被转变成可发酵性浸出物。酿造啤酒前必须先将大麦经过发芽制成麦芽,方能用于酿酒。制麦芽的目的是使大麦中的酶活化及产生各种类型的水解酶,并使大麦胚乳中的某些成分在酶的作用下发生转化。麦芽的制造包括如下几个步骤:大麦清选,分级和输送,大麦的干燥与储存,大麦浸泡,发芽,麦芽干燥以及干燥后的麦芽处理。

啤酒生产除了主要使用大麦作为原料外,其他如玉米、大米、小麦等以含淀粉为主的作物原料也常常用于啤酒生产中。

水是啤酒含量最多的成分,在酿造的过程中,水中的各种离子的作用是不可低估的,在一定程度上影响酵母的生产和啤酒的质量。酒花对啤酒的质量非常重要,它不仅赋予啤酒特殊的苦味,同时也影响啤酒的苦味与香气。对啤酒发酵而言酵母的作用是至关重要的,它直接影响着啤酒的口味和特点。

啤酒生产基本工艺流程如下:

酒花　　　　　酵母

原料粉碎→糖化过滤→煮沸→冷却→发酵→滤酒→验瓶→杀菌→贴标→喷码→装箱入库

啤酒是一种含二氧化碳、起泡、低酒精度的饮料酒。由于其含醇量低,清凉爽口,深受世界各国人民的喜爱,成为世界性的饮料酒。啤酒具有独特的苦味和香味,营养成分丰富,含有各种人体所需的氨基酸及烟酸、泛酸等维生素和矿物质。

啤酒工厂设计的主要内容包括:厂址的选择,总平面设计,啤酒生产工艺流程的选择,设计及论证,全厂物料、热量衡算,车间的设备选型和设备计算以及工厂车间平面布置图绘制等。

二、厂址的选择

根据我国的具体情况,食品工厂一般建在距原产地附近大中城市的郊区。由于啤酒消费量大,为了便于销售,所以选择建于市区比较合适。这样不但可以获得足够的原料,而且利于产品的销售,同时还可以减少运输费用。

1. 厂址选择的原则

(1)厂址的位置要符合城市规划(供气、供电、给排水、交通运输等)和工厂对环境的要求。

(2)厂址要接近原料基地和产品销售市场,还要接近水源和能源。

(3)具有良好的交通运输条件。

(4)场地有效利用系数高,并有远景规划的发展用地。

(5)有一定的施工条件和投产后的协作条件。

(6)厂址选择要有利于三废处理,保证环境卫生。

2. 自然条件及能源

根据食品工厂厂址选择的要求,啤酒厂区应地势平坦,周围无污染源。场地面积有利于建筑物的合理布置,且符合工厂发展需要,并有一定扩建余地。自来水使用方便,且水质良好。接近排水系统,有利废水排放。供电系统配备良好,可以满足生产需要。附近有居民区和学校,方便销售。

3. 政治经济和交通

厂区在城市规划区内,经规划部门批准,符合规划布局。并且接近销售渠道,有良好的经济开发前景。附近有发达的交通运输条件,接近高速公路与铁路,使原料入厂和啤酒出厂能够顺利进行。

三、总平面设计

1. 总平面设计的原则

(1)符合生产工艺要求。

(2)布置紧凑合理,节约用地,同时为长期发展留有余地。

(3)必须满足食品工厂卫生要求和食品卫生要求。

(4)优化建筑物间距,按有关规划进行设计。

(5)适合运输要求。

2. 总平面设计内容

(1)厂区主要建筑物包括办公楼、原料库、生产车间、冷库、配电室以及锅炉房等。

(2)全建筑物朝向有利于通风采光。

(3)配电室靠近生产车间,减少能源消耗,锅炉房位于下风向。

(4)在厂房四周种植草坪,保证绿化。

(5)通盘考虑全厂布置,力求经济合理,充分考虑扩大生产。

(6)方便生产,符合生产程序。

3. 啤酒厂的组成

啤酒厂一般是由生产车间、辅助车间、动力设施、给水、排水设施,全厂性设施等组成。

生产车间:制麦车间,糖化车间,发酵车间等。

辅助车间:原料预处理车间,过滤车间,灌装车间,仓库等。

动力设施:变电所,锅炉房,冷冻机房等。

给水设施:水塔,水池,冷却塔等。

全厂性设施:办公室,食堂,浴室,厕所,传达室等。

四、产品方案

产品品种:10°淡色啤酒。

产品产量:年产 50 000 t。

生产日期:11,12 月为生产淡季。其他月份为旺季。淡季每天糖化 5 次,旺季每天糖化 8 次。

五、啤酒生产物料衡算

在啤酒整个酿造过程中,大体可以分为四大工序:麦芽制造,麦汁制备,啤酒发酵,啤酒包装与成品啤酒。其中麦汁制造是啤酒生产的重要环节,它包含了对原料的糊化、液化、糖化、麦醪过滤、麦汁煮沸和麦汁澄清与冷却等处理工艺,是啤酒生产的关键环节之一,对整个啤酒生产的产量和质量影响都很大。糖化生产过程工艺比较复杂、技术要求高,控制难度较大,糖化过程工艺指标控制的好坏,对啤酒的稳定性、口感、外观有着决定性的影响。

冷麦芽汁添加酵母后,开始发酵作用。啤酒发酵是一项非常复杂的生化变化过程,在啤酒酵母所含酶系的作用下,其主要变化产物是酒精和二氧化碳,另外还有一系列的发酵副产物,如醇类、醛类、酸类、酯类、酮类和硫化物等。这些发酵产物决定了啤酒的风味、泡沫、色泽和稳定性等各项理化性能,使啤酒具有其独特的典型性。

啤酒经过后发酵或后处理,口味已经达到成熟,二氧化碳已经饱和,酒液也已逐渐澄清,此时再经过机械处理,使酒内悬浮的轻微粒子最后分离,达到酒液澄清透明的程度,即可包装出售。

由于啤酒生产过程复杂、中间产物多,涉及到的工艺计算也很复杂,在此仅以物料衡算为例介绍啤酒生产过程中的物料用量及变化情况,关于热量及冷量方面的衡算请参考相关啤酒生产方面的资料。

啤酒厂糖化车间的物料平衡计算主要项目为原料(麦芽、大米)和酒花用量,热麦汁和冷麦汁量,废渣量(糖化槽和酒花槽)以及每次糖化量等。

1. 数据准备

(1)糖化车间工艺流程:

麦芽、大米→粉碎→糊化→糖化→过滤→薄板冷却器→回旋沉淀槽→麦汁煮沸锅→酒花渣分离器

(2)工艺技术指标及基础数据。根据我国啤酒生产现况,有关生产原料配比、工艺指标及生产过程的损失等数据如表7-1所示。

表7-1 啤酒生产基础数据

项目	名称	百分比/%	项目	名称	百分比/%
定额指标	无水麦芽浸出率	75	原料配比	麦芽	75
				大米	25
	无水大米浸出率	92	啤酒损失率（对热麦汁）	冷却损失	7.5
				发酵损失	1.6
	原料利用率	98.5		装瓶损失	2.0
	麦芽水分	6		过滤损失	1.5
	大米水分	13		总损失	12.6

根据表7-1的基础数据,首先进行100 kg原料生产10°淡色啤酒的物料计算,然后进行100 L 10°淡色啤酒的物料衡算,最后进行50 000 t/年啤酒厂糖化车间的物料平衡计算。

2. 物料衡算

(1)100 kg原料(75%麦芽,25%大米)生产10°淡色啤酒的物料衡算。

①热麦汁计算。根据表7-1中原料麦芽和大米的水分含量及原料浸出率,可得到原料浸出物得率分别为:

麦芽浸出物得率为:$0.75 \times (100 - 6)/100 \times 100\% = 70.75\%$

大米浸出物得率为:$0.92 \times (100 - 13)/100 \times 100\% = 80.04\%$

原料利用率98.5%,则混合原料浸出物得率为:

$(0.75 \times 70.50\% + 0.25 \times 80.04\%) \times 98.5\% = 71.79\%$

由上述可得100 kg混合料原料可制得的10°热麦汁量为:

$71.19/10\% = 717.9(kg)$

查资料知10°麦汁在20℃时的相对密度为1.084 kg/L,而100℃热麦汁相对密度为1.024 kg/L,故热麦汁(100℃)体积为: $717.9/1.042 = 689(L)$

②冷却损失7.5%,则冷麦汁量为:$689 \times (1 - 0.075) = 637.325(L)$

③发酵损失1.6%,则发酵液量为:$637.325 \times (1 - 0.016) = 627.13(L)$

④过滤损失1.5%,则过滤酒量为:$627.13 \times (1 - 0.015) = 617.72(L)$

⑤装瓶损失2%,则成品啤酒量为:$617.72 \times (1 - 0.02) = 605.37(L)$

(2)生产100 L 10°淡色啤酒的物料衡算。根据上述衡算结果知,100 kg混合原料可生产10°淡色成品啤酒605.37 L,故可得以下结果:

①生产100 L 10°淡色啤酒需耗混合原料量为:

（100/605.37）×100 = 16.52（kg）

②麦芽耗用量为：16.52 ×75% = 12.39（kg）

③大米耗用量为：16.29 – 12.39 = 4.13（kg）

④酒花耗用量：以热麦汁中加入 0.13% 的酒花量为例，即每 100 L 热麦汁添加 0.13 kg 酒花，所以生产 100 L 10°淡色啤酒所需酒花量为：（689/605.37）× 100 ×0.13% = 0.148（kg）

⑤热麦汁量为：（689/605.37）×100 = 113.81（L）

⑥冷麦汁量为：（637.33/605.37）×100 = 105.28（L）

⑦湿糖化糟量。设湿麦芽糟水分含量为 80%，则湿麦芽糟量为：

[12.39 ×（1 – 0.06）×（1 – 0.75）]/（1 – 0.8）= 14.56（kg）

式中，0.06 是麦芽水分含量，0.75 是无水麦芽浸出率。

湿大米糟量为：

[4.13 ×（1 – 0.13）×（1 – 0.92）]/（1 – 0.8）= 1.44（kg）

式中，0.13 为大米水分，0.92 是大米无水浸出率。

故湿糖化糟量为：14.56 + 1.44 = 16（kg）

⑧酒花糟量。设麦汁煮沸过程干酒花浸出率为 40%，且酒花糟水分含量为 80%，则酒花糟量为：

[0.148 ×（1 – 0.4）]/（1 – 0.8）= 0.44（kg）

⑨酵母量（以商品干酵母计）。生产 100 L 啤酒可得 2 kg 湿酵母泥，其中一半做生产接种用，一半做商品酵母用，即为 1 kg。湿酵母泥水分 85%

酵母含固形物 = 1 ×（1 – 85%）= 0.15（kg）

则含水分 7% 的商品干酵母量为：

0.15/（1 – 7%）= 0.16（kg）

⑩二氧化碳量。10°的冷麦汁 105.28 L 浸出物为：10% ×105.28 = 10.528（kg）

设麦汁的真正发酵度为 55%，则可发酵的浸出物为：

10.53 ×55% = 5.79（kg）

设麦芽汁中浸出物均为麦芽糖构成，根据麦芽糖发酵的化学反应式可得到：

二氧化碳的生成量为：5.79 ×（4 ×44）/342 = 2.98（kg）

式中，44 为 CO_2 相对分子质量，342 为麦芽糖的相对分子质量

设 10°啤酒的 CO_2 的含量为 0.4%，则麦汁中 CO_2 的含量为：105.28 ×0.004 = 0.42（kg）

释放的 CO_2 量为：2.98 – 0.42 = 2.56（kg）

$1 m^3$ 的二氧化碳在 20℃ 常压下重 1.832(kg)

故释放的二氧化碳的容积为:2.56/1.832 = 1 397.48(L)

⑪发酵液量为:100 × 627.13/605.37 = 103.59(L)

⑫过滤酒量为:100 × 617.72/605.37 = 102.04(L)

⑬成品啤酒量为:102.04 × (1 - 0.02) = 100(L)

⑭空瓶需要量:(100/0.64) × 1.005 = 157.03(个)

式中,0.64 为每瓶啤酒的容积为 640 mL,1.005 指空瓶损耗率为 0.5%。

⑮瓶盖需要量:(100/0.64) × 1.01 = 157.81(个)

式中,1.01 指损耗率为 1%。

⑯标签需要量:(100/0.64) × 1.001 = 156.41(张)

式中,1.001 指标签损耗率为 0.1%。

3. 生产 50 000 t/年,每次糖化的物料衡算

设生产旺季每天糖化 8 次,而淡季则糖化 5 次,11,12 月为淡季. 每年总糖化次数为:304 × 8 + 61 × 5 = 2 717(次)

每次糖化的原料量,混合原料:(50 000 000/2 717) × (100/605.37) = 3 040(kg)

605.37 为 100 kg 原料可生产出成品啤酒的量

大麦:3 040 × 0.75 = 2 280(kg)

大米:3 040 × 0.25 = 760(kg)

热麦汁量:(689/100) × 3 040 = 20 945.6(L)

冷麦汁量:(637.33/100) × 3 040 = 19 374.83(L)

酒花用量:(0.148/16.52) × 3 040 = 27.23(kg)

湿糖化糟量:(16/16.52) × 3 040 = 2 944.31(kg)

湿酒花糟量:(0.44/16.52) × 3 040 = 80.97(kg)

二氧化碳量:(1 397.48/16.52) × 3 040 = 257 475.10(L)

酵母量:(0.16/16.52) × 3 040 = 29.44(kg)

发酵量:19 374.83 × (1 - 0.016) = 19 064.92(L)

过滤量:19 064.92 × (1 - 0.015) = 18 778.95(L)

成品量:18 778.95 × (1 - 0.02) = 18 403.37(L)

空瓶量:(157.03/16.52) × 3 040 = 28 896.56(个)

瓶盖量:(157.81/16.52) × 3 040 = 29 042(个)

标签量:(156.41/16.52) × 3 040 = 28 784(张)

4.50 000 t/年10°淡色啤酒酿造车间物料衡算表

把上述的有关啤酒厂酿造车间的物料衡算计算结果整理成物料衡算表,如表7-2所示。

表7-2 啤酒厂酿造车间物料衡算表

物料名称	单位	对100 kg 混合原料	100 L 10° 淡色啤酒	糖化一次定额量	年啤酒生产量
混合原料	kg	100	16.52	3 040	8.26×10^6
大麦	kg	75	12.39	2 280	6.2×10^6
大米	kg	25	4.13	760	2.06×10^6
酒花	kg	0.89	0.148	27.23	7.40×10^4
热麦汁	L	689	113.81	20 945.6	5.69×10^7
冷麦汁	L	637.33	105.28	19 374.83	5.26×10^7
湿糖化糟	kg	96.85	16.00`	2 944.31	8.0×10^6
湿酒花糟	kg	2.66	0.44	80.97	2.20×10^5
酵母量	kg	0.97	0.16	29.44	7.99×10^4
二氧化碳量	L	8 459.32	1 397.48	257 475.10	7.0×10^8
发酵液	L	627.13	103.59	19 064.92	5.18×10^7
过滤酒	L	617.72	102.04	18 778.95	5.10×10^7
成品啤酒	L	605.37	100	18 403.37	5.00×10^7
空瓶量	个	962.65	159.03	28 896.56	785 119 54
瓶盖量	个	955.27	157.81	29 040.10	78 901 952
标签量	张	946.79	156.41	28 782.47	78 201 971

备注:10°淡色啤酒的密度为1 012 kg/m³,实际年产啤酒5.06×10^7 kg

六、啤酒设备选择

(一)设备选择原则

食品工厂设备大体分四个类型:计量和储存设备、定型专用设备,通风机械设备,在选择设备时,要按下列原则进行。

(1)满足工艺要求,保证产品的质量和产量。

(2)一般大型食品厂应选用较先进的机械化程度高的设备,中型厂则看具体备件,一些产品可以选用机械化、连续化程度高的设备,小型厂则选用较简单的设备。

(3)设备能充分利用原料,能耗少效率高、体积小、维修方便、劳动强度底,并能一机多用。

（4）所选设备应符合食品卫生要求,易清洗装拆,与食品接触的材料不易腐蚀不致对食品造成污染。

（5）设备结构合理,材料性能可适应各种工作条件(如温度、湿度、酸碱度)。

（6）在温度、压力、真空、浓度、时间、速度、流量、液位、计数和程序等方面有合理的控制系统,尽量采用自动控制方式。

（二）设备的选择

以下以啤酒厂糖化车间和发酵车间为例介绍设备的选择。

1. 糖化车间

糖化车间是进行麦汁的制备这项重要的工艺。将粉碎后的麦芽和辅料中的非水溶性组分通过酶的分解尽可能的转化成水溶性组分。

该设计中采用的是六锅式即在糊化锅,糖化锅,过滤槽,煮沸锅的基础上增加一个过滤槽和煮沸锅。因为糊化锅和糖化锅利用率较低,形成六器组合可增大产量,也为啤酒厂扩建糖化车间所采用的方法。

（1）糊化,糖化设备。采用不锈钢的糊化锅和糖化锅,而且是球形锅底便于清洗和料液排尽。锅内装有螺旋浆搅拌器及挡板。糊化锅升温速度达 0.5℃/min。糖化锅的升温速度达 1℃/min。采用点状加热夹套。因为它从加热效果上优于弧形盘管加热器。糖化锅的容积为 25m³,糊化锅的容积为 18m³。采用的是常压蒸煮。

（2）过滤设备。过滤槽是最古老也是应用最广泛的麦汁过滤设备,过滤槽配置湿法辊粉碎较完善,该设计中采用的是过滤槽对麦汁过滤,将麦糟和麦汁分开。与传统的压滤机法,快速渗出法,膜式压滤机法相比,具有麦汁相对浊度较好,节省原料消耗的优点。

（3）煮沸设备。

①煮沸锅。煮沸加热设备加热方式有直接加热与间接加热方式。直接加热方式由于操作困难,劳动力强度大,工作环境差的原因等缺点而在该设计中不被采用。所采用的热源为饱和蒸汽或过热蒸汽。

②外加热器。该设计中采用的是外加热盘管的煮沸锅。外加热器克服了内加热器清洗困难以及加热时易局部过热的缺点,但是它需要一个大容量的耐热泵,使动力电耗增加。外加热式煮沸锅除了用于煮沸外还可以兼做回旋沉淀槽,省去了一个设备,另外两个麦汁煮沸锅与一个外加热器组合,煮沸锅兼做回旋沉淀槽和麦汁暂存槽使用。

（4）酒花添加设备。添加系统可采用 2 个或 2 个以上的自动添加罐,避免事故发生,麦汁煮沸时能回收。

（5）麦槽储罐。被分离出来的麦槽被用来做饲料的原料。

（6）分离设备。

①酒花分离器。煮沸结束后,采用酒花分离器尽快分离出酒花糟。如果使用的是酒花制品（酒花粉,颗粒酒花,酒花浸膏）或者使用粉碎的酒花,则酒花分离器不再需要。

②回旋沉淀槽。热凝固物分离的传统方法为自然沉淀法——冷却盘法或沉淀槽法。冷却盘法劳动强度大,麦汁易染杂菌,沉淀槽还需结合离心机和压滤机进行处理,现在几乎不再使用。本设计中采用的是回旋沉淀槽法过滤热麦汁,特点是尽可能减小作为过滤介质的麦槽层厚度,以强化过滤速度,又不扩大过滤器的直径。

（7）冷却设备。麦汁的冷却主要是开放式和密闭式。开放式冷却较封闭式传热效率更低。

本设计中采用的是密闭式冷却器——薄板冷却器。冷却效果好,且冷却温度较易控制。

（8）麦汁通风设备。

①空气过滤器。麦汁通风是使麦汁内含有一定量的溶氧,所以麦汁必须在发酵前通入空气,为了不混入杂菌,通入的空气须经过空气过滤器。

②文丘里管。在冷麦汁进入发酵罐的管路上安装文丘里管,使无菌空气与麦汁充分混合。

2. 发酵车间

（1）酵母培养及添加罐。

①酵母培养罐。发酵所需酵母通过纯种培养获得的,从优良菌株的获取到培养出满足接种所需添加量,酵母还须经历实验室扩大培养和生产现场扩大培养两个阶段。该设计中在发酵车间就设计了酵母培养罐,使生产现场扩大培养在其中实现。

②酵母添加罐。实现使酵母添加到准备发酵的麦汁中。

第二节　速冻蔬菜工厂

一、概述

速冻食品,是指在 -30℃ 以下将处理过的新鲜原料或加工后的食品在短时间(10 ~ 30 min)内迅速冻结起来,特别是以最快的速度通过最大冰晶生成区(通常为 -1℃ ~ -5℃)。产品以小包装的形式在 -18℃ 的条件下储藏和流通。食品冻结过程中会发生各种各样的变化,如物理变化(重量、导热性、比热、干耗等)、化学变化(蛋白质变性等),细胞组织变化以及生物、微生物变化等。

速冻食品的特点是:创造一定的低温环境,使制品在储存或运输过程中所发生的物理变化和化学变化降至最小,以达到最大限度地保持食品原有营养价值和风味的目的。

如今市场上速冻食品大致可以分为果蔬类、水产类、肉禽类、调理方便食品等四大类。

随着世界经济的飞速发展,生活节奏的不断加快,目前国内外速冻蔬菜的消费量逐年增加,需要的品种也越来越多。另外,随着世界贸易环境的改善,蔬菜的国际间相互补充和调剂得到了充足的发展,随着消费需求的增长及生产成本的提高,发达国家的蔬菜供应更趋于依赖进口。

目前,我国的蔬菜种植面积占世界蔬菜总种植面积的 1/3 以上,是蔬菜第一生产国。中国速冻食品生产仅始于 20 世纪 60 年代末,当时主要是以出口为主,速冻装置都是从国外引进的。从 20 世纪 80 年代末以来,随着我国人们生活水平的不断提高,国内对速冻蔬菜需求量也开始不断地提高,为我国速冻蔬菜加工的发展提供了良好的机遇。

作为一个食品专业技术人员,必须要了解速冻蔬菜厂的设计工作。对于一个新建的速冻蔬菜厂的设计,食品专业技术人员除了要配合非工艺技术人员做好厂址选择、总平面设计、公用工程和技术经济分析等设计工作外,主要对生产车间内与食品加工系统直接相关的内容进行设计。

二、速冻蔬菜工厂的总体布局

总体布局是工厂设计的重要组成部分,包括对工厂的房屋建筑、设备、装置、厂内的物流、人流、能源流、信息流等所作的有机组合和合理配置。良好的总体布局能使整个生产系统安全、高效地运行,并为工厂获得较好的经济效益创造条件。

总体布局包括工厂的总体布置(或称厂区布置)和车间布置两部分。其主要工作内容如下。

①对外部条件、生产工艺和物流进行分析,划分各生产、辅助、动力和仓库等区段,并分配所需面积。

②确定物流和人流的路线和出入口,选择物料搬运的方法和设备。

③对建筑物、设备、管线、材料场地、运输线路等进行平面定位和竖向布置,并绘制出布置图。

④根据劳动卫生和生产安全要求,配置各种环境保护和绿化美化设施。

总体布局要求达到:

①生产流程合理衔接,物料搬运线路流畅短捷;

②生产车间、辅助车间、生活建筑和其他设施的组合与配置,便于生产管理,便于职工的劳动和休息;

③在合理布置的基础上尽量节约用地和减少土石方工程量;

④符合工厂建设规划和发展要求;

⑤符合环境保护、卫生、绿化、抗震、防火、安全等国家规范;

⑥空间布置能表现良好的建筑艺术格局。总体布局应有利于缩短建设周期,节约建设投资,提高生产效率,降低生产费用,提高产品质量,方便职工生活,从而取得最大限度的经济效果。

三、速冻蔬菜工厂的建筑或构建物

(1)原料仓库。不用专门建设原料仓库,以预处理车间旁的高温库替代,收购的原料如不能及时进行加工生产,就放置于高温库中,保持温度 0~10℃。

(2)预处理车间。紧邻高温库,在更衣室旁,主要进行加工、分级、浸泡、清洗等。在生产旺季,由于原料量较大,也可在室外洁净的场地进行。

(3)生产车间:速冻蔬菜的主要加工车间,也是耗能和最影响速冻蔬菜质量的加工区域。原料经拣选等初步加工以后,进行浸泡、清洗,然后进行漂烫、冷却、沥水和速冻。

(4)低温冷库:与主要生产车间比邻,是存放加工、包装后的速冻蔬菜产品的区域,按照冷库设计的要求使用材料和安排布局,整个冷库分成两个区域,中间有门连通,根据实际需要使用冷库。采用双冷库设计可以有效降低能耗、便于管理,实际运行成本可以大大降低。

（5）制冷车间:近邻低温库和速冻车间,靠近配电动力中心和维修中心,水泥地面加厚,并预留孔穴。

（6）包装车间:地坪加高到与低温库标高一致,在加工车间相同的建筑要求之上,增加吊顶,墙壁四周加隔热材料,并有专用门通向包装材料库,包装完毕后直接入库。

（7）化验室:在办公大楼一侧,用于进行产品的原料和产品的质量检验。

（8）更衣室、卫生间:位于进入各个车间的必经之地,分左右男女更衣室,不同工段的工人可以分别从不同更衣室进入不同的生产车间,避免交叉污染。

（9）配电室、机修车间　靠近主动力中心。

（10）废水处理区:预留空地由环保部门设计废水处理池。

四、速冻蔬菜工厂的车间设计

以下以速冻玉米穗生产车间为例介绍相关的设计工作。

（一）工艺选择

速冻玉米穗工艺流程示意图见图7-1。

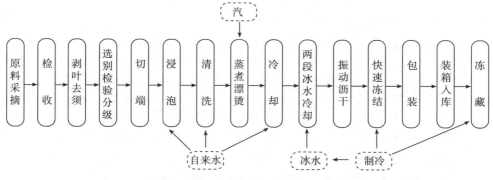

图7-1　速冻玉米穗工艺流程示意图

（二）工艺计算

1.冷却用水量的估算

蒸煮后的玉米采用两段冻却法,先用自来水将玉米冷却至60℃左右,再用冰水冷却至30℃。

（1）自来水冷却用水量:

玉米 100℃→60℃ , 自来水 25℃→50℃

$$G_{玉米} \times C_{p玉米} \times \Delta t_1 = W_自 \times C_{p水} \times \Delta t_2$$

式中:$G_{玉米}$——玉米的质量,t;

$\quad C_{p玉米}$——玉米的比热容,kJ/(kg·K);

$\quad C_{p水}$——水的比热容,kJ/(kg·K)。

$$G_{玉米} \times C_{p玉米} \times \Delta t_1 = W_自 \times C_{p水} \times \Delta t_2$$

即:$100 \times 3.31 \times (100 - 60) = W_自 \times 4.18 \times (50 - 25)$

$$W_自 = 126.7(t/d)$$

(2)冰水冷却用水量:

玉米 60℃→30℃,冰水 5℃→20℃

$$G_{玉米} \times C_{p玉米} \times \Delta t_1{'} = W_{冰水} \times C_{p冰水} \times \Delta t_2{'}$$

式中:$C_{p玉米}$——玉米的比热容;

$\quad C_{p冰水}$——冰水的比热容。

即:$100 \times 3.31 \times (60 - 30) = W_{冰水} \times 4.18 \times (20 - 5)$

$W_{冰水} = 158.4(t/d)$

2. 耗冷量计算

(1)冰水冷却耗冷量:

$$Q_1 = G_{玉米} \times C_{p玉米} \times \Delta t_1 / t \quad (kW)$$

式中:t——冷却时间,24h。

$Q_1 = 100\,000 \times 3.31 \times (60 - 30)/24 = 413\,750 \quad (kJ/h) = 115 \quad (kW)$

$(1\ W = 3.6\ kJ/h)$

(2)冻结过程耗冷量:

从初温30℃的玉米冻结至 -18℃需要的耗冷量包装三个部分:

①从初温冷却至冰点(开始冻结时的温度,取 -1℃)时的放热量;

②冻结过程中形成冰时放出的潜热;

③冻结完成后产品从冰点继续降至终温 -18℃所放出的热量。

$$Q_2 = G[C_1(t_1 - t_f) + 335\omega\varphi + C_2(t_f - t_2)]/(3\,600\tau) \quad (kW)$$

式中:G——每天处理量100 t/d,15 t/班,2.5 h/班;

$\quad C_1$——冻结前比热容,取3.31 kJ/(kg·K);

$\quad C_2$——冻结后比热容,取1.3 kJ/(kg·K);

$\quad 335$——水的冻结潜热,kJ/(kg·K);

$\quad \omega$——含水量;

$\quad \varphi$——冻结后的冻结率,约为99%;

τ——冻结时间,2.5 h。

计算得:

$Q_2 = 15\,000 \times [3.31 \times 31 + 335 \times 0.739 \times 0.99 + 1.3 \times 17]/(3\,600 \times 2.5)$

$= 15\,000 \times 369.8/9\,000 = 616.33$　（kW）

（3）冷藏库耗冷量:

①通过冷库维护结构的散热量:

$$\text{冷库吨位 } G = \sum V\rho\eta/1\,000 \quad (t)$$

式中:G——冷库贮藏吨位,t;

$\quad\quad V$——冷库实际堆货体积,m^3;

$\quad\quad \rho$——食品的密度,kg/m^3;

$\quad\quad \eta$——冷库容积利用系数。

对于 2 000 t 冷库来说,可取容积利用系数为 0.6,新鲜玉米的密度为 $300kg/m^3$,

则冷库的容积为:$V = \dfrac{1\,000G}{\rho\eta} = 1\,000 \times 2\,000/(300 \times 0.6) = 11\,111.11$　（m^3）

取净高 4 m,则库面积 $F = 11\,111.11 / 4 = 2\,777.8$　（m^2）

设冷库为正方形,则正方形边长为 53 m。

维护结构的面积分别为:

墙:$A_1 = 53 \times 4 \times 4 = 850$　（m^2）

顶:$A_2 = 53 \times 53 = 2\,800$　（m^2）

地:$A_3 = 53 \times 53 = 2\,800$　（m^2）

维护结构的传热面积 $A = A_1 + A_2 + A_3 = 6\,450$　（m^2）

通过冷库维护结构的传热量可用下式计算:

$$Q_3 = \alpha A K(t_w - t_n)$$

式中:α——冷库维护结构两侧温差修正系数;

$\quad\quad A$——冷库维护结构的总传热面积,m^2;

$\quad\quad K$——冷库维护结构的传热系数,$kJ/(m^2 \cdot h \cdot \text{℃})$;

$\quad\quad t_w$——冷库外侧温度,℃;

$\quad\quad t_n$——冷库内侧温度,℃。

参考食品常用数据手册,冷库维护结构的修正系数 α 取 1.3;室内外温差为 35 ~ 50℃时,传热系数 K 的取值范围是 0.29 ~ 0.35,则:

$Q_3 = \alpha A K(t_w - t_n) = 1.3 \times 6\,450 \times 0.35 \times 43 = 126.2$　（kW）

②开门、照明、操作人员等耗冷量：

开门、照明、操作人员等耗冷量可用下式计算：

$$Q_4 = q_d F + \frac{Vn(H_w - H_n)M\gamma_a}{24} + \frac{3}{24}n_r q_r$$

式中：q_d——每平方地板面积照明热量，$kJ/(m^2 \cdot h)$；

    F——冷库地板面积，m^2；

    V——冷库内净容积，m^2；

    n——每日开门换气次数；

    H_w——冷库外空气含热量，kJ/kg；

    H_n——冷库内空气含热量，kJ/kg；

    M——空气幕效率修正系数（取0.5，不设空气幕时取1）；

    γ_a——冷库内空气密度，kg/m^3；

    n_r——操作人员数量；

    q_r——每个操作人员每小时产生的热量（kJ/h），（冷库内温度高于或等于 −5 时取 1 003.2 kJ/h，低于 −5 时取 1 421.2 kJ/h）；

    $\dfrac{3}{24}$——每日工作时间系数（按每日工作3小时计）。

则：$Q_4 = 8 \times 2\ 800 + \dfrac{11\ 111 \times 30 \times 53.5}{24} + \dfrac{3}{24} \times 5 \times 1\ 421.2$

    $= 773\ 280$ （kJ/h）

    $= 215$ （kW）

（4）冷藏库总耗冷量：

$Q = Q_3 + Q_4 = 126.2 + 215 = 350$ （kW）

3. 用汽量的估算

$$Q = \frac{G \times C_P \times (t_2 - t_1)}{i_1 - i_2}$$

式中：蒸汽压力0.4 MPa；

    i_1——蒸汽热焓，2 135.37 kJ/kg；

    i_2——冷凝液的热焓，598.74 kJ/kg；

    G——物料质量，kg；

    C_p——物料比热，$kJ/(kg \cdot K)$；

    t_1——物料初温；

t_2 ——物料终温。

漂烫玉米蒸汽消耗量：

$Qa = 100 \times 3.31 \times (100 - 25)/(2\ 135.37 - 598.74) = 15\ 075/1\ 536.63$

$\qquad = 16.16 \quad (t/d)$

将上述计算的汽、水、冷用量汇总于表7-3中。

表7-3　玉米蒸煮耗汽量、冷却用水量、冰水冷却耗冷量和冻结间耗冷量一览表

	蒸煮耗汽量	冷却用水量		耗冷量		
		自来水	冰水	冰水冷却耗冷量	冻结过程耗冷量	冷藏库耗冷量
日耗	16.16(t/d)	126.7(t/d)	158.4(t/d)	115(kW)	616.33(kW)	350(kW)
时耗	0.9(t/h)	6.5(t/h)	8(t/h)			
合计	1(t/h)	15(t/h)		1 100(kW)		

(三)设备选型

生产车间常用设备包括：流送槽，鼓风清洗机，喷淋清洗机，不锈钢加工平台，漂烫机，冷却槽，震动式沥干机，速冻机，自动包装机，自动封箱机，过毛发机，金属探测仪，分选机，传送带，锅炉，电瓶叉车，提升机，制冷压缩机等。

第三节　焙烤食品加工厂
——日产10t面包的工厂设计

一、概述

面包，是以酵母、鸡蛋、油脂、果仁等为辅料，加水调制成面团，经过发酵、整型、成型、焙烤、冷却等过程加工而成的焙烤食品。

虽然从历史发展进程和饮食习惯来看，面包的消费者主要集中在以碳水化合物为主要食物来源的欧洲、北美、南美以及亚洲、非洲等地区。但随着社会的进步，不同饮食文化的交融，人民生活水平不断提高，面包已成为世界各国民众普遍食用的产品，成为了与人们生活最密切相关的一大类主食方便食品。

二、主要设计内容

通过对面包厂的工艺流程及论证，物料衡算、主要设备热量衡算及设计、辅助部门设计、卫生设计等各个方面和技术指标进行论证，更加科学合理的进行面

包厂的工厂设计。

三、产品方案

根据现在的消费习惯和市场的发展需要,越来越多的消费者追求既营养又包装时尚的产品,根据工厂设备生产能力及市场情况,预计日处理量为 10 t 面包的生产规模,生产品种以下列三种为主。

主食面包:亦称配餐面包,配方中辅助原料较少,主要原料为面粉、酵母、盐和糖,含糖量不超过面粉的 7%。

花色面包:成型比较复杂,属于形状多样化的面包。如各种动物面包、夹陷面包、起酥面包等。以小麦粉为主体,加适量的糖、盐、油脂并添加蛋品、乳品、果料等制成的面包。

法式面包:利用市面现流行的法式香奶小面包为主,内心松软,带有一定的奶香味。

四、班产量

65 d 为节假日和设备检修日,则全年面包生产天数为 300 d,每天预计生产法式面包 5 t,主食面包 3 t,花色面包 2 t,年生产量 3 000 t。产品设计情况见表 7 - 4。

表 7 - 4 各产品处理面粉量

名称	日处理量/t	年处理量/t
法式面包	5	1 500
主食面包	3	900
花色面包	2	600
总计	10	3 000

五、工艺流程确定

面包生产采用二次发酵法,工艺流程如下:

面粉、酵母、水、其他辅料　　　　剩余的原辅料
　　　↓　　　　　　　　　　　　　　↓
第一次调制面团→第一次发酵→第二次调制面团→第二次发酵→定量切块→搓圆→中间醒发→成型→醒发→焙烤→冷却→包装→成品

六、物料衡算

通过物料衡算计算,可确定单位时间内生产过程主要原辅材料的需求量以及水、蒸汽、能源等流量与耗量,据此即可计算出全年主要物料、包装材料的采购运输和仓储容量。物料衡算的另一目的是依据计算数值,经济合理的选择生产设备,并进行车间的工艺布置和各工序劳动力的安排等。

三种面包配方见表7-5。

表7-5　三种面包配方表　　（单位:kg）

名称	主食面包	法式面包	花色面包
一等强力面粉	1 000	1 000	1 000
鲜酵母	20	—	20
酵母食料	1.2	1	1.2
砂糖	60	—	60
食盐	20	20	20
脱脂奶粉	20	—	20
起酥油	50	—	100
干酵母	—	7.5	—
麦芽汁	—	2	—
面包改良剂	5	—	6
乳化剂	5	—	5
防霉剂	—	2	—
加水量	600	600	600
豆渣	160	160	160
馅料	—	—	60
总计	1 941.2	1 792.5	2 052.2

以面粉为基础,各物料的用量见表7-5,按日产3 t、生产损耗以2.4%计算,得到每天的各物料的用量如表7-6所示。

表7-6　三种面包每日所需原辅料一览表　　（单位:kg）

名称	主食面包	法式面包	花色面包	总计
一等强力面粉	1 584	1 716	1 500	4 800
鲜酵母	31.8	—	30	61.8

续表

名称	主食面包	法式面包	花色面包	总计
酵母食料	1.9	1.71	1.8	5.41
砂糖	95.1	—	90	185.1
食盐	31.8	34.5	30	96.3
脱脂奶粉	31.8	—	30	61.8
起酥油	79.2	—	150	229.2
干酵母	—	12.6	—	12.6
麦芽汁	—	3.45	—	3.45
面包改良剂	7.92	—	9	16.92
乳化剂	7.92	—	7.5	15.42
助霉剂	—	3.45	—	3.45
加水量	950	1 030	900	2 880
豆渣	253.5	274.5	240	768
馅料	—	—	90	90
成品总计	3 000	5 000	2 000	10 000

七、主要设备选型

1. CG-50 型和面机

（1）选择 CG-50 型和面机，和面机的主要作用是将各种投入的物料混合均匀，至所需的状态。该机采用减速机和电动机变速，搅拌器及料筒为双速转动，并设有定时装置，料筒上装有安全罩，打开罩时，搅拌器即自动停止转动，安全罩上设有取样孔，取样时安全可靠。

其技术特征：

生产能力	250～320（kg/次）
搅拌轴转速	190/90（r/min）
料筒转速	14/7（r/min）
工作电压	380 V（50 Hz）
电机功率	2.8（kW）
重量	380（kg）
外形尺寸	520（mm）×950（mm）×1080（mm）

（2）确定和面机型号后，即可根据班产量的大小，计算所需台数。和面机生

产能力按下式计算。

$$Q = 60P/(t_1 + t_2)$$

式中：Q——和面机生产能力，kg/h；

　　　P——和面机容量，即每次加入的面粉量，kg/次；

　　　t_1——每次操作时间，min；

　　　t_2——每次操作辅助时间，min。

则此型号和面机的生产能力为：

$Q = 60 \times 250/(10+5) = 1\,000$ （kg/h）

若班产量为 $Q_班$（以面粉计），则应选用和面机台数为：

$$A = Q_班/7Q_单$$

式中：A——和面机台数，台；

　　$Q_班$——班产量，以面粉计；

　　$Q_单$——单台和面机生产能力，kg/(h·台)；

　　7——每班按 7 h 生产计算，剩下 1 h 为清洗时间。

则此型号和面机所需台数为：

$A = Q_班/7Q_单$

　$= 4\,600/(7 \times 1\,000)$

　$= 0.65$（台）

据以上计算过程可知应选 CG－50 型和面机 1 台。

2. MBQ－3 型切块机

该机是 MB－50 型，MB－100 型面包生产线的配套设备之一。它可将一定重量的面团分切成重量相等的 20 份。

该机采用液压传动装置，噪声低，使用方便，运用性广。

其技术特征：

生产能力	5～10（kg/次）
分切时间	5（s/次）
液压油压	2（MPa）
液压油号	HJ－10 机械油
电机功率	0.75（kW）
工作电压	380 V（50 Hz）
外形尺寸	565（mm）×745（mm）×1035（mm）
重量	350（kg）

该型号机的生产能力非常大,高达 3 600 kg/h,故选 1 台可足够生产所需。

3. BCYJ-1 型面团搓圆机

该种型号机器为伞形搓圆机,是目前我国面包生产中应用最广泛的搓圆机器,具有进口速度快,出口速度慢的特点,有利于面团的成型。

其技术特征:

生产能力	3 000(kg/h)
最大功率	2.26(kW)
转速	30~150(r/min)
工作电压	380 V(50 Hz)
外形尺寸	2 400(mm)×2 000(mm)×2 000(mm)
重量	1 500(kg)

该型号机器的生产能力是 3 000 kg/h,相对于班产 6 909 kg 面团的生产,选择 1 台已足够用于生产。

4. FPLO-25 型中间醒发机

该机主要由面团进料机构,出料机构,面团网斗,传动机构和箱体构成,其箱体一般采用金属支架,外壁用聚乙烯泡沫板保温。

技术特征:

产量	2500(个/h)
有效架数	147(181)(个)
面团重量	300~550(g)
面团个数	6(个/架)
驱动电机功率	0.75(kW)
撒粉电机功率	0.065(kW)

该型号机器的生产能力为 $2\,500 \times 300/550 = 750/137.5$ kg/h,故选用 2 台。

5. MBC-3 成型机

该机是 MB-50 型,MB-100 型面包生产线的配套设备之一,可生产出卷层和搓长的面包棍坯。

其技术特征:

生产能力	100(kg/h)
成型长度	≤600(mm)
电机功率	0.5(kW)
工作电压	380 V(50 Hz)

成型机是根据成品所需的形状而生产的机器,据生产所需这里只需要 1 台此型号的机器即可。

6. 远红外烤炉

由于远红外烤炉具有加热速度快,生产效率高,烘焙时间短,节电省能,且烘焙出来的产品均匀,面包质量稳定等优点,本厂选用 LLH - 56T 型双排远红外链条炉。

其技术特征:

炉长	3×4 = 12(m)
生产能力	550 ~ 600(kg/h)
加热功率	144(kW)
最高炉温	300(℃)
烘焙时间	4.7 ~ 18.8(min)
调速电机工作转速	300 ~ 1 200(r/min)
实际使用功率	70 ~ 75(kW)

据其生产能力,可选用 2 台。

第四节　乳品工厂设计
——日处理 200 t 鲜奶的乳粉车间工艺设计

一、概述

本节以全脂乳粉的生产车间工艺设计为例,举例说明乳品工厂工艺设计的主要内容和设计方法。

(1)项目名称:日处理 200 t 鲜奶的乳粉车间工艺设计。

(2)设计内容:

设计内容包括产品方案和规格、生产工艺论证、物料衡算、热量衡算、主要设备选型、车间工艺布置。另外,还对乳品工厂全厂总平面布置进行了简要介绍。

(3)设计依据:

《食品安全国家标准 乳粉》(GB 19644—2010)

《轻工业建设项目初步设计编制内容深度规定》(QBJS6—2005)

《乳制品厂设计规范》(QB 6006—1992)

《乳制品企业良好生产规范》(GB 12693—2003)

《乳品设备安全卫生》(GB 12073—1989)

《工业企业总平面设计规范》(GB 50187—2012)

《工业企业设计卫生规范》(GBZ1—2010)

二、产品标准

根据《食品安全国家标准 乳粉》(GB 19644—2010),全脂乳粉的理化指标应符合表7-7规定要求。

表7-7　国标规定的乳粉理化指标

项目	指标	检验方法
蛋白质/%	≥非脂乳固体的34%	GB 5009.5
脂肪/%	≥26.0	GB 5413.3
复原乳酸度/°T(牛乳)	≤18	GB 5413.34
杂质度/(mg/kg)	≤16	GB 5413.30
水分/%	≤5.0	GB 5009.3
非脂乳固体(%) = 100% – 脂肪(%) – 水分(%)		

根据国标规定,制定本产品的质量标准如下,见表7-8。

表7-8　全脂乳粉质量标准

脂肪/%	水分/%	非脂乳固体/%
28.0	4.0	68.0
非脂乳固体(%) = 100% – 脂肪(%) – 水分(%)		

三、产品方案和规格

产品品种:全脂乳粉(牛乳粉)。

本设计日处理鲜奶为200 t,每天生产两班,每班12 h,其中生产10 h,设备清洗2 h。

产品为罐装和袋装两种包装方式,罐装规格为500 g/罐,袋装规格为500 g/袋和250 g/袋两种规格。

四、生产工艺流程

本设计采用湿法生产工艺,工艺流程如下:

原料乳验收→预处理→标准化→预热杀菌→真空浓缩→喷雾干燥→出粉、冷却、储存→称量、包装→成品。

1. 原料乳验收

为保证全脂乳粉的产品质量,根据《乳制品企业良好生产规范》(GB 12693—2003)要求,在收购时,对用于加工的原料乳进行检测。检测指标如下:感官指标、理化指标、金属污染物、微生物指标(真菌、霉菌量、菌落总数)、农药和兽药残留量。各项指标要求参照《食品安全国家标准 生乳》(GB 19301—2010)的规定,其中理化指标见表7-9。

表7-9 国标规定的生乳理化指标

项目	指标	检验方法
冰点[a,b]/(℃)	-0.500 ~ -0.560	GB 5413.38
相对密度/(20℃/4℃)	≥1.027	GB 5413.33
蛋白质/(g/100g)	≥2.8	GB 5009.5
脂肪/(g/100g)	≥3.1	GB 5413.3
杂质度/(mg/kg)	≥4.0	GB 5413.30
非脂乳固体/(g/100g)	≥8.1	GB 5413.39
酸度/(T) 牛乳[b] 羊乳	12 ~ 18 6 ~ 13	GB 5413.34

a:挤出3 h后检测;
b:仅适用于荷斯坦奶牛。

2. 预处理

经验收合格的牛奶,需要进行预处理后才能用于下一步的生产过程或进行储存。原料乳的预处理包括过滤、称重计量、净化、冷却、储存等程序。

(1)过滤。过滤的目的是除去原料乳中较大的异物和杂质,乳品工厂常在奶站收奶时采用此法,利用2~4层纱布置于奶桶或受奶槽上,对原料乳进行粗滤。本设计采用80目的捐布进行过滤。

(2)称重计量。称重计量是进行牛乳标准化计算的依据,常用的称量方式有重量法和体积法,重量法的衡器为奶秤,体积法的衡器为流量计等。本设计采用体积法进行牛奶的计量。

（3）净乳。经过粗滤后的牛奶，仍含有小的杂物、脱落的细胞、细菌等，这部分杂质可采用净乳机除去。净乳机净乳的基本原理是将牛乳通过高速旋转的离心缸，使乳中较重的杂质因离心作用迅速黏附于缸的四壁，流出的牛乳即达到净化目的。本设计选择离心式净乳机。

（4）冷却、储存。净乳后应及时将牛乳冷却降温，其目的是抑制细菌的繁殖，防止蛋白质变性和酸度提高，延长牛乳的保存期。

牛乳的冷却方法：乳品厂多采用人工冷却，利用表面冷却器或片式热交换器冷却牛乳及冷媒（如氯化钙、氯化钠溶液及冰水等），使牛乳冷却至预定温度。冷却后的牛乳有两种保存方法：一是将奶桶放在冷水（3℃左右）中保存；二是用不锈钢制的储存罐，内设有自动搅拌器及冷却装置，牛乳储存其中可使温度均匀。如果使用有冷却装置的储存罐，粗滤后的牛乳可通过管道直接流入储罐中，而不需进行冷却。但需使牛乳温度从33℃左右快速降到10℃以下。保存温度最好在0～5℃，以抑制细菌繁殖。本设计采用储乳罐储存牛乳。

3. 标准化

由于原料乳受奶牛品种、泌乳时间等的影响，原料乳中的脂肪含量并不一致。标准化的目的是使每批次生产的原料乳质量均一，以保证乳粉产品的质量一致，符合我国食品质量标准。

《食品安全国家标准 生乳》规定原料乳含脂率为≥3.1%，当原料乳含脂率不足时，可在原料乳中加入稀奶油以提高含脂率，当原料乳中含脂率过高时，可加入脱脂乳以降低含脂率。

4. 预热杀菌

标准化后的原料乳在浓缩之前，必须进行预热杀菌处理，以利于下一步浓缩。预热杀菌的目的是杀死乳中微生物和破坏酶的活性；保证浓缩时接近沸点进料，提高蒸发速度；另一方面可以防止低温的原料乳进入浓缩设备后，由于与加热器的温差过大，骤然受热，易在加热面上焦化结垢，影响传热与质量。

升温后的牛奶经过缓冲罐暂时储存，然后通过奶泵抽到杀菌器进行杀菌，预热杀菌一般采用高温短时杀菌法（HTST）或超高温瞬时间灭菌法（UHT）。通常采用的杀菌条件如下，HTST 装置：95℃，保持 24 s；UHT 装置：120～150℃，保持 1～2 s。本设计采用高温短时（HTST）杀菌法。

5. 真空浓缩

原料乳经预热杀菌后，应立即进行真空浓缩。真空浓缩的目的是除去牛乳中大部分水分,使牛乳的干物质含量提高,进入后续的喷雾干燥工序,以利于产品质量和降低成本。一般要求原料乳浓缩至原体积的25%左右,乳中的干物质浓度达到45%左右。对于全脂乳粉,经真空浓缩后浓度为11.5~13°Bé;乳固体含量为38%~45%。本设计选择三效降膜式真空浓缩装置。

6. 喷雾干燥

原理:将浓缩后的浓牛乳,经喷枪或离心转盘喷出,使之雾化,雾化后的浓奶与高温空气直接接触,进行热交换,使牛乳中的水分迅速蒸发掉,形成奶粉。

(1)喷雾干燥特点:

① 干燥速度快,物料受热时间短,整个干燥过程仅需10~30 s,牛乳营养成分损失小,乳粉溶解度高,冲调性好。

② 乳粉颗粒表面温度较低,从而减少热敏性物质的损失,产品具有良好的理化性质。

③ 通过调节工艺参数可以控制成品指标。如:乳粉颗粒大小、状态和水分含量等。

④ 整个过程都是在密闭状态下进行的,卫生质量好,产品不易受外界污染。

⑤ 操作控制方便,适用于连续化、自动化、大型化生产。

⑥ 占地面积大,一般需要多层建筑,一次性投资大。

⑦ 热效较低,只有35%~50%,蒸发1 kg水分需要2~3 kg饱和蒸汽。

⑧ 干燥塔内会有粘有乳粉,如用CIP清洗则清洗液消耗量太大,所以目前基本是人工清扫。

工艺条件:先将过滤的空气由鼓风机吸进,通过空气加热器加热至130~160℃后,送入喷雾干燥室。同时将过滤的浓缩乳由高压泵送至喷雾器或由奶泵送至离心喷雾转盘,喷成10~20 μm的乳滴,与热空气充分接触,进行强烈的热交换,迅速地排除水分,在瞬间完成蒸发、干燥。乳粉随之沉降于干燥室底部,通过出粉机构不断地卸出,及时冷却。最后进行筛粉和包装。用于干燥的热空气则吸收水分变为废气,通过排气装置排走。

(2)喷雾干燥方法比较:乳粉生产的喷雾干燥方法分压力式和离心式两种。压力式喷雾干燥是采用压力式雾化器,借助压力泵的压力将牛乳雾化成细微液滴,使表面积显著增大。离心式喷雾干燥是采用雾化器将牛乳分散为雾滴,与热空气接触。压力式喷雾干燥具有动力消耗较低,制品松密度大,干燥设备尺寸较小的优点,国内许多厂家采用此法。本设计选择压力式喷雾法进行干燥操作。

7. 出粉、冷却、储存

经过喷雾干燥过程后,牛奶脱去水分,变成颗粒状的乳粉,但此时乳粉温度仍然较高,离开喷雾干燥塔时的乳粉温度为 65～70℃,若不及时冷却降温,容易使乳粉吸潮结块,并使乳粉中营养物质损失,影响乳粉的质量。乳品工业常用的出粉机械有螺旋输送器、鼓型阀、涡旋气封阀和电磁振荡出粉装置等。先进的生产工艺,是将出粉、冷却、筛粉、输粉、储粉和称量包装等工序连接成连续化的生产线。喷雾干燥乳粉要求及时冷却至30℃以下,因此出粉后应立即冷却、筛粉,目前一般采用流化床出粉冷却装置。

8. 称量、包装

乳粉冷却后应立即用马口铁罐、玻璃罐或塑料袋进行包装。根据保存期和用途的不同要求,可分为小罐密封包装、塑料袋包装和大包装。需要长期保存的乳粉,最好采用500 g马口铁罐抽真空充氮密封包装,保藏期可达3～5年。如果短期内销售,则多采用聚乙烯塑料袋包装,每袋500 g或250 g,用高频电热器焊接封口。小包装称量要求精确、迅速,一般采用容量式或重量式自动称量装罐机。大包装的乳粉一般供应特别需要者,也分为罐装和袋装。每罐重12.5 kg;每袋重12.5 kg或25 kg。

五、物料衡算

1. 原料乳成分标准

根据国标规定,确定本设计的原料乳标准如下,见表7－10。

表7－10　原料乳标准

项目	蛋白质/%	乳脂肪/%	乳糖/%	水分/%	非脂乳固体/%
国家标准	≥2.8	≥3.1	—	—	≥8.1
取值	2.8	3.5	4.5	88	8.5

注　非乳脂固体(%) = 100% − 脂肪(%) − 水分(%)

2. 原料乳的标准化

(1)设原料乳中脂肪与非脂乳固体的比值为 R_0,成品乳粉中脂肪与非脂乳固体的比值为 R。

(2)原料乳的脂肪含量为 3.5%。

非乳脂固体含量 = 100% − 3.5% − 88% = 8.5%

则 $R_0 = 3.5\% / 8.5\% = 0.41$

（3）由成品乳粉标准可知：脂肪含量为28%，非脂乳固体含量为68%，水分为4.0%。

则 $R = 28\% / 68\% = 0.41$

由于 $R_0 = R$，说明原料乳中脂肪与产品要求一致，因此不进行原料乳的标准化。

3. 物料衡算

（1）日处理鲜奶200 t。

（2）每天2班次，每班生产10 h。

（3）每小时处理鲜奶量 $= 200 \times 1\,000 / (2 \times 10) = 10\,000$ （kg/h）。

（4）预处理损失率 $= 0.5\%$（包括过滤、净乳、冷却、杀菌等）。

（5）用于标准化的鲜奶量 $= 10\,000 \times (1 - 0.5\%) = 9\,950$ （kg/h）。

（6）标准乳量 $= 9\,950$ （kg/h）。

（7）浓缩前损失率 $= 0.2\%$（储存及输送损失）。

（8）浓缩前奶量 $= 9\,950 \times (1 - 0.2\%) = 9\,930.10$ （kg/h）。

（9）浓缩过程损失率 $= 0.4\%$（以浓缩前为基准）。

（10）浓缩过程损失量 $= 9\,930.10 \times 0.4\% = 39.72$ （kg/h）。

（11）标准乳浓度 $= 12\%$（标准乳浓度% $= 100\% -$ 水分%）；

取浓缩终了浓度 $= 45\%$。

（12）浓缩后奶量 $= (9\,930.10 - 39.72) \times 12\% / 45\% = 2\,637.44$ （kg/h）。

（13）水分蒸发量 $= (9\,930.10 - 39.72) - 2\,637.44 = 7\,252.94$ （kg/h）。

（14）喷雾损失率 $= 0.5\%$（包括高压泵及管路输送损失）。

（15）进入干燥塔乳量 $= 2\,637.44 \times (1 - 0.5\%) = 2\,624.25$ （kg/h）。

（16）乳粉含水量 $= 4\%$。

（17）理论乳粉量 $= 2\,624.25 \times 45\% / (1 - 4\%) = 1\,230.12$ （kg/h）。

（18）干燥去除水分量 $= 2\,624.25 - 1\,230.12 = 1\,394.13$ （kg/h）。

（19）出粉冷却及包装损失率 $= 0.2\%$。

（20）实际包装乳粉量 $= 1\,230.12 \times (1 - 0.2\%) = 1\,227.66$ （kg/h）。

（21）袋装乳粉规格：500 g/袋、250 g/袋。

（22）罐装乳粉规格：500 g/罐。

（23）乳粉产量的1/2用于罐装包装，各1/4用于500 g和250 g规格的袋装包装。

（24）则罐装乳粉量 $= 1\,227.66 / 2 = 613.83$ （kg/h）；

500g 袋装乳粉量 = 1 227. 66/4 = 306. 915 （kg/h）;

250g 袋装乳粉量 = 1 227. 66/4 = 306. 915 （kg/h）。

（25）每分钟罐装量 = （613. 83/60）×1 000/500 = 21（罐）;

500 g 规格每分钟包装量 = （306. 915/60）×1 000/500 = 11（袋）;

250 g 规格每分钟包装量 = （306. 915/60）×1 000/250 = 21（袋）。

（26）每日成品包装容器用量分别为：

500 g 规格罐子数 = 613. 83×10×2/0. 5 = 24 554（个）;

500 g 规格袋数 = 306. 915×10×2/0. 5 = 12 277（个）;

250 g 规格袋数 = 306. 915×10×2/0. 25 = 24 554（个）。

（27）单位产品原料消耗定额 = 10 000/1 227. 66 = 8. 15。

4. 物料衡算平衡表

将物料衡算结果列于平衡表中,见表 7 – 11。

表 7 – 11　物料衡算平衡表

序号	项目	物料量/(kg/h)	备注
1	原料乳	10 000	
2	预处理后乳量	9 950	预处理损失率:0. 5%
3	标准乳量	9 950	
4	浓缩前乳量	9 930. 10	储存及输送损失率:0. 2%
5	浓缩后乳量	2 637. 44	浓缩损失率:0. 4%
6	进入干燥塔乳量	2 624. 25	喷雾损失率:0. 5%
7	理论乳粉量	1 230. 12	
8	实际包装乳粉量	1 227. 66	出粉及包装损失率:0. 2%
9	单位产品原料消耗定额	8. 15	

六、热量衡算

1. 杀菌工段热量衡算

在牛乳的预热阶段,不使用生蒸汽进行加热,而是利用杀菌后的余热,即蒸汽冷凝热水进行加热,因此这部分不进行热量衡算。在此只进行杀菌部分的热量衡算。

杀菌工段牛乳处理量为 q_m = 10 000 kg/h。

高温短时杀菌方式,牛乳进口温度 t_1 = 40℃,杀菌温度 t_2 = 95℃。

加热蒸汽绝压为 $5 \times 10^5 Pa$,对应蒸汽温度为 $T = 151.7℃$,蒸汽冷凝潜热 R = 2 113.2 kJ/kg。

取牛乳的平均比热为 $C_p = 3.94$ kJ/(kg·℃),

因此:耗热量 $Q = q_m \times C_p \times (t_2 - t_1) = 10\ 000 \times 3.94 \times (95 - 40) = 2.17 \times 10^6$ kJ/h = 6.03×10^5 W

加热蒸汽耗量 $D = Q/R = 2.17 \times 10^6 / 2\ 113.2 = 1\ 026$ kg/h。

2. 浓缩工段热量衡算

查阅相关资料,确定三效降膜蒸发器各效参数如下,见表 7 – 12。

表 7 – 12　三效降膜式蒸发器各效参数

	Ⅰ效	Ⅱ效	Ⅲ效
蒸发温度/℃	70	57	45
真空度/kpa	69	83	90
加热蒸汽温度/℃	81	83	90
物料进口温度/℃	94	70	57
物料出口温度/℃	70	57	45
出料浓度/%	21	30	45

(1)各效水分蒸发量。根据物料衡量结果,浓缩过程处理浓乳量为 9 930.10 kg/h,由于本设计处理量较大,选择 2 台三效降膜式蒸发器。则每台的处理量 = 9 930.10/2 = 4 965.05 kg/h。

各效的水分蒸发量计算如下:

Ⅰ效蒸发水分量:$W_1 = F_1 \left(1 - \dfrac{x_0}{x_1}\right) = 4\ 965.05 \times \left(1 - \dfrac{12}{21}\right) = 2\ 127.88$ kg/h

进入Ⅱ效的牛奶量 $F_2 = 4\ 965.05 - 2\ 127.88 = 2\ 837.17$ kg/h

Ⅱ效蒸发水分量:$W_2 = F_2 \left(1 - \dfrac{x_1}{x_2}\right) = 2\ 837.17 \times \left(1 - \dfrac{21}{30}\right) = 851.15$ kg/h

进入Ⅲ效的牛奶量 $F_3 = 2\ 837.17 - 851.15 = 1\ 986.02$ kg/h

Ⅲ效蒸发水分量:$W_3 = F_3 \left(1 - \dfrac{x_2}{x_3}\right) = 1\ 986.02 \times \left(1 - \dfrac{30}{45}\right) = 662.01$ kg/h

(2)加热蒸汽消耗量。由于本设计采用多效浓缩,Ⅱ效、Ⅲ效蒸发器都是利用上一效的二次蒸汽进行蒸发,因此整个蒸发系统只有Ⅰ效蒸发器需要用生蒸汽。生蒸汽消耗量计算如下。

取牛乳进出 I 效的比热不变,平均为 $Cp_0 = Cp_1 = 3.94$ kJ/(kg·℃),由表 7-12可知,牛乳进入 I 效的温度为94℃,离开温度为70℃。由进入 I 效的加热蒸汽温度81℃可查得该蒸汽的冷凝潜热 $R = 2\ 297.6$ kJ/kg,I 效的蒸发压力 = 大气压 - 真空度 = 101.3 - 69 = 32.3 kPa,可查的该压力下水的汽化潜热为 $r = 2\ 328.8$ kJ/kg。取蒸发器的热损失为传热量的10%。则生蒸汽消耗量 D 为:

$$D = \frac{[F_1(Cp_1t_1 - Cp_0t_0) + W_1r] \times 110\%}{R}$$

$$= \frac{[4\ 965.05 \times 3.94 \times (70 - 94) + 2\ 127.88 \times 2\ 328.8] \times 110\%}{2\ 297.6}$$

$$= 2\ 147.68\ kg/h$$

3. 乳粉生产加热蒸汽总消耗量

喷雾干燥工段耗热主要用于空气加热和向干燥器补充热量,本设计空气加热采用电加热方式,干燥器补充热量忽略不计,在此不做热量衡算介绍。因此:

加热蒸汽总消耗量 = 杀菌工段耗量 + 浓缩工段耗量(两台浓缩设备)

= 1 026 + 2 147.68 × 2 = 5 321.36 kg/h。

七、设备选型

根据全脂乳粉生产工艺要求,以物料衡算结果为依据,进行主要设备的选择和型号确定。设备选型的参考依据为《乳品设备安全卫生》(GB 12073—1989)。

1. 原料乳储罐

本设计的原料乳处理量为200 t/d,需要在车间外设置原料乳储罐,选择立式储罐,材质为不锈钢,内设有自动搅拌器及冷却装置,以保证牛乳温度均匀。常用室外储罐规格为30~200 t。

储乳罐的选择原则:罐的总容量为日处理量的50%~100%。本设计日处理量为200 t,每天2班,每班处理量为100 t。因此选择规格为100 t的储罐3个,其中2个供生产使用,1个备用。

2. 奶泵

原料乳由储乳罐向车间的输送及车间内牛乳的输送,需要通过奶泵来完成,本设计按 GMP 规范要求选择奶泵。原料乳为较清洁的液体,而且奶泵的主要作用是输送原料乳,无需较高压头,因此选择卫生级离心泵,材质为不锈钢。根据物料衡算结果,原料乳处理量为 10 000 kg/h,取牛乳密度为 1 030 kg/m³,则原料乳的输送量为 10 000/1 030 = 9.7 m³/h,选择额定流量为 10 m³/h 离心泵。卫生级离心泵能满足本设计的要求,具体技术参数见表 7 – 13。

表 7 – 13 奶泵(卫生级离心泵)技术参数

型号	额定流量/(m³/h)	扬程/m	转速/(r/min)	轴功率/(kW)	配用功率/(kW)
50FB1 – 16A	13. 10	12	2900	0. 63	3

3. 净乳机

影响净乳机分离效果的因素有进料量和及时排渣,良好的净乳机不仅能把乳中尘埃除去,而且能将乳中腺体细胞及细菌的大部分除去。新型净乳机则可自动排渣,高效连续作业。乳品生产过程中的原料乳的净化除渣分离,经分离后的杂质度要求小于 1 mg/kg。本设计原料乳的处理量为 9.7 m³/h,因此选择处理能力为大于 10 000 L 的净乳机。DHN550 型离心式净乳机可满足设计要求,技术参数如表 7 – 14。

表 7 – 14 离心式净乳机技术参数

机型	处理量/(L/h)	进口压力/(MPa)	出口压力/(MPa)	电机功率/(kW)	外形尺寸/(mm) L×W×H	数量
DHN550	10 000 ~ 25 000	0. 05	0. 1 – 0. 5	22	1 950 ×1 550 ×1 960	2

4. 缓冲罐

乳品生产过程中,经过前面工序处理的牛乳在进入下一道工序前,有时需在一定的储存罐内暂时储存,这类储存容器通常称为缓冲罐。全脂乳粉生产中,牛乳在预热杀菌前和真空浓缩前后均需暂时储存,因此需根据牛乳处理量确定缓冲罐的规格及数量。本设计原料乳的处理量为 10 000 kg/h,考虑净乳及输送的损失,实际牛乳的处理量为 9 930 ~ 9 950 kg/h。设牛乳在缓冲罐的停留时间为 1 h,则预热杀菌前的升温阶段和杀菌后进入真空浓缩设备前各需一个 10 t 的缓冲罐,真空浓缩后牛乳流量减小,为 2 637 kg/h,因此选择一个 4 t 的缓冲罐。本设计所选缓冲罐全部为不锈钢材质,外裹绝热材料。

5. 杀菌设备

本设计采用高温短时杀菌(THST)方式进行浓缩前的预热杀菌。可用于高温短时杀菌的设备类型主要有管式杀菌设备和板式杀菌设备两种类型,二者都属于间接式杀菌设备。

管式杀菌设备由多种管状组件构成,这些组件以串联和并联的方式组成一个能换热的系统,有立式与卧式两种。主要结构有加热管、前后盖、器体、旋塞、高压泵、压力表、安全阀等。工作原理是将物料经泵输入管程,蒸汽入壳程加热

273

物料,物料在管程往返数次达到杀菌效果后排出,否则回流入管程重新进行杀菌。管式杀菌设备有如下特点:

①加热器可耐高压;

②强烈的湍流,均匀性高;

③密封下操作,减少了二次污染;

④内外热差,应力大,管子易变形。管式杀菌设备主要应用于果酱、奶油、果汁等高黏度的物料。

板式杀菌设备主要由冷热流体换热板片、支架、密封圈、换热片、中间接管、压板等组成,关键部件是换热板片,由许多冲压成型的金属薄板组合而成。冷热流体分别以条形和网状薄层湍流连续通过板片两侧的空间,进行热交换。板式换热器的特点如下:

①传热效率高;

②结构紧凑,占地面积小,但传热面积大;

③适应性强,当需改变工艺条件即生产能力时,只需增建板片数即可;

④适宜处理热敏性物料;

⑤便于清洗,拆卸方便;

⑥热利用率高,可同时进行加热与冷却;

⑦连续生产,劳动强度低;

⑧由于换热板之间间距小,流体流动较差,因此不适于高粘度液体杀菌。

板式杀菌设备主要用于液体食品如牛乳、果汁等的杀菌,同时还应用于液体物料的在线加热和冷却。本设计采用板式杀菌设备,不锈钢材质。原料乳处理量为 10 000 kg/h,选择 2 台 HH – BR0. 25 – NN – 5 型板式杀菌器,技术参数见表 7 – 15。

表 7 – 15　板式杀菌设备技术参数

型号规格	能力/ (t/h)	蒸汽能耗/ (kg/h)	蒸汽压力/ kPa	电功率/ (kW)	外形尺寸/m (L×W×H)	管径(Φ)		
						物料	蒸汽	介质
HH – BR0. 25 – NN – 5	5	200	500	4. 1	2. 3 ×1. 6 ×2. 0	38	DN32	38

6. 真空浓缩设备

牛乳浓缩设备选择时,一般小型乳品厂多用单效真空浓缩锅,较大型的乳品厂则都用双效或三效真空浓缩设备。浓缩结束后,浓缩乳应进行过滤,一般采用双联过滤器。牛乳属于热敏性物料,因此特别适合采用真空浓缩方法。多效真

空浓缩方法较多,热敏性物料多采用膜式浓缩,膜式浓缩设备又分为升膜式和降膜式两种。膜式浓缩设备有如下优点:

(1)蒸汽加热均匀、具有传热效率高加热时间短的特点。

(2)可以利用二次蒸汽作为热源,降低生蒸汽用量。

(3)蒸发过程在真空环境,蒸发温度相对低,适合于热敏物料,蒸发器不易结垢。

(4)适用于发泡性物料蒸发浓缩,由于料液在加热管内成膜状蒸发,只有少部分料液与所有二次蒸汽进入分离器强化分离,避免了泡沫的形成。

(5)设备可配备 CIP 清洗系统,实现就地清洗,整套设备操作方便,无死角。

(6)设备连续进出料,实现生产过程自动连续进行。

根据物料衡算中浓缩过程水分蒸发量,本设计选择 2 台三效降膜式真空浓缩设备,技术参数见表 7 - 16。

表7-16　三效降膜式浓缩设备技术参数

项目	参数	项目		参数
型号	MCJM03 - 6.0	真空度	一效/MPa	- 0.01
水分蒸发量/(kg/h)	6 000		三效/MPa	- 0.085
生蒸汽消耗量/(kg/h)	1 800	蒸发温度	一效/℃	75 ~ 95
生蒸汽压力/(MPa 绝压)	0.4 ~ 0.8		三效/℃	45 ~ 52
吨蒸汽蒸发水量/t	3.33	出料浓度/%		45

7. 喷雾干燥机的选择

压力式喷雾干燥机是采用压力式雾化器,利用高压泵将溶液或浆状物料雾化成细微液滴。根据物料与热空气接触的方式,又可以分为逆流式压力喷雾和并流式压力喷雾两种方式。

并流式压力喷雾干燥指热空气与物料的流动方向一致,具有如下特点:

①随着物料水分减少,热空气温度也下降,对物料温度影响较小,特别适用于热敏性物料;

②干燥速度快,所得产品为球状颗粒,粒度均匀,流动性、溶解性好;

③操作简单稳定,控制方便,容易实现自动化作业,产品粒径、松密度、水分在一定范围内可以调节;

④可实现对高固形物含量液体的干燥生产。

基于上述因素,乳粉生产常采用并流式压力喷雾干燥方法,其设备流程如图

7 - 2 所示。

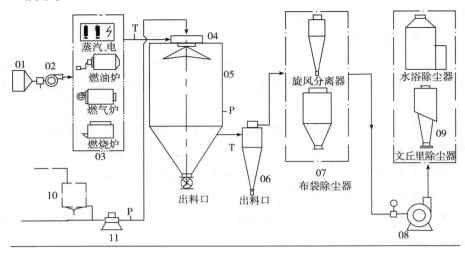

图 7 - 2　并流式压力喷雾干燥流程

01—空气过滤器　02—送风机　03—加热器(可选)　04—雾化喷枪　T—温度控制　05—干燥塔　06—一级收尘器　07—二级收尘器(可选)　P—压力可读　08—引风机　09—除尘器(可选)　10—物料搅拌筒　11—压力送料泵

由物料衡算结果可知,进入干燥塔的浓奶量为 2 624 kg/h,干燥过程蒸发水分量为 1 394 kg/h,本设计选择 RGYP03 型压力喷雾干燥设备,技术参数见表 7 - 17。

表 7 - 17　压力喷雾干燥设备技术参数

型号	水分蒸发量/(kg/h)	蒸汽表压/(MPa)	加热面积/(m²)	喷头/个	蒸汽耗量/(kg/h)	压缩空气耗量,0.7MPa,/(m³/min)	占用空间/m
RGYP03 - 1500	1 500	0.6 ~ 0.8	2 300	3 ~ 4	4 500	1	28 × 16 × 33

8. 流化床冷却装置选择

喷雾干燥室内的乳粉要求迅速连续地卸出,并及时冷却,以免受热过久,影响乳粉的营养价值,出现结块等现象。流化床在乳粉生产中的作用主要是用来冷却离开喷雾干燥塔的乳粉,使其迅速冷却降温至30℃以下。

流化床冷却的原理是利用过滤后的洁净空气与流化床底部的散粒状固体物料逆向接触,使颗粒形成流化状运动,从而加强两者的传热与传质,达到干燥或冷却的目的。

流化床冷却器主要由空气过滤器、流化床主机、旋风分离器、布袋除尘器、高压离心通风机、操作台组成。流化床干燥器的形式有卧式和立式两种,乳粉冷却常采用卧式振动式流化床冷却器。

本设计选择 ZLG 系列振动流化床干燥(冷却)机,设计处理物料量为 1 230 kg/h,与喷雾干燥塔配套使用,其配套附属设备如旋风分离器、袋滤器等一同由厂家配套设计。

9. 筛分机选择

筛分机用于包装前乳粉的筛分,在全脂奶粉生产工艺中对全脂乳粉进行颗粒大小分级,使得乳粉均匀、松散,便于冷却,同时将乳粉中不合格的部分去除。本设计乳粉的处理量为 1 230 kg/h,因此选择全脂奶粉振动筛,型号为 SC – 1000 – 1S,可以筛分粒径大约为 1.25 mm 以下的全脂奶粉,处理能力为 1 600 kg/h。

10. 计量包装系统选择

小包装称量要求精确、迅速,一般采用容量式或重量式自动称量包装系统。本设计乳粉的包装方式分为袋装和罐装两种类型,因此需要分别选择相应的设备。根据物料衡算结果,乳粉的包装速度要求分别为:21 罐/min、11 袋/min 和 21 袋/min。罐装规格为 500 g/罐,选择 BGL – 2B2 + 全自动听装设备,可自动完成喂罐、计量、充填、排废等工作。袋装规格为 250 g/袋和 500 g/袋,选择 BGL – 3BL(EJ530)型全自动制袋包装机,该立式制袋全自动包装机能完成制袋、计量、填充、打码、切袋等工作,适合于乳粉等粉粒状物料的包装。技术参数见表 7 – 18。

表 7 – 18　全自动包装机技术参数

型号	BGL – 3BL(EJ530)	BGL – 2B2 +
用途	袋装乳粉	罐装乳粉
计量方式	螺旋旋转充填式	称重后二次补充螺旋旋转充填式
容器尺寸	宽:70~250 mm;长:100~320 mm	圆柱形容器 φ50~180 mm,高 50~350 mm
包装重量	10~3 000 g	10~5 000 g
包装精度	≤ ±0.3~1%	≤ ±1.5 g
包装速度	20~60 袋/min	25~55 罐/min
整机功率	5.5 kW	3.0 kW

11. CIP 清洗系统

乳品工厂的生产过程管道繁多,大部分为液体物料的处理,因此非常适合采用 CIP 清洗系统。本设计从原料乳的预处理工段到浓缩工段,均采用 CIP 清洗系统进行设备和管道清洗。全自动 CIP 清洗系统型号及技术参数见表 7 – 19。

表 7 - 19　CIP 全自动清洗系统技术参数

型号	清洗流量/(m³/h)	清洗温度/℃	清洗方式	功率/kW
QXJ - AD01	25 ~ 30	60 ~ 70	酸洗、碱洗、混合洗、消毒洗	8 ~ 15

设备选型完成后,将设备进行汇总,列于设备一览表中(表 7 - 20)。

表 7 - 20　主要设备选型一览表

序号	设备	型号	规格	数量
1	储乳罐		100 t	3
2	奶泵	50FB1 - 16A	13.1 m³/h	3
3	净乳机	DHN550	10 000 ~ 25 000 L/h	2
4	缓冲罐		10 t	2
			4 t	1
5	板式杀菌器	HH - BR0.25 - NN - 5	5 t/h	2
6	三效降膜蒸发器	MCJM03 - 6.0	水分蒸发量 6 000 kg/h	2
7	双联过滤器	SRB - SL	过滤能力 5 t/h	1
8	压力喷雾干燥器	RGYP03 - 1500	1 500 kg/h	1
9	流化床冷却器		乳粉处理量 1 230 kg/h	1
10	全脂奶粉振动筛	SC - 1000 - 1S	1 600 kg/h	1
11	全自动听装设备	BGL - 2B2 +	25 ~ 55 罐/min	1
12	全自动制袋包装机	BGL - 3BL(EJ530)	20 ~ 60 袋/min	1
13	CIP 清洗系统	QXJ - AD01	25 ~ 30 m³/h	1

八、车间工艺布置

生产车间工艺布置是食品厂工艺设计的重要组成部分,不仅与建成投产后的生产实际密切相关,而且影响到工厂的整体布局。车间设置应包括生产区及辅助生产区,其中生产区包括收乳间、原料预处理间、加工操作间、半成品储存间及成品包装间等。辅助生产区应包括检验室、原料仓库、材料仓库、成品仓库、更衣室及盥洗消毒室、卫生间和其他为生产服务所设置的场所。

本设计以物料衡算和设备选型结果为基础资料,参照相关国家标准,进行了乳粉生产车间的平面工艺布置。

乳粉车间为双层厂房布置,一层包括原辅材料库、成品库、浓缩间、干燥间等,二层包括收奶间、CIP 间、车间办公室、化验室等。

九、全厂总平面布置

全厂总平面设计的目的就是将食品工厂各建筑物、构筑物、道路、管线等按其使用功能进行合理布局,使工厂形成协调一致、井然有序的生产环境。食品工厂的主要建筑物、构筑物包括生产车间、辅助车间、仓库、动力设施、供水设施、排水系统和全厂性设施等。乳品厂总平面布置的主要依据是《工业企业总平面设计规范》(GB 50187—2012)、《乳制品厂设计规范》(QB 6006—1992)和《食品安全国家标准　乳制品良好生产规范》(GB 12693—2010),其中着重考虑乳品厂的卫生对总平面布置的要求。

食品工厂总平面布置应围绕生产车间进行排布,即生产车间(主车间)应在工厂的中心,其他车间、部门以及公共设施均需围绕主车间进行排布。乳品工厂总平面布置时,应划分厂前区和生产区,生产区应处在厂前区的下风向。有大量烟尘及有害气体排出的建、构筑物应布置在厂区边缘及常年主导风向的下侧。存放原料、半成品和成品的仓库、生原料与熟食品加工工段均应合理布局,杜绝交叉污染。

主要参考文献

［1］张国农. 食品工厂设计与环境保护［M］. 北京:中国轻工业出版社,2011.

［2］何东平. 食品工厂设计［M］. 北京:中国轻工业出版社,2010.

［3］李洪军. 食品工厂设计基础［M］. 北京:中国农业出版社,2005.

［4］吴思方. 发酵工厂工艺设计概论［M］. 北京:中国轻工业出版社,1995.

［5］Antonio Lópea – Gómez & V. Barbosa – Cánovas 主编. 食品工厂设计［M］. 李洪军,尚永彪,贺稚非,等主译. 北京:中国农业大学出版社,2010.

［6］曾庆孝. GMP 与现代食品工厂设计［M］. 北京:化学工业出版社,2006.

［7］李海涛. 投资项目可行性研究［M］. 天津:天津大学出版社,2012.

［8］黄明知,尚华艳. 建设项目评估［M］. 北京:北京大学出版社,2013.

［9］刘宝林. 食品冷冻冷藏学［M］. 北京:中国农业出版社,2010.

［10］关志强. 食品冷冻冷藏原理与技术［M］. 北京:化学工业出版社,2010.

［11］陈汝东. 制冷技术与应用［M］. 上海:同济大学出版社,2006.

［12］朱有庭. 化工设备设计手册(上、下册)［M］. 北京:化学工业出版社,2005.

［13］周新平. 食品加工企业做好设备选型的探讨［J］. 江西食品工业,2006,(2):1 – 2.

［14］杨春瑜,马岩,石彦国,等. 食品机械设备选型原则及方法［J］. 食品工业科技,2004,25(5):113 – 114,107.

［15］许学勤. 食品工厂机械与设备［M］. 北京:中国轻工业出版社,2008.

［16］蒋迪清. 食品通用机械与设备［M］. 广州:华南理工大学科学出版社,2009.

［17］钱和. HACCP 原理与实施［M］. 北京:中国轻工业出版社,2010.

［18］肖旭霖. 食品加工机械与设备［M］. 北京:中国轻工业出版社,2000.

［19］杨芙莲. 食品工厂设计基础［M］. 北京:机械工业出版社,2005.

［20］张中义. 食品工厂设计［M］. 北京:化学工业出版社,2007.

［21］刘江汉. 食品工厂设计概论［M］. 北京:中国轻工业出版社,1994.

［22］无锡轻工业学院,轻工业部上海轻工业设计院. 食品工厂设计基础［M］. 北京:中国轻工业出版社,1999.

［23］刘介才. 工厂供电［M］. 北京:机械工业出版社,2010.

［24］王如福.食品工厂设计［M］.北京:中国轻工业出版社,2001.

［25］郭顺堂,谢焱.食品加工业［M］.北京:化学工业出版社,2005.

［26］无锡轻工业学院,武汉粮食工业学院,南京粮食经济学院,等.通风与气力输送［M］.北京:中国商业出版社,1989.

［27］孙一坚.工业通风［M］.北京:中国轻工业出版社,2005.

［28］郭庆堂.实用制冷工程设计［M］.北京:中国建筑工业出版社,1994.

［29］蔡公禄.发酵工厂设计概论［M］.北京:中国轻工出版社,2000.

［30］李奠础,樊海舟.轻化工工厂设计基础［M］.太原:山西教育出版社,1992.

［31］程迪琦.仓库管理基本知识问答［M］.北京:煤炭工业出版社,1998.

［32］柏建玲,莫树平,区杏珍,等.食品工厂微生物学检验实验室的建设［J］.现代食品科技,2006,22(3):200-202.

［33］叶兴乾.食品感官评定实验室的设计［J］.食品工业,1988,3:31-33.

［34］王颉.食品工厂设计与环境保护［M］.北京:化学工业出版社,2006.

［35］中国铁道学会物资管理委员会.物资仓库建设与改造［M］.北京:中国铁道出版社,1994.

［36］李永生.仓储与配送管理［M］.北京:机械工业出版社,2003.

［37］鲁晓春.仓储自动化［M］.北京:清华大学出版社,2002.

［38］张铎.仓储规划与技术［M］.北京:清华大学出版社,2002.

［39］高均.仓储管理［M］.南京:东南大学出版社,2006.

［40］李振.仓储管理［M］.北京:中国铁道出版社,1987.

［41］陆超.仓储管理实务［M］.北京:高等教育出版社,2007.

［42］武卫莉,张景林,孙家良.Auto CAD 在工厂设计图纸绘制中的应用［J］.高师理科学刊,2006,1:46-49.

［43］李晓蓉.Auto CAD 技术在化工设计中的应用［J］.华北矿业高等专科学校学报,2001,9:82-83.

［44］张飞龙,王青宁,谷庆辉,等.化工 CAD 系统的开发与研究［J］.计算机与应用化学,2006,23(9):905-908.

［45］冉亮.Auto CAD 在化工设计中的一些技巧［J］.安徽化工,2009,35(1):56-58.

［46］韩俊凤,贾林艳.Auto CAD 在绘制化工图样中的应用［J］.牡丹江大学学报,2011,20(12):129-130.

附　录

附录1　《食品工厂设计》课程设计提纲

一、课程设计的目的、任务与内容

《食品工厂设计》是食品科学与工程专业的一门重要的核心课程。根据高等学校食品专业人才培养目标和规格要求,以食品专业教学的理论与实践有机结合为原则,以食品工厂的典型设计过程为主线,对每一设计步骤、设计环节以及综合设计技能进行强化训练。

1. 本课程设计的教学目的

通过该课程的学习,使学生能够综合运用所学专业知识,进行食品工厂的初步设计。

2. 本课程设计的主要任务

(1)培养学生进行食品工厂项目建议书、可行性研究报告和工厂厂址选择报告等文件的编写。

(2)培养学生进行食品工厂产品方案编写。

(3)培养学生进行食品工厂产品工艺流程设计。

(4)培养学生进行食品工厂物料衡算以及水、汽、冷量的计算。

(5)培养学生进行食品工厂设备选型和计算。

(6)培养学生进行食品工厂主要生产车间设计。

(7)培养学生进行食品车间管路的计算和设计。

(8)培养学生进行食品工厂主要辅助部门设计。

(9)培养学生进行食品工厂主要公用工程的设计。

(10)培养学生进行食品工厂卫生设计及污水处理设计。

(11)培养学生进行食品工厂概算及设计方案的技术经济效果评价。

3. 课程设计项目、内容提要

根据所学过的专业知识,通过查阅相关资料对某个食品工厂进行设计,设计内容主要包括以下方面:

（1）前言：介绍项目的基本情况。

（2）食品工厂产品方案编写：主要编写食品工厂在一年中的产品品种、产量、产期和生产班次的安排。

（3）食品工厂产品工艺流程设计：食品工厂产品各品种的工艺流程和操作要点。

（4）食品工厂物料衡算表的编写：按生产班次编写原料和辅料的消耗。

（5）食品工厂设备选型和计算：对生产所需的设备型号、数量等进行选择，对部分设备的生产能力进行计算。

（6）食品工厂主要生产车间设计：生产车间的设备布置、水电汽用量和管路进行设计，绘制一张车间平面布置图。

（7）食品工厂概算及设计方案的技术经济效果评价：设计工厂的投资和项目的经济技术效果的静态和动态评价。

（8）食品工厂总平面布置图：食品工厂生产车间、辅助车间、道路、行政楼等的平面布置图。

二、课程设计举例

1. 设计题目举例

（1）年产 5 000 t 牛肉干厂设计。

（2）年产 5 000 t 豆干厂设计。

（3）年产 5 000 t 泡菜厂设计。

（4）年产 5 000 t 方便面厂设计。

（5）年产 5 000 t 饼干厂设计。

（6）年产 5 000 t 碳酸饮料厂设计。

（7）年产 5 000 t 果酒厂设计。

（8）年产 5 000 t 果汁饮料厂设计。

（9）年产 5 000 t 酸奶厂设计。

（10）年产 5 000 t 果脯厂设计。

2. 设计内容举例

（1）说明厂址选择要求。

（2）总平面设计。

（3）产品方案：班制、工作日、日产量、班产量，并作出方案图。

（4）工艺流程（主要的 2 ~ 3 种产品）。

（5）主要设备选择表（不要求型号，写出名称和数量即可）。

（6）主要车间工艺布置（画一个车间即可）。

（7）作简单的物料计算（主要原辅料）。

3. 主要设计成果

（1）设计说明书。

（2）附件。包括总平面设计图、设备工艺流程图、生产车间设备布置图、设备选择表、物料衡算表等。

4. 设计要求及安排

本学期的课程设计时间为两周，从__年__月__日（星期一）~__年__月__日（星期五）。

第__周：

（1）星期一教师下达设计任务，学生自由组合，每4~5人一组，于星期一下午将确定的设计题目汇总于学习委员处，学习委员先检查一下题目是否相同，若出现相同题目的，要及时调整。

（2）星期二上午将确定的设计题目及分工情况表上报给指导老师，题目分组确定后不能中途更改。

（3）星期二~星期五，搜集资料，确定产品方案、工艺流程，进行物料衡算，初步确定设备类型及型号，做好绘图前的准备工作。

第__周：

（1）星期一~星期三，根据前期收集的资料分散进行设计工作，并完成初稿

（2）星期四~星期五，集中对初稿进行检查、答疑；进行修改、完善，完成终稿。

（3）课程实习于周末完成，并于第__周星期一以班级为单位集中上交。

5. 分工情况举例

小组讨论确定总体设计方案，然后再分工（可以交叉）：

（1）总论、产品方案：1人；

（2）工艺流程设计、设备选择：1人；

（3）总平面设计及布置图：1人；

（4）工艺计算：1人；

（5）车间工艺设计及设备布置图：1人。

最后汇总成一份完整的设计书（统一A4纸），需附参考文献，手工或CAD绘制的图纸。

6. 成绩计算

总成绩 100 分, 其中:

设计说明书:占 50%, (设计说明书的总体评价, 主要从格式规范性、内容完整性、排版美观度等方面评价);

个人部分:占 30%, (根据分工情况, 主要对每人撰写的内容情况进行评价);

平时表现:占 20%。

三、课程设计说明书格式(见下页)

附录 2　Auto CAD 在食品工厂设计中的应用

工厂设计就是将一个工厂的技术装备转化为工程技术语言,这种工程技术语言包括说明书、图纸和表格。在食品工厂设计的图纸中主要有食品厂总平面布置图、主要车间平面布置图、带控制点的工艺流程图、主要设备装配图和管路图等。过去,这些图多采用人工绘制,花费了大量的人力、物力和时间。而且经过绘图人员反复的修改和绘制,破坏了图面的整洁,也不能保证绘图的质量。现在随着计算机技术的发展,用 Auto CAD 绘制平面设计图已经得到了广泛的应用。Auto CAD(Automatic Computer Aided Design)就是自动化计算机辅助设计,利用 Auto CAD 进行绘图,可通过屏幕菜单直接调用所需图形,然后按要求放到确定的位置,这样不仅加快了绘图速度,而且能提高设计的标准化程度。设计人员可以直接调用计算机上以前的设计图纸,供修改补充使用,大大降低了劳动强度,同时提高了设计质量,节省了设计成本。

一、Auto CAD 简介

Auto CAD 是由美国 Autodesk 欧特克公司于 20 世纪 80 年代初为微机上应用 CAD 技术而开发的绘图程序软件包,经过不断地完善,现已经成为国际上广为流行的绘图工具。

Auto CAD 具有良好的用户界面,通过交互菜单或命令行方式便可以进行各种操作。它的多文档设计环境,让非计算机专业人员也能很快地学会使用。在不断实践的过程中更好地掌握它的各种应用和开发技巧,从而不断提高工作效率。

Auto CAD 具有广泛的适应性,它可以在各种操作系统支持的微型计算机和工作站上运行。

Auto CAD 具有以下的特点。

(1)具有完善的图形绘制功能。

(2)有强大的图形编辑功能。

(3)可以采用多种方式进行二次开发或用户定制。

(4)可以进行多种图形格式的转换,具有较强的数据交换能力。

(5)支持多种硬件设备。

(6)支持多种操作平台

(7)具有通用性、易用性,适用于各类用户。

此外,从 Auto CAD2000 开始,该系统又增添了许多强大的功能,如 Auto CAD 设计中心(ADC)、多文档设计环境(MDE)、Internet 驱动、新的对象捕捉功能、增强的标注功能以及局部打开和局部加载的功能,从而使 Auto CAD 系统更加完善。

二、Auto CAD 的基本功能

Auto CAD 绘图软件具有多种性能优越的功能,常见的有以下几种。

(1)平面绘图。能以多种方式创建直线、圆、椭圆、多边形、样条曲线等基本图形对象。

(2)绘图辅助工具。Auto CAD 提供了正交、对象捕捉、极轴追踪、捕捉追踪等绘图辅助工具。正交功能使用户可以很方便地绘制水平、竖直直线,对象捕捉可帮助拾取几何对象上的特殊点,而追踪功能使画斜线及沿不同方向定位点变得更加容易。

(3)编辑图形。Auto CAD 具有强大的编辑功能,可以移动、复制、旋转、阵列、拉伸、延长、修剪、缩放对象等。

(4)标注尺寸。可以创建多种类型尺寸,标注外观可以自行设定。

(5)书写文字。能轻易在图形的任何位置、沿任何方向书写文字,可设定文字字体、倾斜角度及宽度缩放比例等属性。

(6)图层管理功能。图形对象都位于某一图层上,可设定图层颜色、线型、线宽等特性。

(7)三维绘图。可创建 3D 实体及表面模型,能对实体本身进行编辑。

(8)网络功能。可将图形在网络上发布,或是通过网络访问 Auto CAD 资源。

(9)数据交换。Auto CAD 提供了多种图形图像数据交换格式及相应命令。

(10)二次开发。Auto CAD 允许用户定制菜单和工具栏,并能利用内嵌语言 Autolisp、Visual Lisp、VBA、ADS、ARX 等进行二次开发。

三、Auto CAD 食品工厂设计概要

食品工厂设计一般包括总平面、工艺、供排水、供电、供气、土木建筑等的设计,工作量大,对绘图能力和图纸质量的要求高。有些专业机构基于 Auto CAD 系统并结合化工设计的特点开发出了化工 CAD 系统,包括化工 CAD 制图模板、化工绘图、化工计算、化工仿真与动画等内容,这些已有的化工制图软件也可为食品工厂设计提供良好借鉴。应用 Auto CAD 开展食品工厂设计工作,应注意以

下几方面内容。

1. 制图模板的创建

在绘制图样之前,根据图纸幅面大小和格式的不同,需要创建符合机械制图国家标准的机械图样模板,其中包括图纸幅面、图层、使用文字的一般样式及尺寸标注的一般样式等。模板文件的优势在于可以直接调用,有利于提高绘图效率。

(1)工作空间、图形界限与单位设置。Auto CAD 提供了三维建模和 CAD 经典两种常用的工作空间,在化工图样中,零件图主要通过二维绘图来表现,因此,绘图的工作空间总是选择 Auto CAD 经典。在此空间下,选择"格式"—"图形界限"命令,根据绘制图样的实际需要设置空间界限,如创建 A3 幅面图纸,可输入右上角点为(420,297)即可。按照惯例,在化工图样中经常使用的单位为 mm,在弹出"图形单位"对话框中选择小数作为长度类型,精度设为 0.00,单位为 mm;角度类型选择十进制度数,精度设为 0。

(2)图层的创建。在化工图样中,可能包括基准线、轮廓线、虚线、剖面线、尺寸标注及文字说明等元素,对于这些复杂的信息可以通过图层来实现归类管理,图层给图形的编辑、修改和输出带来很大的方便。根据《机械制图》国家标准(GB / T 17450—1998 和 GB / T 4457.4—2002)和《机械制图用计算机信息交换制图规则》(GB / T 14665—1993)中的相关规定,在模板文件中通常设置八个基本图层,分别为标注层、轮廓线层、剖面线层、双点画线层、文字层、细实线层、虚线层和中心线层。除轮廓线层线宽设为 0.35 mm 外,其他图层线宽均设为 0.18 mm。线型的设置根据国标的规定,而图层颜色的设置可根据个人喜好,只要便于观察即可。

(3)文字样式、标注样式设置。Auto CAD 提供了 Standard 的文字样式,用户也可根据需要创建文字样式。一般需创建两种,选择"格式"—"文字样式"命令,在"文字样式"对话框中新建"汉字文本样式",字体设为仿宋体,高度为 0,比例因子为 0.67,该样式用于标注文字和填写技术说明等;另外需新建一种"数字字母文本样式",字体设为 Arial,高度为 0,比例为 1,主要用于标注各种符号和数字。

Auto CAD 提供了 Standard、ISO – 25、JIS 等多种标注样式和"标注样式管理器"。对于化工图样来说,软件提供的 ISO – 25 标注样式基本满足了本行业国标要求,可把它作为基础标注样式。在此基础上,还可通过"标注样式管理器"的"新建"按钮,创建多种不同的标注样式,以满足图样尺寸多样化的要求。

（4）创建图框和标题栏。图框和标题栏可直接在图中绘制，也可预先定义为图块，再将其插入图中，还可在模板图中建立。为方便起见，我们选择在模板图中建立。从"图层"工具栏的对应下拉列表中，单击"细实线层"，将"细实线层"设置为当前图层。激活 LINE 命令绘制所需图纸的边框线。再将"粗实线层"设置为当前图层，使用 LINE 命令绘制图纸的图框线。国家标准 GB／T 10609.1—1989 规定了标题栏的具体尺寸，依次将"粗实线层"和"细实线层"置为当前图层，在图框的右下角绘制出标题栏。通过前面的操作，模板图及其环境已经设置完毕，可以将其保存为模板图文件，便于以后调用。

2. 绘图

在绘制图样前必须清楚所绘零件的立体结构及所有的关键尺寸，否则很难正确的将图样绘制出来。在开始绘图时，可以直接打开已创建的模板文件，然后开始正式绘图。

（1）图形库的建立。设计人员在进行化工设备设计时不可避免地要涉及到大量化工设备标准件的绘图，如法兰、封头等。这些零部件的数量大，结构形式多，形状复杂相似，尺寸变化较大，使得绘图不仅重复繁琐，而且反复查找数据。提高设计效率的最有效的方法之一就是组建专业标准件图形及符号库。将复杂图形分解为许多简单图形和符号，建立图形及符号库，需要时调出，经编辑修改后插入另一图形中去，从而可使图形设计工作更加方便。目前市场上也有一些现成的商业机械零件、符号图库软件，如全国化工设备设计技术中心站开发的"ComCAD2.0 新版化工设备标准零部件绘图软件包"。

在工厂设计图纸绘制中，可充分利用 Auto CAD 块的功能。由于任何文件均可以作为块插入到当前图形，并且这个块里面的一些设置也可带人到当前图形中，所以可以建立一个图形库，把各种常用的图形、图表等制作成块，储存在文件中，以免重新绘制和定义他们的过程，还大大节省了绘图时间。例如，反应釜、泵风机、换热器、液面计、承重柱及不同图号的标题栏等。要想将定义的块保存为文件，形成图形库，可在命令行执行 Wblock（块文件）命令，系统将首先打开 Write block（写块）对话框，在上方的 Source（资料源）区选中单选钮，在其后的下拉列表中选择前面定义的块 Title Block（文件块），在下方的 Destination（目的文件）区设置文件名，保存文件的文件夹和单位，然后单击 OK 按钮即可。

（2）参数化设计。标准化或系列化的零部件具有相似结构，但尺寸需要经常改变，采用参数化设计的方法建立图形程序库，调出后赋以一组新的尺寸参数就能生成一个新的图形。参数化设计绘图方法自动化程度高，速度快，它是计算机应用软件设计人员结合化工设备设计人员预先编好的 CAD 绘图软件。它能自动完成给定设备的绝大部分绘图工作,适用于定型产品的非标准和标准化设计。参数化设计已成为 CAD 系统优劣的重要技术指标,在化工设备中得到了较广泛的应用,开发出了不少实用软件。

全国化工设备设计技术中心站开发出了"化工设备 CAD 施工图软件包(PVCAD)"。将现行化工设备设计行业标准中 GB、JB、HG、HGJ、CD 等标准编制在本软件包内,同时将一些常用的非标零部件也收集在内,结合行业制图标准,形成一套能满足工程实际的卧式容器、立式容器、填料塔、板式塔(浮阀塔、筛板塔)、固定管板兼作法兰换热器(立式、卧式)、固定管板不兼作法兰换热器(立式、卧式)、U 形管换热器(立式、卧式)、浮头式换热器、带夹套搅拌反应器和球罐等十大类设备绘图软件包。PV – CAD 可绘制的工程设备设计图纸达 80% ~ 90% ,约 85% 以上直接满足施工图要求。很多设计人员也通过使用一门计算机语言进行编程,对 Auto CAD 进行二次开发建立了化工设备标准件或非标准件参数化图库。陈雪采用了 Auto CAD2006 中的新功能—动态块,建立了化工设备标准件参数化图库。付平等用 AutoLISP 开发出了固定管板换热器参数化设计绘图系统。葛敬侠等开发出了塔设备 CAD 参数化绘图系统 。魏迎军应用 Auto CAD 面向对象技术开发了压力容器中零部件参数化设计的 CAD 系统。

(3)基本视图绘制。化工图样的主要内容是一组视图,因此绘制图样就是绘制各视图。对于任何一幅图形,都可以细分成若干图形元素(如直线、圆、圆弧、椭圆弧、多段线、样条、多边形、球体、圆柱、棱锥或它们之间的各种组合等),因此,熟练利用 Auto CAD 相关命令,学会这些基本图形元素的画法是绘图的基础。还可以综合运用键盘、图标、菜单、下拉菜单、屏幕菜单及鼠标器输入法结合缩写命令来进行绘图,加快绘图的速度。在绘制过程中,应根据零件结构的对称性、重复性等特征,灵活运用镜像、阵列、复制等编辑命令,以避免重复操作,提高绘图效率。

此外,绘制的各视图要保证布局匀称、美观且符合投影规律,即"长对正、高平齐和宽相等"。对于结构不是特别复杂的化工零件,可通过对象捕捉与对象追踪功能来保证视图间的投影关系,而绘制大而复杂的零件图时,就需要通过坐标定位法来完成绘图。

(4)尺寸标注。在化工图样中,尺寸是不可缺少的重要部分,也是图样中指令性最强的部分。因此,尺寸标注是绘图中的一项非常重要的内容。利用 Auto CAD 软件所标注的化工图样尺寸,必须严格遵守国家标准《CAD 工程制图规则》

（GB／T 18229—2000）中关于尺寸标注的有关规定，"正确、完整、清晰、合理"是图样上尺寸标注的基本要求。

在 Auto CAD 中，提供了线性标注、对齐标注、角度标注、半径（直径）标注、基线标注、连续标注、快速标注、形位公差标注等一系列方法，可以满足不同图样中各种样式的尺寸标注和要求。在进行尺寸标注时，"对象捕捉"按钮必须处于开启状态，以保证准确地拾取标注对象上的特征点（如端点、圆心、中点等），便于标注。尺寸标注完成后，如果某些尺寸的标注样式、标注位置或者标注文字内容等需要调整，可通过尺寸编辑来实现。

尺寸编辑可使用标注专用命令，经过"编辑"调整的变量，将不随标注样式的调整而变化。采用 Auto CAD 进行尺寸标注，不仅速度得到极大提高，完整性也得以保证，同时增加了图样的美观性。

3. 打印出图

在完成图形的绘制后，接下来往往需要进行打印输出。在进行打印输出之前，必须了解"模型空间"、"图纸空间"和"布局"的概念。Auto CAD 为用户设立了两个工作空间：模型空间与图纸空间。简单地说，模型空间是完成绘图和设计工作的工作空间，用户可以在模型空间中创建二维图形或三维模型。而图纸空间可以认为是建立与工程图纸相对应的绘图空间，用来创建最终供打印机或绘图仪输出图纸所用的平面图。图纸空间就图形打印而言，称为布局更为恰当。当我们在模型空间完成图形的绘制及标注后，单击绘图窗口下的"布局"选项卡，就会由模型空间进入图纸空间环境，Auto CAD 在默认状态下将自动创建一个视口，用 ERASE 命令删除该视口。使用 MVIEW 命令将视图分成 3 个视口，输入 MSPACE 命令，将 3 个视图改变成 3 个浮动模型空间视图，使用 ZOOM 命令调整视图的比例，使用命令 MVSETUP 中的对齐选项，调整三视图的水平、垂直位置，以满足视图之间的投影关系。完成布局的设置后，选择打印设备、纸张大小和方向等，从而实现对同一图形输出不同布局的图纸。

四、Auto CAD 在食品工厂设计中的应用

1. 设备布置图 CAD 设计

设备布置图是设备布置设计中的主要图样，在初步设计阶段和施工图设计阶段都要进行绘制。设置布置图是按正投影原理绘制的，图样一般包括如下几方面内容：

（1）考虑设备布置图的视图配置，采用一组视图表示厂房建筑的基本结构和

设备及厂房内外的布置情况。确定图样幅面,注意选择适宜的模板图,同时选定绘图比例。通常采用 1∶50 和 1∶100。

(2)绘制平面图:从底层平面起逐个绘制。

①画建筑定位轴线,这里可适当考虑采用编制的程序。

②画与设备安装布置有关的厂房建筑基本结构。

③画设备中心线。

④画设备、支架、基础、操作平台等的轮廓形状。

⑤标注尺寸。在图形中注写与设备布置有关的尺寸和建筑轴线的编号、设备的位号、名称等。轴线及其编号、设备位号的填写均需要编程处理。

⑥图上如果分区,还需画分区界线并作标注。

(3)绘制剖视图:绘制步骤与平面图大致相同,逐个画出剖视图。

①确定剖面图的数目。

②用细实线画出厂房剖面图。

③用粗实线画出设备的正面图。

④标注厂房的定位轴线编号,定位轴线间距尺寸及标高尺寸;标注设备基础标高尺寸;注写设备位号、名称。

(4)绘制方位标:设备布置图一般在图纸的右上方绘制一个表示设备安装方位基准的符号——安装方位标识。它是以粗实线画圆和水平、垂直两直线构成,并分别注以 0°、90°、180°、270°等字样,一般采用北向的建筑轴线为零度方位基准(即所谓建筑北向);该方位一经确定,凡必须表示方位的图样,如:管口方位图、管段图等,均应统一。安装方位图时指示安装方位基准的图标。图标作成图块插入图中。

(5)说明与附注。对设备一览表进行绘制,列表填写设备位号、名称等。此项既可交互式填入,也可以设计菜单、对话框的形式填入。最后制作标题栏,注写图名、图号、比例、设计阶段等。可使用模板图。

设备布置图与建筑图形之间有一定的关系,因此,在计算机处理这些图形的过程中,应该注意遵循建筑图形的制图规则。绘制建筑图形的剖面图时,需要采用 Auto CAD 软件中的双线、建筑剖面线等命令,且需要注意剖面线的比例。

2. 管道布置图的 CAD 设计

(1)绘制前的准备工作。从有关方面及有关的图样资料中了解对本工程项目管道布置方面的要求,掌握管道布置的一般原则,充分了解生产工艺流程、厂房建筑的大致结构、设备及其管口等配制情况。据此,对该项目的管道布置的合理性作出初步考虑。

管道布置应该考虑的原则通常为：

①考虑物料因素；

②考虑方便施工、操作、维修；

③考虑安全生产；

④考虑设备间距、材料、设备保护、电缆、照明、仪表、暖通等因素。

（2）绘制各种图形符号轴测图。在计算机上的 CAD 软件系统中按照轴测投影原理绘制管段及其所附管件、阀门等图形符号。注意，每一种图形符号在不同的方向上其视图是不一样的。因此针对每一个图形符号应该沿着三个方向作出其图形。然后根据其名称用汉语拼音字头组合，再考虑方向因素，把它们分别作块，如"XJZF"代表 x 方向截止阀。这一部分的工作量是比较大的，需要认真、细致、制作完整。此时，只需把这些图块全部放入某一子目录下即可随时调用。

（3）进入等轴测环境。在 CAD 软件系统中进入等轴测环境，在 command 状态下，按以下操作步骤进行：cornmand：snap 捕捉间距（S）或开（ON）/关（OFF）/纵横向间距（A）/旋转（R）/样式（s）：s 标准（s）/等轴测（I）：I 垂直间距（V）：键入回车，现在用户即进入等轴测式样，光标十字线应该是倾斜的，此时只需按下 CTRL＋E 键，即可转换 X、Y、Z 等轴测坐标，画出不同方向的线条。在这里用户需要注意的是，最后画出的表仍然是二维图形，所有标准状态下能够使用的命令在这里照常可以使用。

（4）插入图形。先把 X、Y、Z 轴向的管道线画出，然后根据具体尺寸布局，插入管道上的附件，如阀门、仪表等符号，在这里用户需要注意的是，插入是需要捕捉的，且需注意方向，一旦插入后，再用 trim 修剪命令把与插入图形符号相交的多余线段剪掉，直至全部整理完毕。

施工流程图中的工艺管道流程线均用粗实线绘制对于辅助管道、公用系统管道只绘出与设备（或工艺管道）相连接的一小段，并在此管段上标注物料代号。管道流程线上除画出流向箭头并用文字注明其来源或去向外，还应对每条管道进行标注、其标注部分的内容分三部分：管道号、管径和管道等级。前两部分为一组，其间用一短模线隔开，管道等级为另一组，组间留适当间隔。

①管道号由物料代号，主项（或工段）代号和管道分段顺序号组成；

②管径一律标注公称直径。公制管径以 mm 为单位，只注数字，不注单位。英制管径以 in 为单位；

③管道等级在管道等级与材料选用未实施前，标注公制管径时，必须标注外

径×厚度,如 A0601 −57 ×2. 5。

(5)标尺寸。给管段图标尺寸是关键的一步,标注时注写设备位号及名称、管段编号、控制点代号、必要的尺寸、数据等。在传统手工设计的过程中,上述问题的解决是靠设计人员先查出手册上所有必要的资料,然后在草图上标出,再画正式图。现在用计算机的解决办法是,把这些资料按照标准要求统统输入计算机,存储起来,随时可以查询,有时甚至可以直接查表填表。

(6)其他。管段图形的其他问题的计算机处理基本上与机械图形的处理相仿,管段图形的处理如果能够用 Auto lisp 编制程序进行,则将得到更高的工作效率。

附录3 某速冻蔬菜加工项目可行性研究报告

参考目录

附录4 全国各大城市风玫瑰图

每一间隔代表风向频率5%；中心圆圈内的数字代表静风的频率。

——————— 表示为全年

——————— 表示为冬季

——————— 表示为夏季

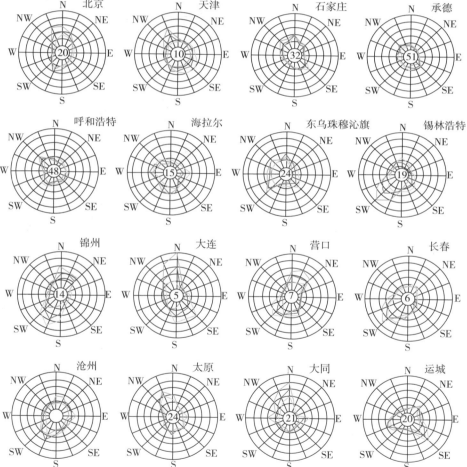

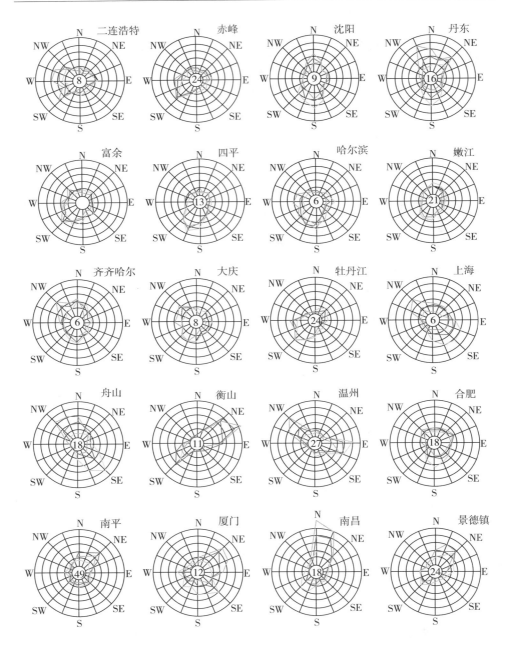

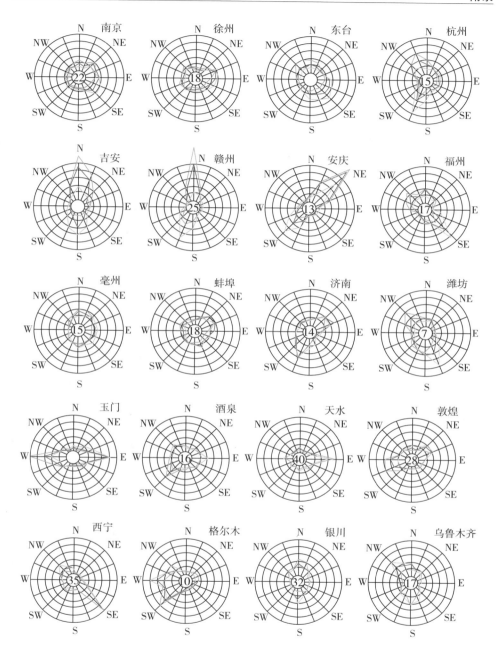

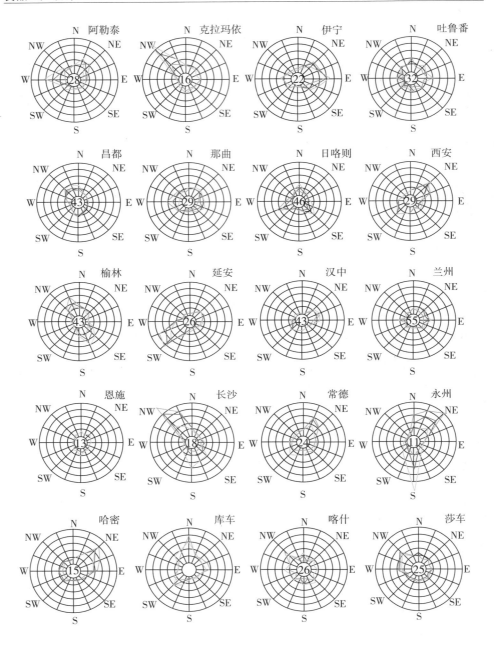

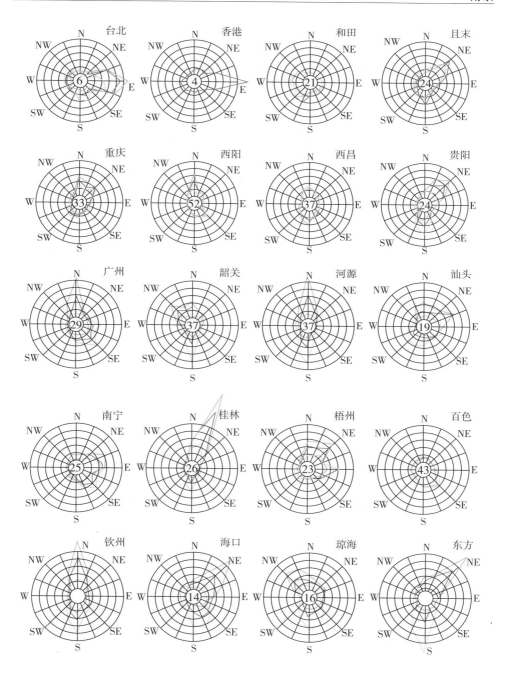

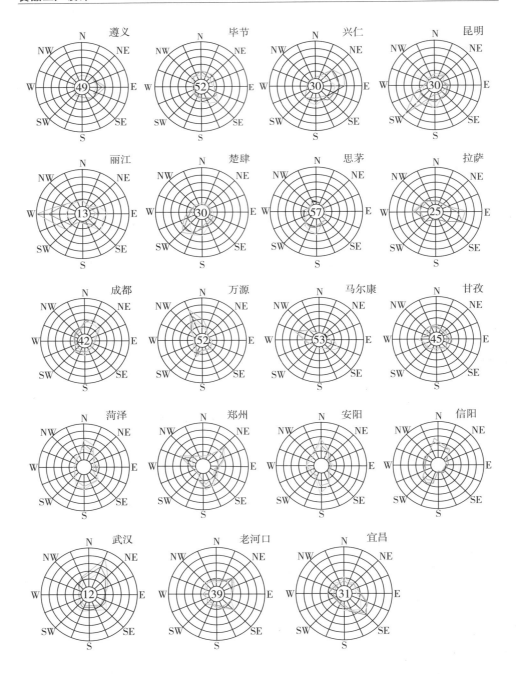